"十四五"国家重点出版物出版规划项目

舟山群岛海洋生物多样性研究

主编 赵盛龙 徐汉祥 尤仲杰 钟俊生

软体动物类

本册主编 陈瑶君

浙江科学技术出版社·杭州

版权所有　侵权必究

图书在版编目（CIP）数据

舟山群岛海洋生物多样性研究.软体动物类/赵盛龙等主编;陈瑶君本册主编.—杭州：浙江科学技术出版社，2022.12
ISBN 978-7-5739-0476-8

Ⅰ.①舟⋯ Ⅱ.①赵⋯ ②陈⋯ Ⅲ.①海洋生物－软体动物－生物多样性－研究－舟山　Ⅳ.①Q178.53

中国版本图书馆CIP数据核字（2022）第255373号

书　　名	**舟山群岛海洋生物多样性研究　软体动物类**
主　　编	赵盛龙　徐汉祥　尤仲杰　钟俊生
本册主编	陈瑶君
出版发行	浙江科学技术出版社 杭州市体育场路347号　邮政编码：310006 办公室电话：0571-85176593 销售部电话：0571-85062597 E-mail：zkpress@zkpress.com
排　　版	杭州万方图书有限公司
印　　刷	浙江新华数码印务有限公司
开　　本	889×1194　1/16　　印　张　19.5
字　　数	415 000
版　　次	2022年12月第1版　　印　次　2022年12月第1次印刷
书　　号	ISBN 978-7-5739-0476-8　　定　价　135.00元

责任编辑　曹梦洁　　　责任校对　陈宇珊
责任美编　金　晖　　　责任印务　崔文红

如发现印、装问题，请与承印厂联系。电话：0571-85155604

编委会

主　　　编：赵盛龙　徐汉祥　尤仲杰　钟俊生

本 册 主 编：陈瑶君

本册副主编：胡志杰　蒋日进　陈　健

本 册 编 者：郭星乐　林良羽

前言

舟山群岛是我国第一大群岛，海域面积达22000 km²，拥有2000多个岛屿和漫长的深水岸线，气候条件优越，生物物种种类及特有类群均居全国前列，是我国生态安全屏障和生物多样性的天然宝库，也是我国乃至西北太平洋重要的天然基因库。舟山群岛海域得益于得天独厚的自然条件，有着我国第一大渔场——舟山渔场，这也是世界著名的渔场。2011年6月30日，国务院正式批准设立浙江舟山群岛新区，舟山群岛开发上升为国家战略，成为我国第一个以海洋经济为主题的国家战略层面新区。舟山群岛是大力发展海洋经济的前沿阵地，是我国建设海洋强国的蓝色引擎，是我国"海上丝绸之路"的重要中转港口，在我国建设海洋强国进入加速期的这一关键历史时刻，扮演着越来越重要的角色。

随着海洋经济快速发展，舟山群岛的海洋生态系统面临着新的变化，海洋生物多样性受到威胁。自20世纪80年代以来，舟山的传统渔业资源开始逐渐衰退，原有的鱼汛也逐渐消失，大家不免担忧，东海会无鱼以至无渔吗？海洋生物是一类可再生资源，其再生能力取决于种群的自身繁育能力，当捕捞强度超过了再生能力，资源减少自然就不可避免。客观地说，以传统的经济种类维持原有的捕捞及管理模式，确已难以为继。

针对海洋传统经济种类资源的减少，我国自1979年开始，提出设立禁渔期、禁渔区制度。自1995年开始，在渤海、黄海、东海、南海4大海区除钓具外，开始全面实行伏季休渔，几年后还扩大至鄱阳湖、长江、珠江以及黄河流域等内陆水域，并对我国远洋渔业作业海域，如印度洋北部公海海域、大西洋公海部分海域、东太平洋公海部分海域等也实行自主休渔。舟山市还设立了马鞍列岛国家海洋特别保护区和中街山列岛海洋特别保护区，以及大戢洋、岱衢洋、马鞍列岛等省级产卵场保护区。同时加强渔业水域生态修复养护、投放人工渔礁、经济种类人工放流等保护措施。经过多年的努力，人们看到了希望，以"几近绝迹"的大黄鱼为代表的部分传统鱼类近年来产量有了一定的提升。

高效、持续利用海洋生物资源，是一项长期、复杂的系统工程，我们常以食物链或食物网来比喻内涵复杂的营养级别的转化。事实上，所谓的传统经济种类，原来可能是处于食物链中端或末端的群体，正因为这部分群体适合人们食用并一直被作为商品，故称其为"传统经济种类"。根据r-K选择生态进化理论，大多数鱼类（硬骨鱼类）及无脊椎动物会采用r选择的繁殖策略，即在上端营养级物种减少时，其下端或更下端营养级的"大众"生物的数量和种类会随之扩张，以达到另一个海洋生态平衡。

多年的实践与众多学者研究证实，在传统经济种类减少的情况下，许多原来并不受待见的低值、小型、低龄种类并没有减少，如小黄鱼（低龄化、小型化、早熟化）、龙头鱼、哈氏仿对虾、鹰爪虾、口虾蛄等的产量逐渐增加。我们认为，海洋生物总体资源并未消失，渔场重现的可能性及机会仍然存在，关键是当下及今后如何合理开发、利用及有效保护。而开发、利用、保护的关键是了解舟山群岛海洋生物物种的"家底"。虽然有关舟山海洋生物的种类、数量及时空变化，历年来报道过不少，但持续性的研究不多，大多是零星的成果，缺乏系统性和更广层面的推介、科普及认知。

自2014年开始，我们根据多年的调查研究成果、浙江海洋大学海洋生物博物馆和浙江省海洋科学院积累的资料，对舟山群岛海域的海洋生物多样性进行了系统摸排，并利用承担或参与多个国家级、省级及校级自主科研项目的机会，如国家自然科学基金项目"长江口及邻近海域海洋生物与生态野外实践基地项目"（2014—2016年）、国家重点研发计划"蓝色粮仓科技创新"重点专项"东海渔业资源增殖与多元化养殖模式示范项目"、"我国重要渔业水域食物网结构特征与生物资源补充机制项目"（2018—2022年）、"浙江省八大水系及近岸海域水生生物资源调查"（2022—2023年）、"浙江海洋大学自主航次——海洋锋面及渔业资源长期调查计划（大型底栖动物调查）"（2020—2023年）、"舟山市普陀区水产种质资源和水生动植物资源调查与评估"（2021—2022年）等，筛选出相对齐全的舟山群岛海域大型海洋生物种类，编写了本套"舟山群岛海洋生物多样性研究"图书。

本套图书分为"鱼类""虾蟹类""软体动物类""大型底栖藻类"及"其他大型底栖无脊椎动物"5册，基本涵盖了舟山海域已知的大型生物种类。本套图书将成为人们了解舟山群岛海洋生物"家底"的族谱，同时也是海洋生物类教学、科研、科普以及水产养殖、海洋捕捞、海钓业等不可或缺的基础资料。

本套图书由国家出版基金资助出版。此外，宁波市渔文化研究会提供了大量照片，在此一并表示衷心感谢。

编者

2022年9月

目录

概论 ··· 1
 一、软体动物的一般形态与分类 ·· 3
 二、软体动物的发生 ·· 12
 三、软体动物的生活方式 ··· 18
 四、软体动物与人类的关系 ·· 27

各论 ··· 29
 多板纲 Polyplacophora ·· 30
  一、石鳖目 Chitonida ·· 30
   （一）毛肤石鳖科 Acanthochitonidae Pilsbry, 1893 ··· 30
   （二）石鳖科 Chitonidae Rafinesque, 1815 ·· 32
   （三）锉石鳖科 Ischnochitonidae Dall, 1889 ··· 33
   （四）鬃毛石鳖科 Mopaliidae Dall, 1889 ·· 35

 掘足纲 Scaphopoda ··· 37
  二、角贝目 Dentaliida ··· 37
   （五）角贝科 Anulidentaliidae Chistikov, 1975 ··· 37
   （六）滑角贝科 Gadilinidae Chistikov, 1975 ·· 39

 腹足纲 Gastropoda ··· 40
  三、马蹄螺目 Trochida ·· 40
   （七）丽口螺科 Calliostomatidae Thiele, 1924 ·· 40
   （八）马蹄螺科 Trochidae Rafinesque, 1815 ·· 43
   （九）蝾螺科 Turbinidae Rafinesque, 1815 ·· 49
  四、小笠贝目 Lepetellida ·· 51
   （十）鲍科 Haliotidae Rafinesque, 1815 ··· 51
  笠贝总科 Lottioidea ·· 53
   （十一）笠贝科 Lottiidae Gray, 1840 ··· 53
  帽贝总科 Patelloidea ·· 55
   （十二）花帽贝科 Nacellidae Thiele, 1891 ·· 55

五、蜑螺目 Cycloneritida ··· 56
（十三）蜑螺科 Neritidae Rafinesque, 1815 ·· 56

六、玉黍螺目 Littorinimorpha ··· 58
（十四）舟螺科 Calyptraeidae Lamarck, 1809 ·· 58
（十五）宝贝科 Cypraeidae Rafinesque, 1815 ·· 60
（十六）梭螺科 Ovulidae J. Fleming, 1822 ··· 61
（十七）琵琶螺科 Ficidae Meek, 1864 (1840) ·· 67
（十八）滨螺科 Littorinidae Children, 1834 ··· 68
（十九）玉螺科 Naticidae Guilding, 1834 ·· 72
（二十）衣笠螺科 Xenophoridae Troschel, 1852 (1840) ··· 78
（二十一）蛙螺科 Bursidae Thiele, 1925 ·· 79
（二十二）冠螺科 Cassidae Latreille, 1825 ··· 81
（二十三）扭螺科 Personidae Gray, 1854 ·· 83
（二十四）嵌线螺科 Ranellidae Gray, 1854 ··· 84
（二十五）鹑螺科 Tonnidae Suter, 1913 ·· 86
（二十六）拟沼螺科 Assimineidae H. Adams & A. Adams, 1856 ·· 89
（二十七）爱神螺科 Eratoidae Gill, 1871 ··· 91
（二十八）蛇螺科 Vermetidae Rafinesque, 1815 ··· 92
（二十九）马掌螺科 Amaltheidae Dall, 1889 ··· 94

七、新腹足目 Neogastropoda ·· 95
（三十）东风螺科 Babyloniidae Kuroda, Habe & Oyama, 1971 ··· 95
（三十一）蛾螺科 Buccinidae Rafinesque, 1815 ··· 98
（三十二）核螺科 Columbellidae Swainson, 1840 ··· 99
（三十三）细带螺科 Fasciolariidae Gray, 1853 ·· 100
（三十四）盔螺科 Melongenidae Gill, 1871 (1854) ·· 101
（三十五）织纹螺科 Nassariidae Iredale, 1916 (1835) ··· 103
（三十六）皮亚螺科 Pisaniidae Gray, 1857 ·· 114
（三十七）棒螺科 Clavatulidae Gray, 1853 ·· 115
（三十八）芋螺科 Conidae J. Fleming, 1822 ·· 117
（三十九）西美螺科 Pseudomelatomidae J. P. E. Morrison, 1966 ······································· 118
（四十）塔螺科 Turridae H. Adams & A. Adams, 1853 (1838) ·· 119
（四十一）笔螺科 Mitridae Swainson, 1831 ··· 121

- （四十二）骨螺科 Muricidae Rafinesque, 1815 ·················123
- （四十三）榧螺科 Olividae Latreille, 1825 ·····················133
- （四十四）衲螺科 Cancellariidae Forbes & Hanley, 1851 ············134
- （四十五）笋螺科 Terebridae Mörch, 1852 ·····················136
- （四十六）涡螺科 Volutidae Rafinesque, 1815 ···················138

八、新进腹足目 Caenogastropoda ·····················139
- （四十七）滩栖螺科 Batillariidae Thiele, 1929 ···················139
- （四十八）汇螺科 Potamididae H. Adams & A. Adams, 1854 ·········141
- （四十九）壳螺科 Siliquariidae Anton, 1838 ····················143
- （五十）梯螺科 Epitoniidae S. S. Berry, 1910 ···················144

九、裸鳃目 Nudibranchia ·························148
- （五十一）片鳃科 Arminidae Iredale & O'Donoghue, 1923 ···········148
- （五十二）多彩海牛科 Chromodorididae Bergh, 1891 ··············151
- （五十三）枝鳃海牛科 Dendrodorididae O'Donoghue, 1924 ··········155
- （五十四）仿海牛科 Dorididae Rafinesque, 1815 ·················158
- （五十五）多列鳃科 Facelinidae Bergh, 1889 ···················159
- （五十六）隅海牛科 Goniodorididae H. Adams & A. Adams, 1854 ······160
- （五十七）多角海牛科 Polyceridae Alder & Hancock, 1845 ··········161
- （五十八）四枝海牛科 Scyllaeidae Alder & Hancock, 1855 ··········162

十、侧鳃目 Pleurobranchida ························163
- （五十九）无壳侧鳃科 Pleurobranchidae Gray, 1827 ··············163

  露齿螺总科 Ringiculoidea ·························164
- （六十）露齿螺科 Ringiculidae R. A. Philippi, 1853 ···············164

十一、耳螺目 Ellobiida ···························166
- （六十一）耳螺科 Ellobiidae L. Pfeiffer, 1854 (1822) ··············166

十二、缩眼目 Systellommatophora ·····················167
- （六十二）石磺科 Onchidiidae Rafinesque, 1815 ·················167

十三、菊花螺目 Siphonariida ························168
- （六十三）菊花螺科 Siphonariidae Gray, 1827 ··················168

十四、海兔目 Aplysiida ···························170
- （六十四）海兔科 Aplysiidae Lamarck, 1809 ····················170

十五、头楯目 Cephalaspidea ·······················176
- （六十五）泡螺科 Aplustridae ·····························176

　　　　（六十六）阿地螺科 Haminoeidae Pilsbry, 1895 ··177
　　　　（六十七）壳蛞蝓科 Philinidae Gray, 1850 ··180
　　　　（六十八）囊螺科 Retusidae Thiele, 1925 ··181
　十六、翼足目 Pteropoda ···182
　　　　（六十九）龟螺科 Cavoliniidae Gray, 1850 ···182
　　　　（七十）笔帽螺科 Creseidae Rampal, 1973 ··185
　　　　（七十一）蠕螺科 Limacinidae Gray, 1840 ··186
双壳纲 Bivalvia ···187
　十七、心蛤目 Carditoida ··187
　　　　（七十二）心蛤科 Carditidae Férussac, 1822 ···187
　　　　（七十三）厚壳蛤科 Crassatellidae Férussac, 1822 ······································189
　异韧带总目 Anomalodesmata ···190
　　　　（七十四）鸭嘴蛤科 Laternulidae Hedley, 1918 ···190
　　　　（七十五）帮斗蛤科 Pandoridae Rafinesque, 1815 ·······································191
　　　　（七十六）色雷西蛤科 Thraciidae Stoliczka, 1870 ······································192
　十八、贫齿目 Adapedonta ··194
　　　　（七十七）缝栖蛤科 Hiatellidae Gray, 1824 ···194
　　　　（七十八）毛蛏科 Pharidae H. Adams & A. Adams, 1856 ·························195
　　　　（七十九）竹蛏科 Solenidae Lamarck, 1809 ··197
　十九、鸟蛤目 Cardiida ···199
　　　　（八十）斧蛤科 Donacidae J. Fleming, 1828 ··199
　　　　（八十一）双带蛤科 Semelidae Stoliczka, 1870 ···200
　　　　（八十二）截蛏科 Solecurtidae d'Orbigny, 1846 ··201
　　　　（八十三）樱蛤科 Tellinidae Blainville, 1814 ···202
　二十、海螂目 Myida ···207
　　　　（八十四）篮蛤科 Corbulidae Lamarck, 1818 ··207
　　　　（八十五）海笋科 Pholadidae Lamarck, 1809 ··210
　　　　（八十六）船蛆科 Teredinidae Rafinesque, 1815 ···214
　二十一、帘蛤目 Venerida ···215
　　　　（八十七）蛤蜊科 Mactridae Lamarck, 1809 ···215
　　　　（八十八）棱蛤科 Trapezidae E. Lamy, 1920 ··218
　　　　（八十九）帘蛤科 Veneridae Rafinesque, 1815 ··219

二十二、蚶目 Arcida············228
　　（九十）蚶科 Arcidae Lamarck, 1809············228
　　（九十一）细饰蚶科 Noetiidae R. B. Stewart, 1930············234

二十三、锉蛤目 Limida············236
　　（九十二）锉蛤科 Limidae Rafinesque, 1815············236

二十四、贻贝目 Mytilida············237
　　（九十三）贻贝科 Mytilidae Rafinesque, 1815············237

二十五、牡蛎目 Ostreida············248
　　（九十四）牡蛎科 Ostreidae Rafinesque, 1815············248
　　（九十五）江珧科 Pinnidae Leach, 1819············254

二十六、扇贝目 Pectinida············255
　　（九十六）扇贝科 Pectinidae Rafinesque, 1815············255
　　（九十七）海月科 Placunidae Rafinesque, 1815············257
　　（九十八）不等蛤科 Anomiidae Rafinesque, 1815············258

二十七、吻状蛤目 Nuculanida············259
　　（九十九）云母蛤科 Yoldiidae Dall, 1908············259

二十八、胡桃蛤目 Nuculida············260
　　（一〇〇）胡桃蛤科 Nuculidae Gray, 1824············260

头足纲 Cephalopoda············261

二十九、闭眼目 Myopsida············261
　　（一〇一）枪乌贼科 Loliginidae Lesueur, 1821············261

三十、开眼目 Oegopsida············270
　　（一〇二）武装乌贼科 Enoploteuthidae Pfeffer, 1900············270
　　（一〇三）柔鱼科 Ommastrephidae Steenstrup, 1857············271

三十一、乌贼目 Sepiida············272
　　（一〇四）乌贼科 Sepiidae Leach, 1817············272
　　（一〇五）耳乌贼科 Sepiolidae Leach, 1817············276

三十二、八腕目 Octopoda············279
　　（一〇六）船蛸科 Argonautidae Cantraine, 1841············279
　　（一〇七）蛸科 Octopodidae d'Orbigny, 1840············282

参考文献············287
拉丁学名索引············290
中文名索引············296

概论

软体动物门（Mollusca）是海洋动物中仅次于节肢动物门（Arthropoda）的第二大门类，大多数软体动物被有各式各样的贝壳，故通常也称为贝类，如常见的螺、蛤、蚌、鹦鹉螺、石鳖、枪乌贼、乌贼、章鱼等。软体动物的分布范围极广，海水、淡水以及陆地上均可见其踪迹，且种类繁多。截至2023年2月，全球现生种类共有50800多种。

根据软体动物的贝壳、外套膜、鳃、行动器官、神经及体型等的不同，各国学者大多趋同WoRMS的分类方法，一般将软体动物分为毛皮贝纲（Caudofoveata）、新月贝纲（Solenogastres）、单板纲（Monoplacophora）、多板纲（Polyplacophora）、掘足纲（Scaphopoda）、腹足纲（Gastropoda）、双壳纲（Bivalvia）和头足纲（Cephalopoda）这八个纲。全球现生各纲种类统计见表1。

表1　全球软体动物各纲种类统计

单位：种

软体动物门各纲	全球种类（包括海淡水）	全球海洋种类	现生海洋种类	
			全球	中国*
毛皮贝纲 Caudofoveata	142	142	142	1
新月贝纲 Solenogastres	307	307	307	1
单板纲 Monoplacophora	45	45	30	0
多板纲 Polyplacophora	1273	1273	1068	47
掘足纲 Scaphopoda	678	678	578	56
腹足纲 Gastropoda	94687	54426	39473	2554
双壳纲 Bivalvia	20919	16794	8419	1132
头足纲 Cephalopoda	886	886	843	125
合计	119328	74941	50864	3916

注：*我国海洋软体动物的种类数据来源于《中国海洋生物名录》（刘瑞玉，2008年），尚无最新资料。

我国现有记录软体动物7个纲，其中毛皮贝纲、新月贝纲仅各1种，多板纲、腹足纲、双壳纲以及头足纲最为常见，尤以腹足纲、双壳纲、头足纲数量最多。

一、软体动物的一般形态与分类

软体动物不同纲的种类体型上差异很大。

1. 毛皮贝纲 Caudofoveata

毛皮贝纲曾称为尾腔纲。体呈细蠕虫状，头与躯干可清楚区分，体后端有排泄腔，排泄腔有一对羽状鳃。无贝壳，但被有角质并带有石灰质针状棘的外皮。生活在较深的软泥底环境海域。毛皮贝纲动物的外形及内部构造见图1。

全球已发现142种，全部海生。我国曾在黄海冷水团采集到1种。

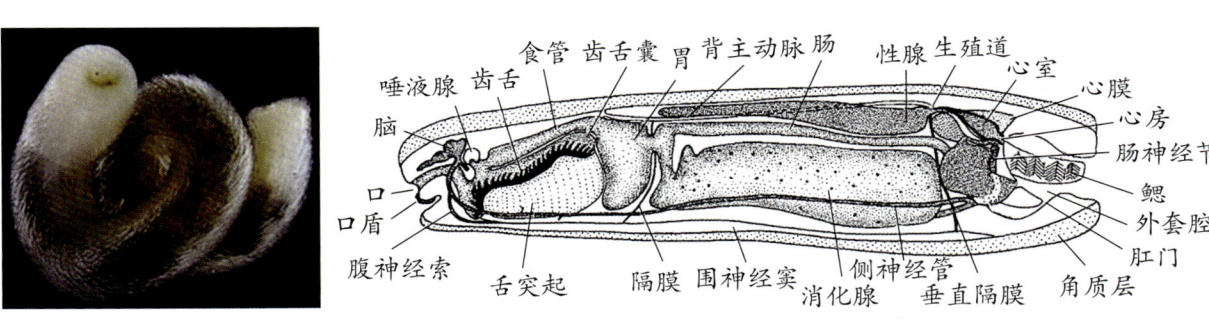

图1　毛皮贝纲动物的外形及内部构造

2. 新月贝纲 Solenogastres

新月贝纲也称为沟腹纲，因腹面有一条纵沟而得名。体呈长蠕虫状，断面圆形，最大个体体长可达300毫米，成体无贝壳，但有外套膜包被整个身体，外套表面具几丁质的表皮。腹面有1纵向腹沟，沟内有细长、纤毛状足，用以运动。新月贝纲动物的外形及内部构造见图2。

全球记载有307种，全部海生，垂直分布于从浅海一直到水深9000 m处，掘孔穴居生活。我国曾在南海采集到1种，澳洲上月贝 *Epimenia australis* (Thiele, 1897)。

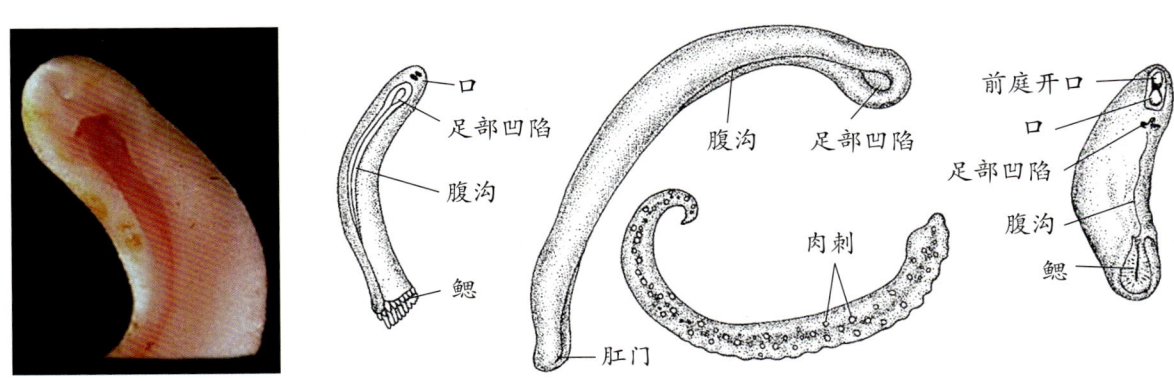

图2　新月贝纲动物的外形及内部构造

3. 单板纲 Monoplacophora

单板纲大多数为化石种（古生代泥盆纪约3.5亿前的种类），现生种于1952年在南美洲的深海中首次被发现。其具一个笠形的贝壳，壳顶在中央部稍靠前方，壳表有自壳顶生长的同心生长线，有的也具放射线。足发达，鳃5或6对，环列于足的周围。头部不明显，雌雄异体。单板纲动物的外形及内部构造见图3。

全球现生种类有30种，全部海生。我国未见报道。

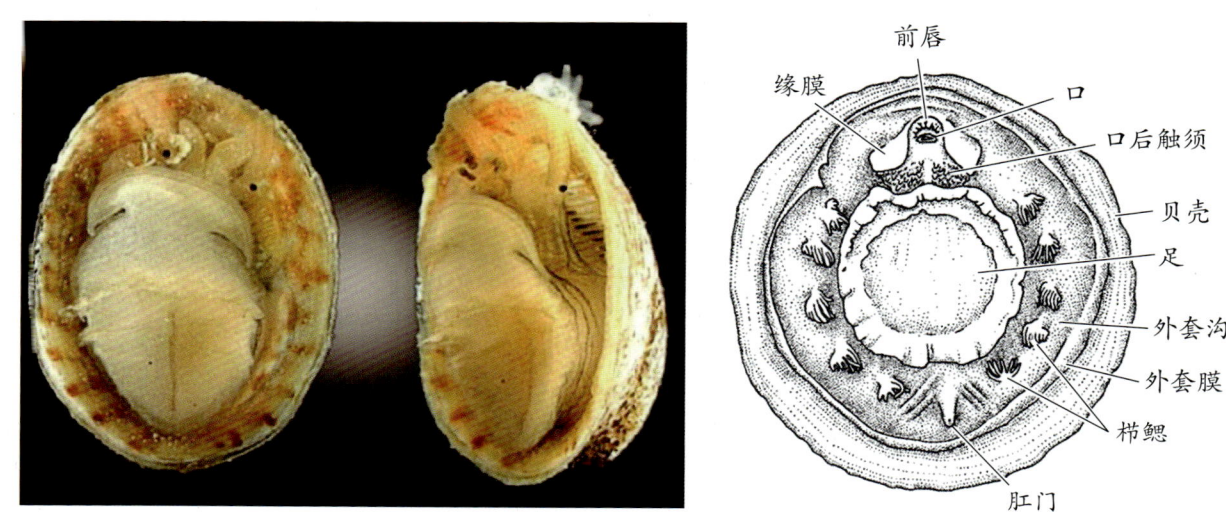

图3　单板纲动物的外形及内部构造

4. 掘足纲 Scaphopoda

掘足纲动物具1贝壳，呈长圆锥形管状，基部粗，向后逐渐变细，两端开口，稍弯曲，形似象牙，故有象牙贝之称。基部前端开口称前壳口，又称头足孔，足可自此伸出。后端的开口为后壳口，为海水进出外套腔的开口。凹的一面为背方，凸的一面为腹方。外套膜管状，衬于贝壳内表面，末端背方伸出贝壳之外，为重要的感觉器官。头部不明显，前端有1能伸缩的吻，吻前端中央为口，在吻的基部两侧生有许多细长、末端膨大的头丝。头丝的伸缩性强，可由前壳口伸出壳外，是捕食与触觉的重要器官。足在吻的腹部，钝圆锥状，近端部两侧有一对脊状突起。足的伸缩性强，善挖掘泥沙。运动时，先将足插入沙中，再通过肌肉的牵引，使两侧的脊状突起竖起。足犹如锚一样插入沙中，通过缩足肌牵拉贝壳，使身体潜入沙中，仅留后端于海水中。掘足纲动物的外形及内部构造见图4。

全球记载有578种，全部为海生。我国记载有56种，南北沿海均有分布，但舟山海域仅记载2种。

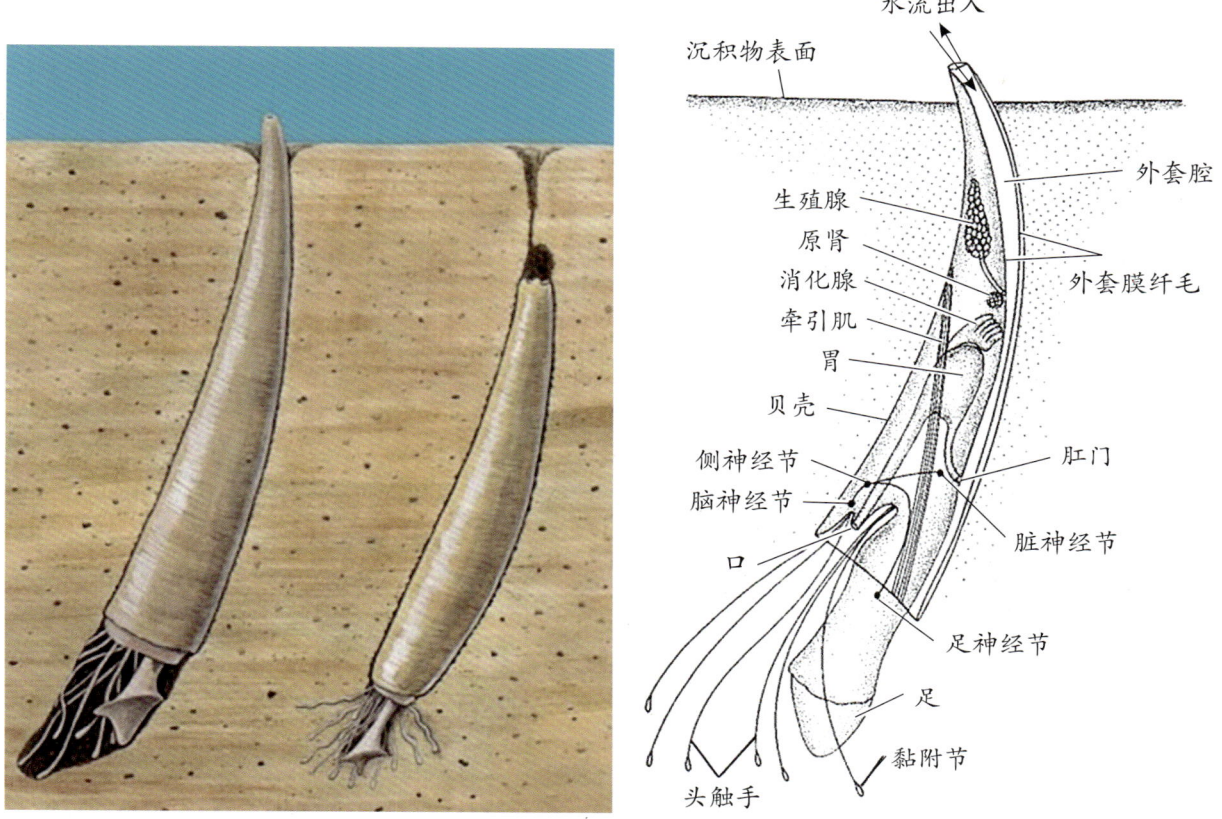

图4 掘足纲动物的外形及内部构造

5. 多板纲 Polyplacophora

多板纲动物体呈椭圆形，背稍隆，腹平。背侧具8块石灰质贝壳，多呈覆瓦状排列。前面一块呈半月形，称头板；中间6块结构一致，称中间板；末块呈元宝状，为尾板。各板间可前后抽拉移动，因此身体脱离岩石后，可以曲卷。贝壳周围有一圈外套膜，称环带，其上丛生有小针、小棘等，形态各异。头部不发达，位腹侧前方，圆柱状，有1向下的短吻，吻中央为口，口腔具齿舌。足宽大，吸附力强，在岩石表面可缓慢爬行。足四周与外套之间有一狭沟，即外套沟，在沟的两侧各有一列楯鳃，6对或数十对。多板纲动物的外形及内部构造见图5。

世界性分布，全部海产，现生种类1068种，我国产47种。

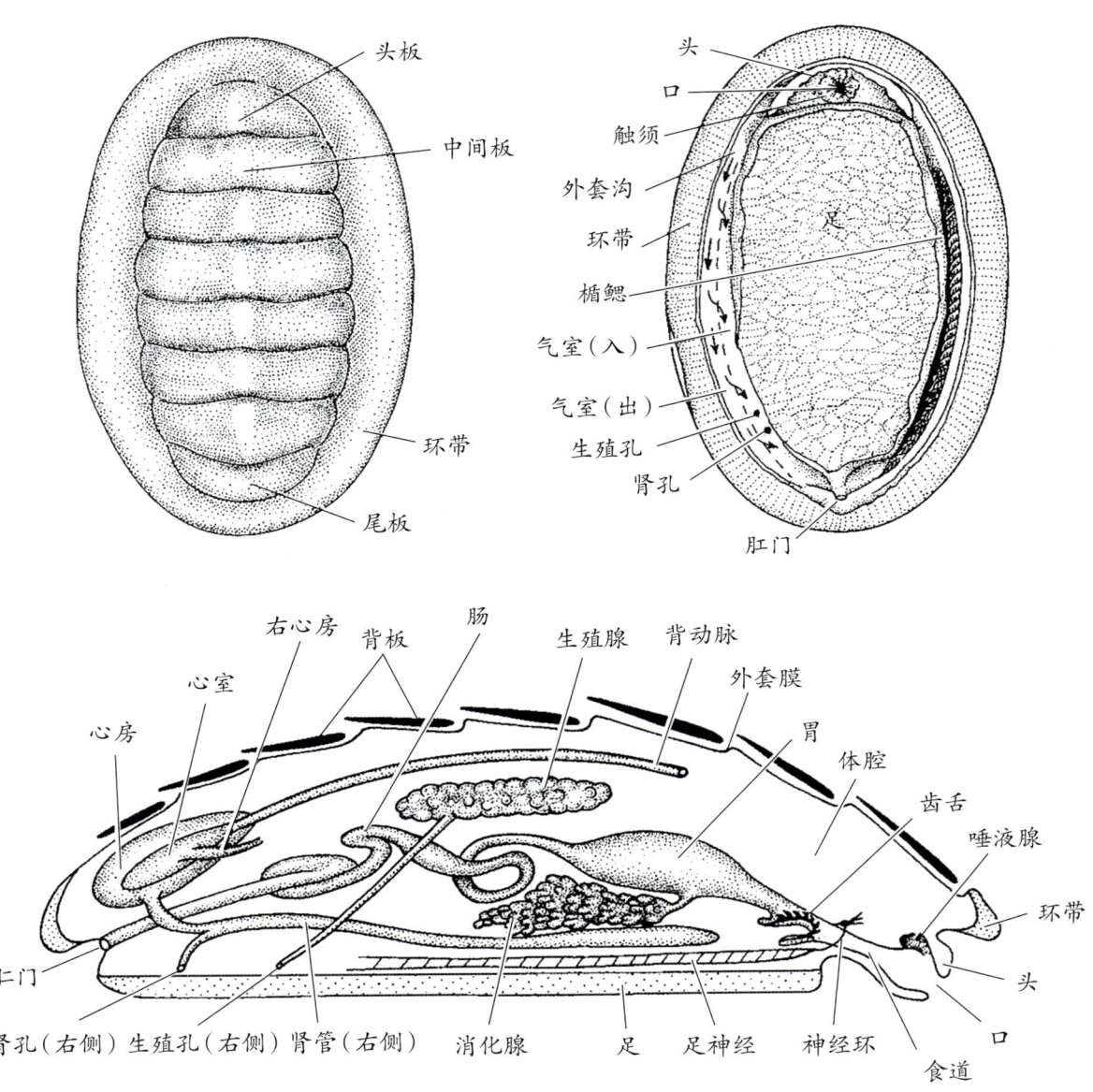

图5 多板纲动物的外形及内部构造

6. 腹足纲 Gastropoda

腹足纲动物多数种类体外被螺旋形贝壳，故又称螺类。

除翼足类外，头部发达，头上具1~2对触角，眼生于触角的基部、中间或顶部。口内齿舌发达，足位于躯体腹面，故名腹足类。雌雄同体或异体，卵生。水生者用鳃呼吸，陆生种类的呼吸代之以外套膜表面，起肺的作用。足部常能分泌一个角质或石灰质的厣，可以掩盖壳口，起保护作用。腹足纲动物（前鳃亚纲、后鳃亚纲）的外形及内部构造见图6、图7。

腹足纲为软体动物门中最大的一个纲，包括化石种类共94687种，现生种类54426种，遍布海洋、淡水及陆地，其中海生种类39473种。我国记载2554种。

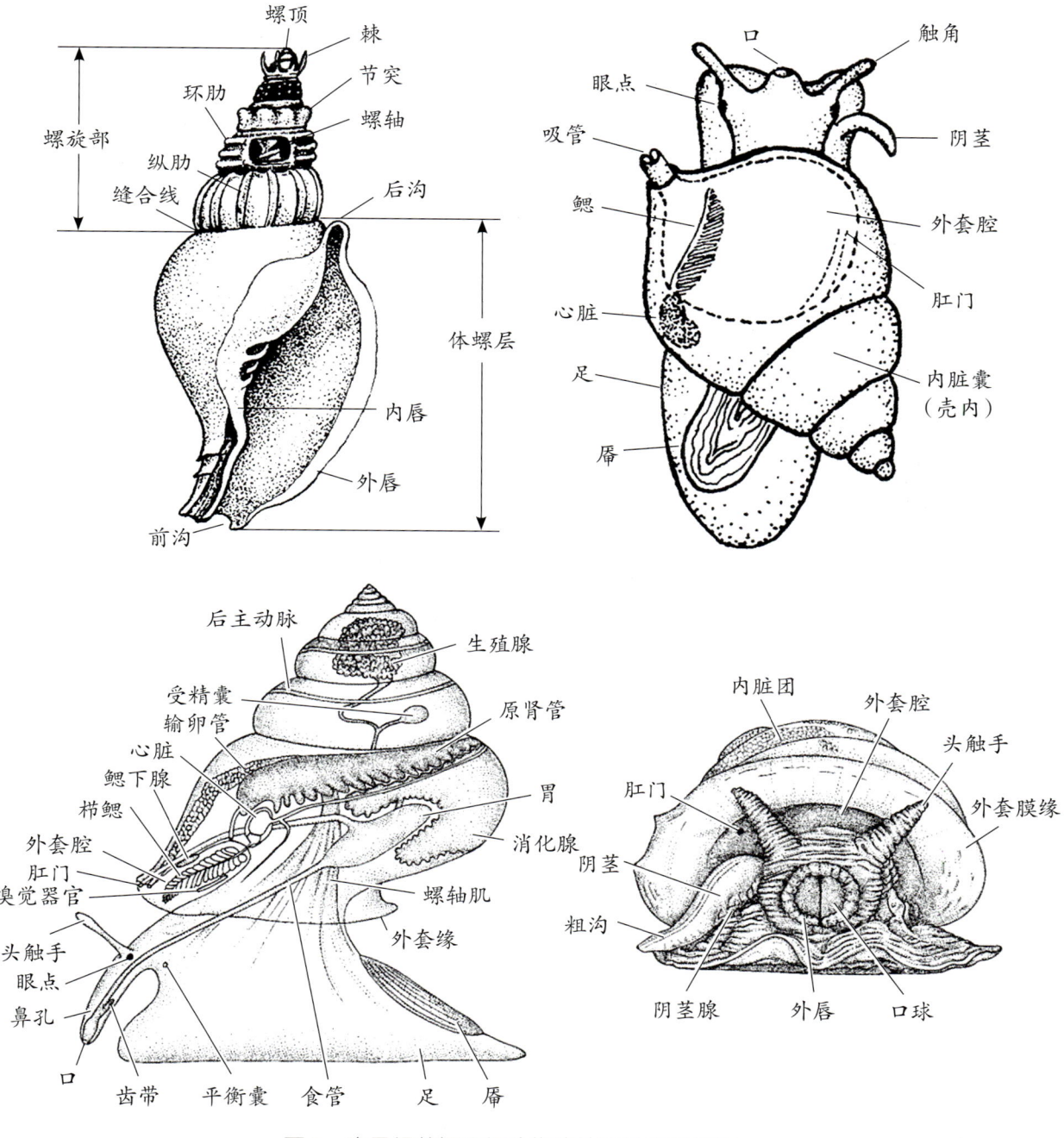

图6　腹足纲前鳃亚纲动物的外形及内部构造

腹足纲后鳃亚纲中的许多种类无外壳而只有内壳，甚至无壳，因而体形与"螺类"相差极大，如裸鳃类的海兔（俗称"海蛞蝓"）等。

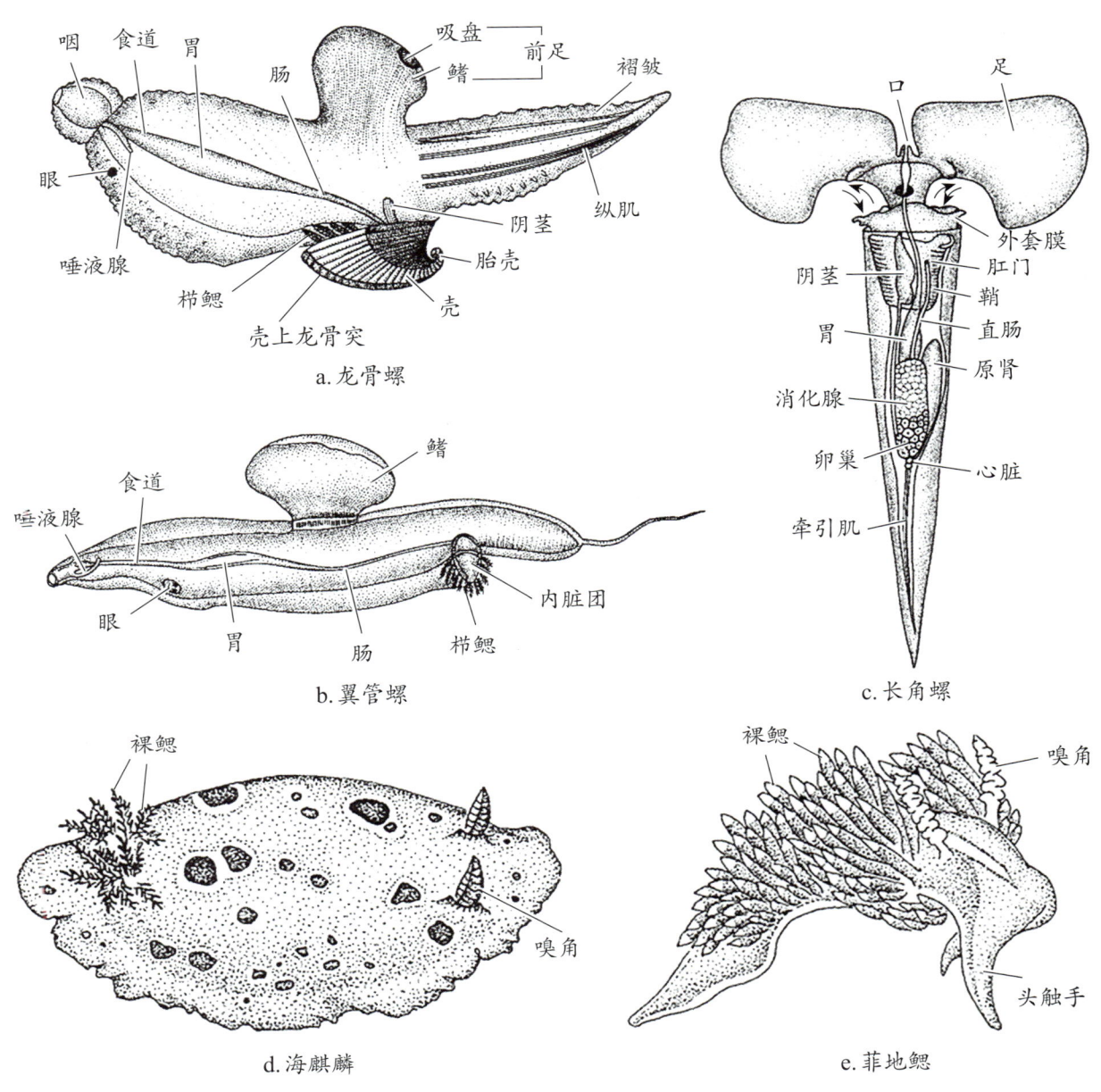

图7 腹足纲后鳃亚纲动物的外形及内部构造

7. 双壳纲 Bivalvia

双壳纲动物体具两片贝壳,故名双壳类。因头部消失、足呈斧状、鳃呈瓣状,习惯上也称无头类、斧足类、瓣鳃类,或狭义的"贝类"。双壳纲动物的外形及内部构造见图8。

全球记载20919种,现生种类16794种,分布于海洋及陆地的淡水中,其中海生种类8419种。我国仅记录1132种。

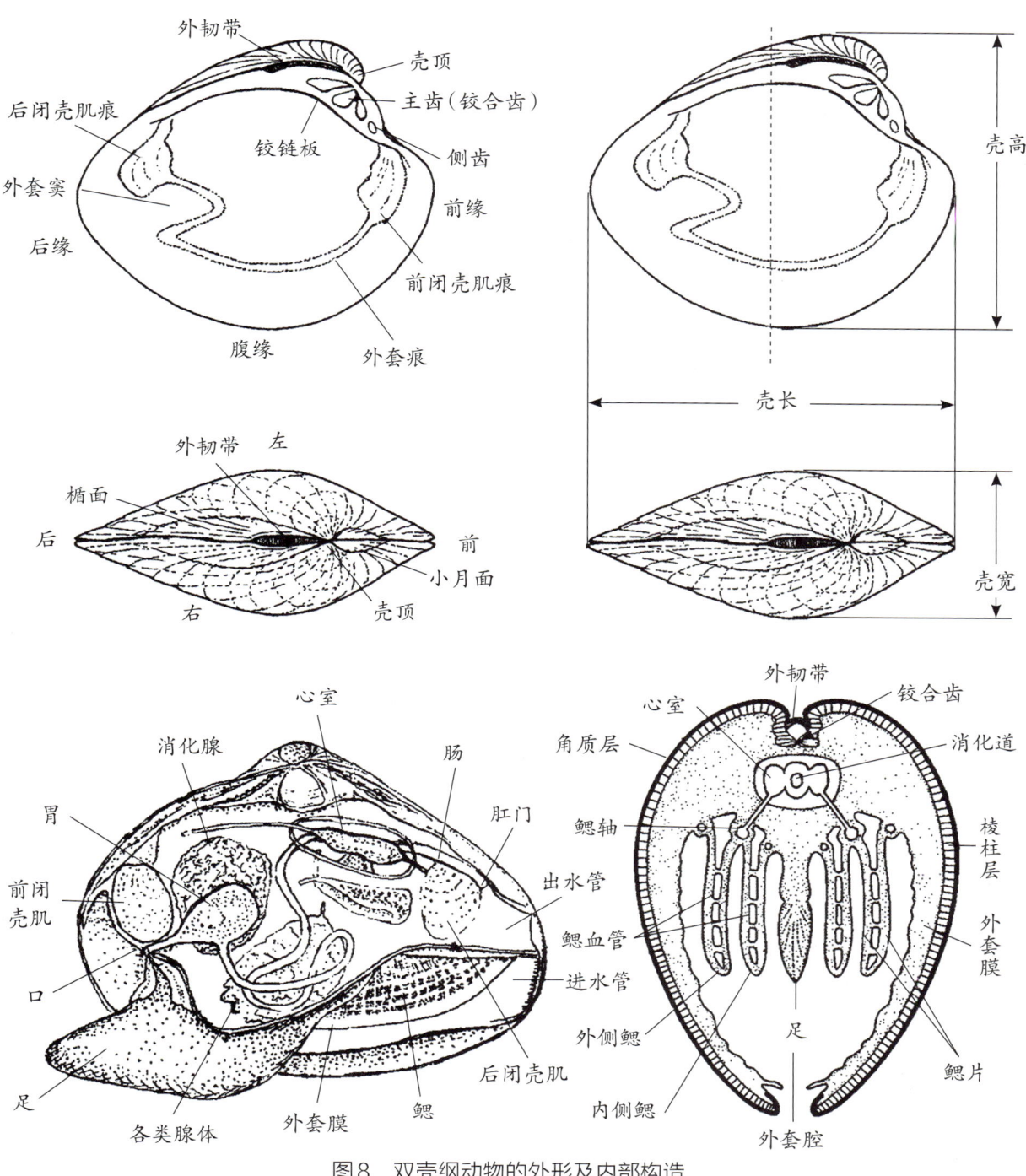

图8 双壳纲动物的外形及内部构造

8. 头足纲 Cephalopoda

头足纲是软体动物门中最高等的一类动物，大多营游泳生活，习惯中常被归入"鱼"类，如墨鱼、柔鱼、鱿鱼、章鱼等。

头足纲动物的形态与螺类、双壳类差别很大，尤其是它们的足呈趾状，且位于头部的前端，故称头足类（图9、图10、图11）。极少数种类具外壳，如最原始的鹦鹉螺；或"临时"性的外壳，如船蛸，但同样称为"螺"。鹦鹉螺的外壳为"盘旋"形，与腹足类的"螺旋"形不同。绝大部分种类只有内壳，甚至无壳，因而可以算是真正的"软体动物"。

全球记载有886种，全部海生，现生种类仅有843种。

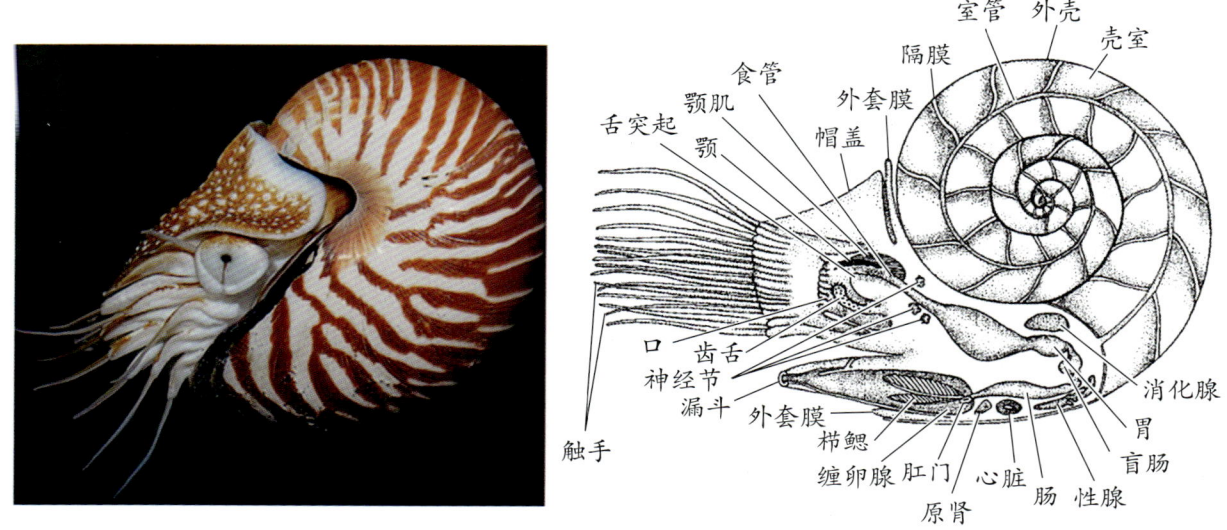

图9　鹦鹉螺的外形及内部构造

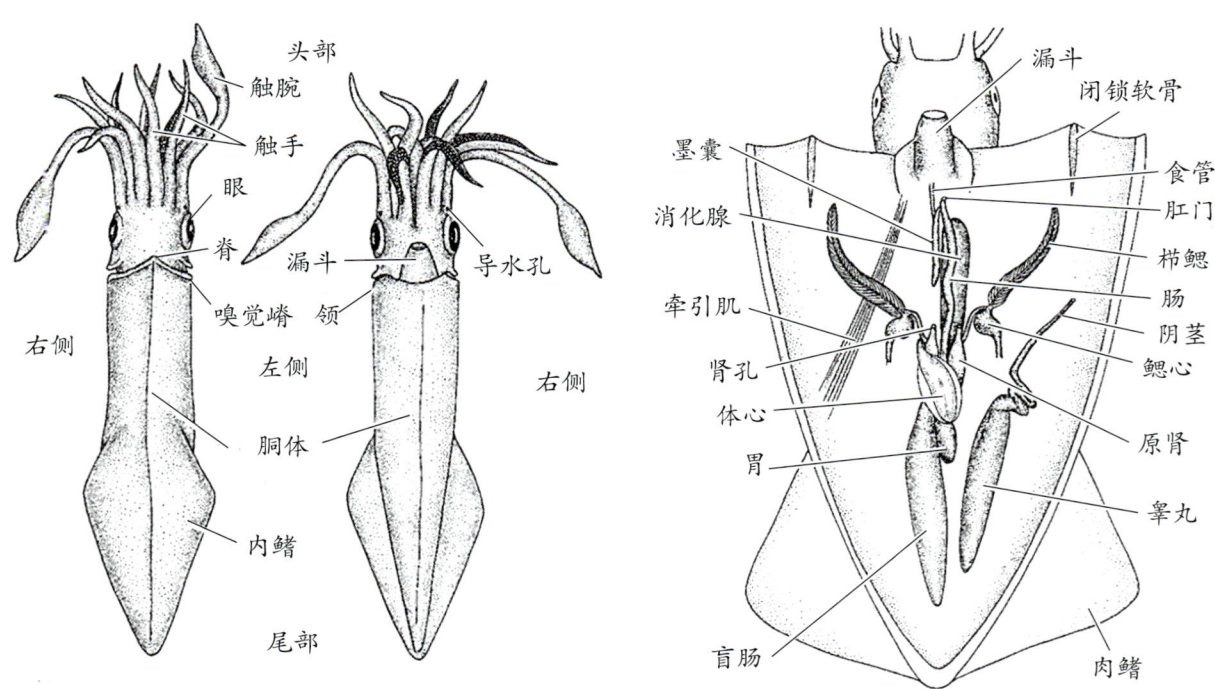

图10　枪乌贼类的外形及内部构造

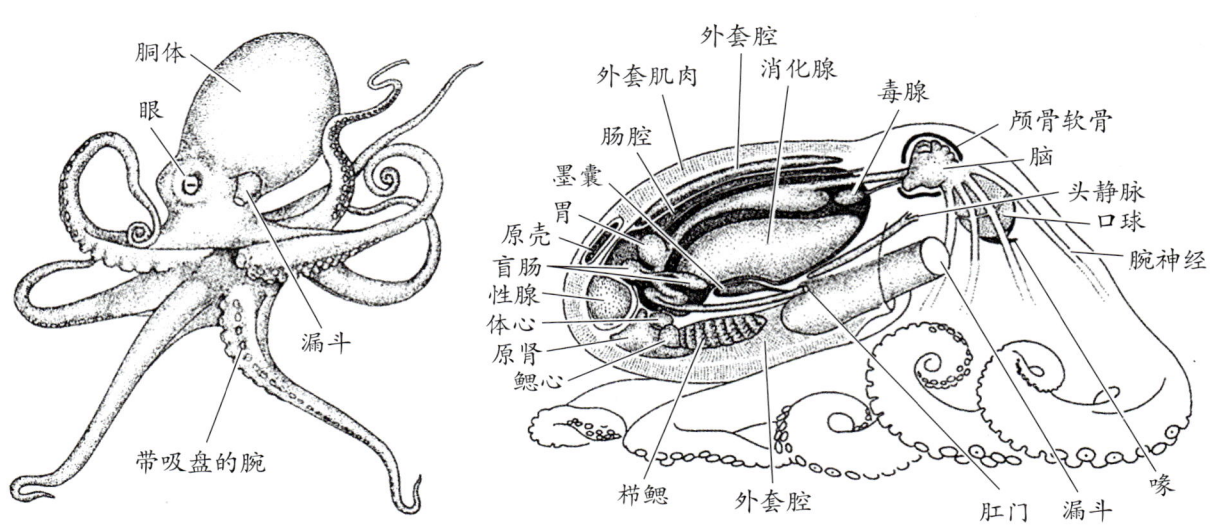

图 11 章鱼类的外形及内部构造

9. 各纲形态分类检索

1. 无贝壳,体呈蠕虫状。
    2. 腹面具 1 纵向腹沟 ·· 新月贝纲 Solenogastres
    2. 腹面不具腹沟 ·· 无板纲 Aplacophora
1. 有贝壳。体不呈蠕虫形。
    3. 无清楚的头部。
        4. 贝壳若有,不是两片。
            5. 贝壳由 8 片组成 ·· 多板纲 Polyplacophora
        4. 贝壳为一个介壳。
            6. 贝壳呈帽状,覆盖于身体背面 ··································· 单板纲 Monoplacophora
            6. 贝壳呈圆筒形的象牙状 ··· 掘足纲 Scaphopoda
        4. 贝壳为两片 ·· 瓣鳃纲 Lamellibranchia
    3. 有 1 清楚的头部。
        7. 头部具触角,具眼点。足不呈趾状。常具螺旋形外壳 ············· 腹足纲 Gastropoda
        7. 头部有眼。足呈趾状,位于头前。或具外壳为盘旋形 ············ 头足纲 Cephalopoda

二、软体动物的发生

1. 性别

软体动物多数为雌雄异体，其中头足纲、腹足纲的种类还存在雌雄异形。少数种类为雌雄同体，但都是异体受精。

头足纲（除鹦鹉螺）雄性个体的8或10只腕中，有一条或一对腕茎化成为生殖腕，也称茎化腕（Hectocotylized arm）（图12），用于输送精子。在八腕目中通常是右侧第三腕为茎化腕，在枪形目和乌贼目中一般是左侧第四腕为茎化腕。茎化的腕通常与其相近一条腕有明显不同：有的是长度缩小；有的是腕一侧的膜特别加厚而起皱褶，形成一个直通腕顶端的精液沟；有的则是部分腕吸盘缩小或变为肉刺；有的是在腕的末端形成一个舌状端器。茎化的位置，有的在腕的顶端，有的在基部，有的是全腕。因此，它不但可以用来鉴别雌、雄，还可以作为分类的依据。

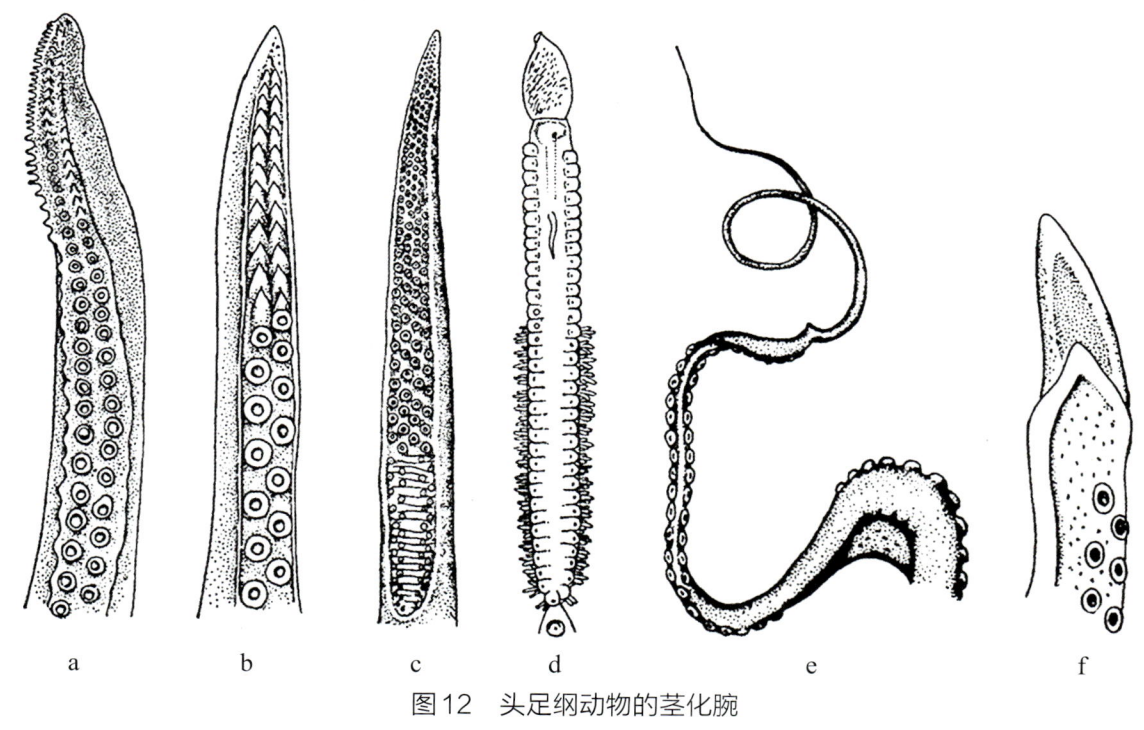

图12 头足纲动物的茎化腕

a.太平洋褶柔鱼；b.日本枪乌贼；c.曼氏无针乌贼；d.印太水孔蛸；e.船蛸；f.斑点豹纹蛸

腹足纲前鳃亚纲动物中的雄性个体在触角附近具1交接器（阴茎）。图13、图14分别为滨螺属 *Littorina*、靴螺属 *Crepidula* 的雄性个体内部构造。

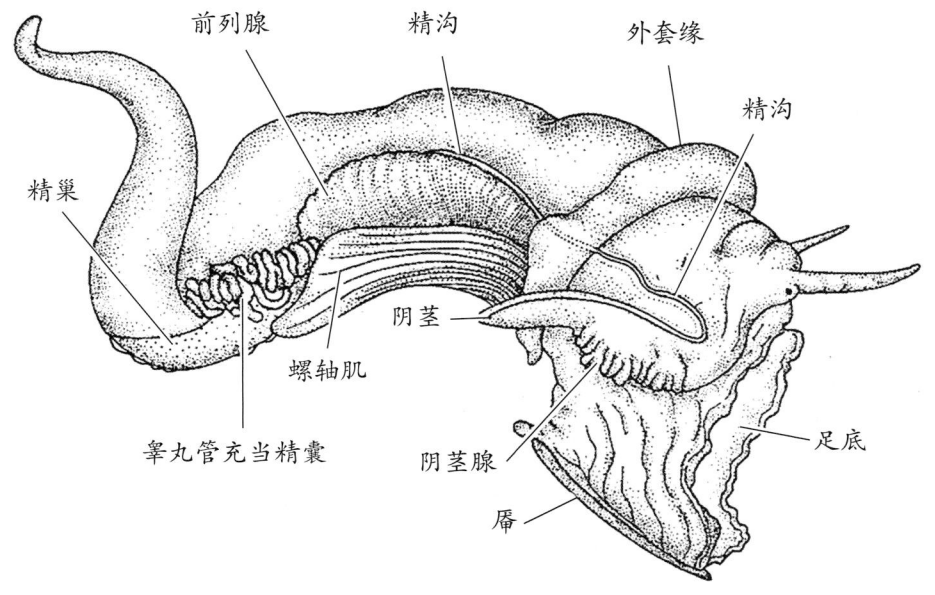

图13 滨螺属的雄性个体内部构造

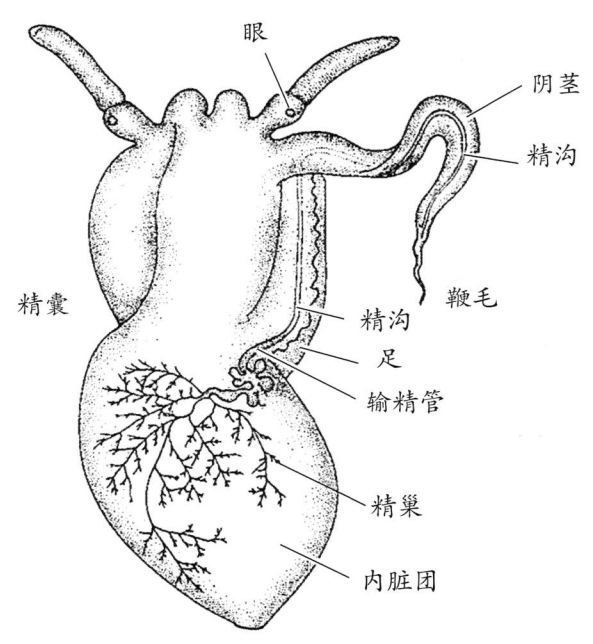

图14 靴螺属的雄性个体内部构造

其余各纲种类在外形上雌雄不明显,但可根据成熟后性腺的颜色来判断雌雄。雌雄同体的种类为少数,但很少同体受精,一般雄性先成熟。

少数种类有性反转现象,如牡蛎、贻贝等。这些动物的性别有时会在某个时期从雌性变成雄性,或从雄性变成雌性,此后也常能再次转变。其机理尚不明确,可能与季节、温度、盐度和营养条件变化有关。

性成熟年龄与繁殖季节，因种而异。

2. 产卵方式与发育

多板纲动物的卵在体外或雌体外套腔中受精，受精卵在外界或雌体的外套沟中发育以及孵化，经由自由游泳的担轮幼虫阶段。在变态过程中，纤毛环后区伸长形成身体的大部分，而纤毛环前区退化。沉入水体为幼体，但幼虫眼仍会保留一段时间。墨玉石鳖 *Katharina tunicata* 的发生见图15。

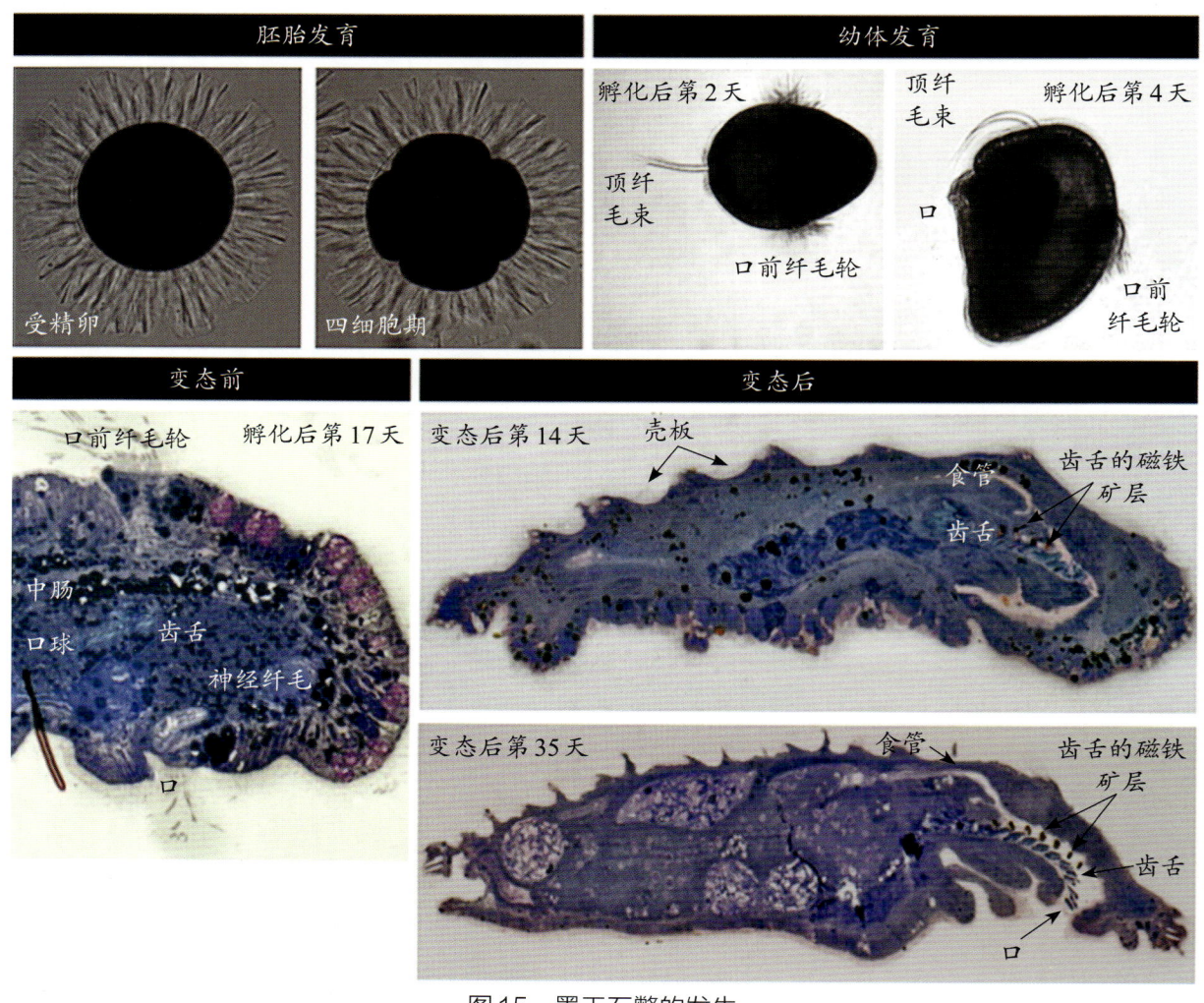

图15　墨玉石鳖的发生

头足纲、腹足纲动物通过交配在体内受精，受精卵经输卵管时被其分泌物包裹，形成卵囊或卵块（图16、图17），受精卵在其中发育。

图 16 部分头足纲动物的卵囊

a. 枪乌贼；b. 莱氏拟乌贼；c. 无针乌贼属；d. 蛸属

图 17 部分腹足纲动物的卵囊

a. 红螺属；b. 玉螺属；c. 香螺属；d. 荔枝螺属；e. 泥螺；f. 蓝斑背肛海兔

腹足纲动物具有特殊的变态现象——扭转（torsion），是指腹足纲动物在面盘幼虫期，壳和内脏团在头足上方沿逆时针旋转 180° 的一个过程或现象（图 18）。此过程大多在几分钟内就能完成，扭转的实质是面盘幼虫右侧牵缩肌突变发达，而左侧牵缩肌退化。扭转的结果是后外套腔变成前外套腔；直消化管被扭成"8"字形，肛门位于口的背上方；外套复合体由体后部转向体前部；两条侧脏神经连索由平行变成"8"字形；原体形的对称性丧失；出现一个连接内脏团基部到头足背部的窄"颈"。

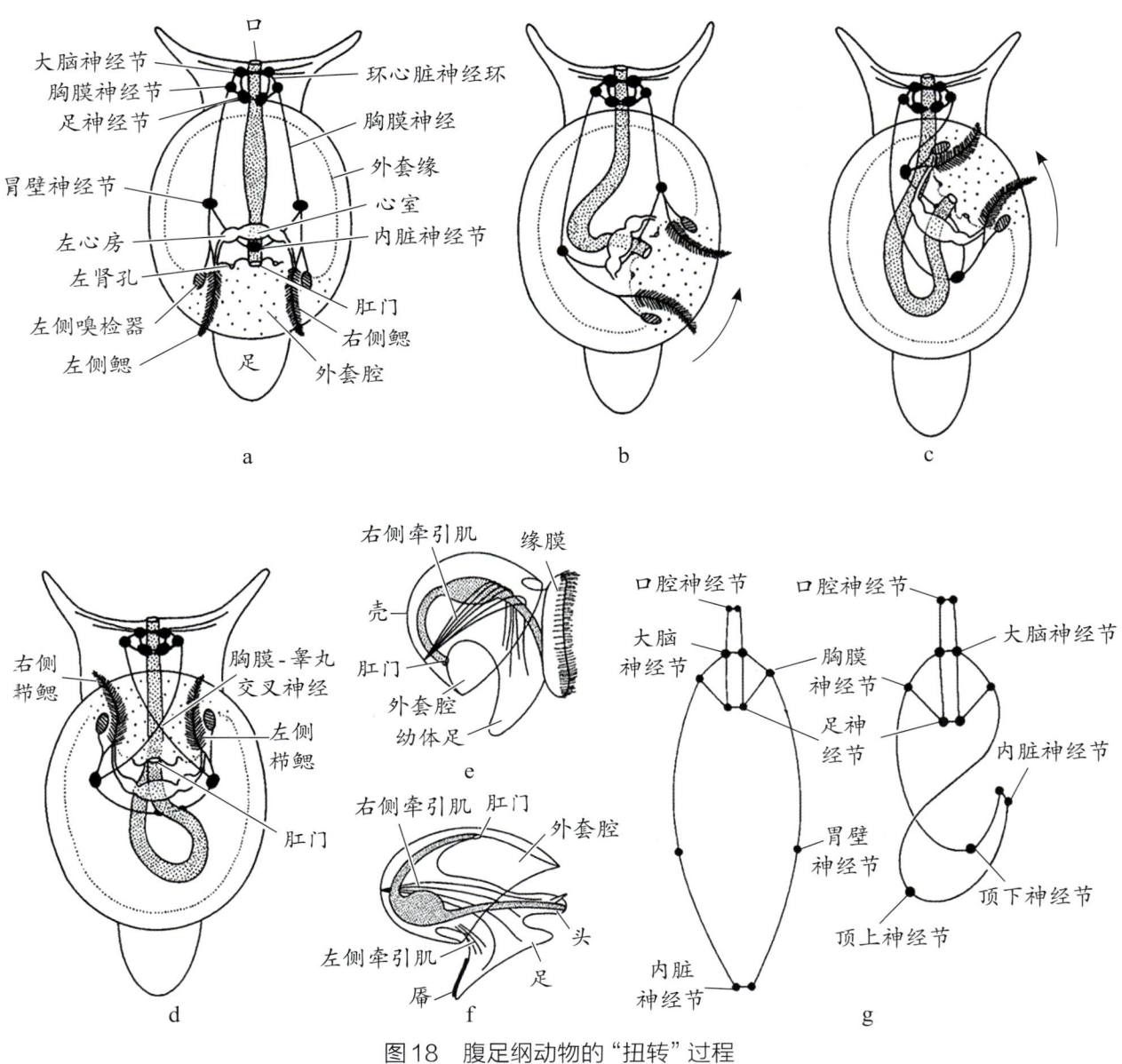

图18 腹足纲动物的"扭转"过程

a.扭转前；b、c.扭转过程；d.完成扭转；e、f.幼体在扭转前后的外套腔、鳃、肛门和肾孔的变化；g.主神经节结构在扭转前后的变化后鳃亚纲动物还具有"反扭转"(detorsion)现象，但已消失的鳃不再出现，且现有的鳃、壳和外套腔也常消失，只是后来在体背表面或后背中部出现次生鳃，而称裸鳃类。

大多数双壳纲动物和少数低等腹足纲动物，如鲍鱼、笠贝等均将精卵排到水中，使其在水中受精并发育。有些淡水种类，如河蚌，将精子排到水中后，精子随着水流到达雌体鳃腔或外套腔中与卵子相遇，精卵被动结合而受精。精卵在体内受精，直至发育。产卵数量与个体大小有关，个体越大，产卵量也越多。有护卵行为的种类产卵少，无护卵行为的种类产卵多。

幼虫发育分为间接发育和直接发育。间接发育的幼体须经变态过程，绝大多数的种类要经过自由游动的担轮幼虫、面盘幼虫阶段，少数种类属非自由幼虫，如河蚌的钩介幼虫，为适应寄生而特化的面盘幼虫。直接发育的种类，其幼体期不明显，也无变态现象，如田螺、头足类等。

担轮幼虫体呈双圆锥形，具顶纤毛束、顶板、口前及口后纤毛环、消化道、原腔体、原肾管与中胚层等，与环节动物的担轮幼虫相似，但壳腺、足部以及齿舌囊等的形成有明显不同（图19）。

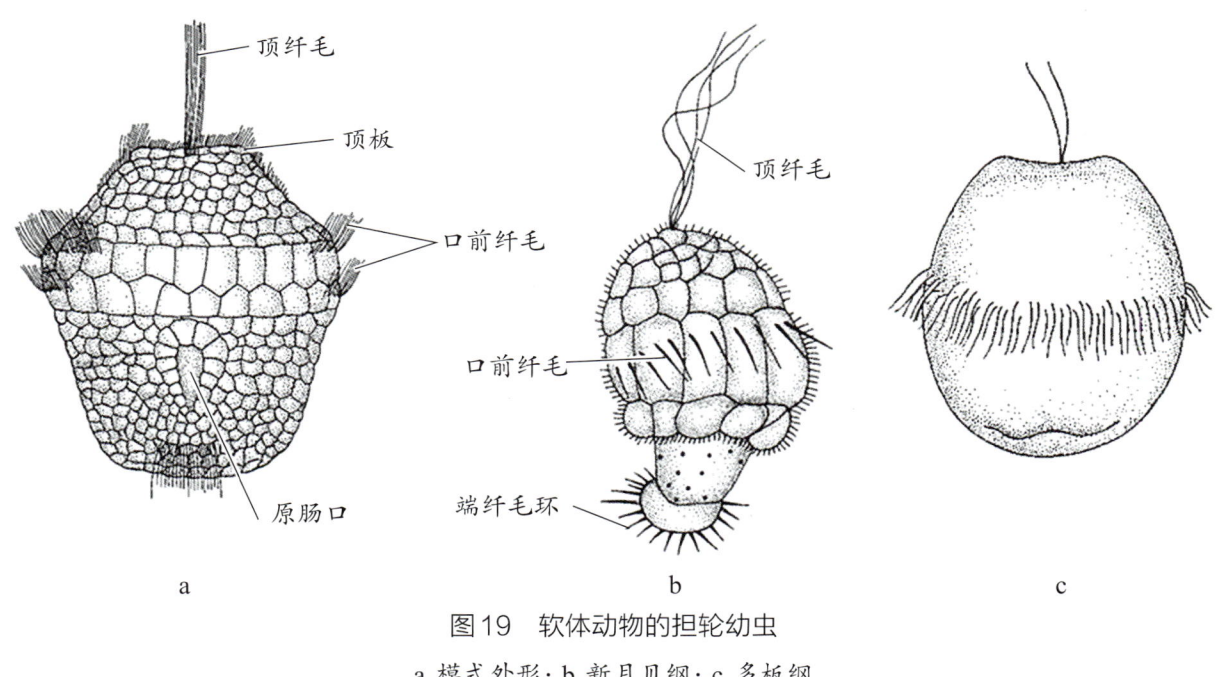

图19 软体动物的担轮幼虫

a.模式外形；b.新月贝纲；c.多板纲

面盘幼虫也称D形幼虫，为软体动物所特有的幼虫期，由担轮幼虫发育而成。担轮幼虫的环状口前纤毛（轮）此时变为游泳盘（面盘），有游泳与取食的功能。双壳纲动物在面盘幼虫后期，随着壳顶的出现，也称壳顶幼体，最后随着贝壳钙质的出现成为稚贝（图20）。

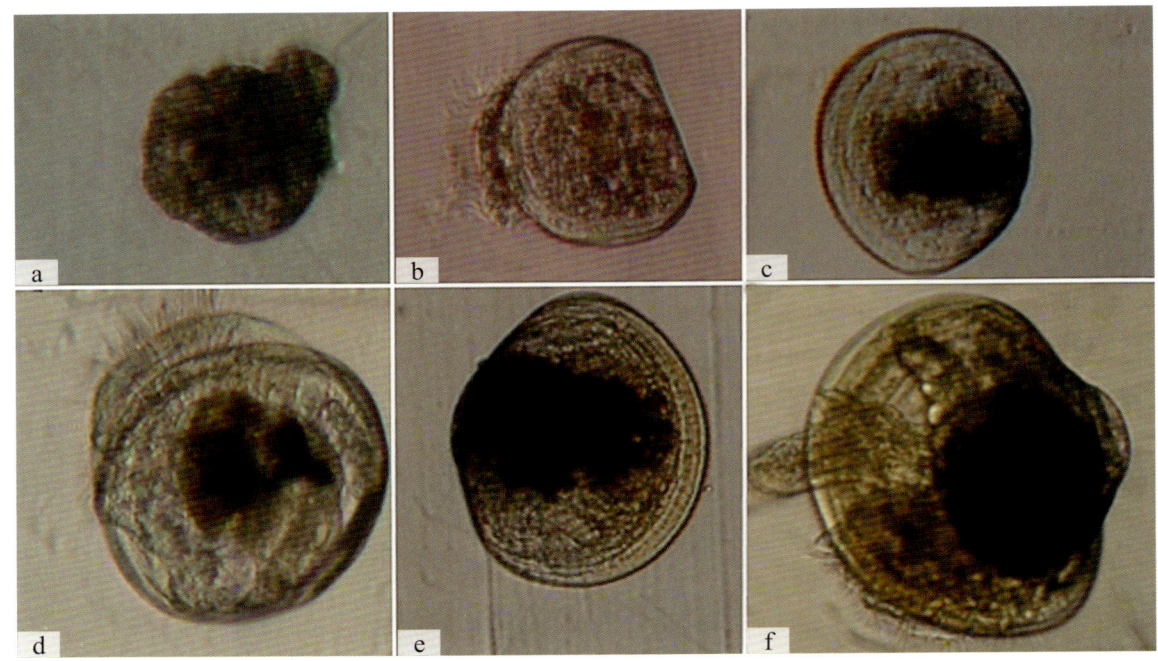

图20 海神蛤的幼体发育

a.担轮幼体；b.D形幼体；c.壳顶幼体早期；d.壳顶幼体；e.壳顶幼体后期；f.具足壳顶幼体

腹足纲动物一般在担轮幼虫后期，由纤毛环的中间顶部位置凹下形成面盘，同时在身体后背部分泌出透明的壳，成为面盘幼虫（图21）。此后出现一对眼点、足和厣，壳具雏形。若幼虫的面盘收缩，软体部分可全部藏入壳内，壳口被覆盖，此时已具螺形。第二阶段为头部出现触角并开始伸长，表示即要转入底栖。

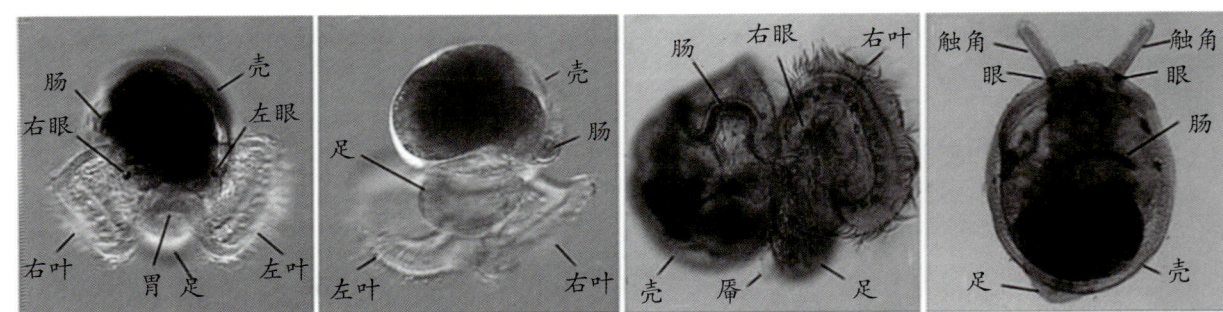

图21 腹足纲动物（靴螺）的面盘幼体

三、软体动物的生活方式

海洋软体动物种类繁多，分布广泛，从潮间带到大洋底层，都可见它们的踪迹。不同环境、不同种类，甚至不同的生长时期，都有自己不同的生活方式。

1. 固着生活

在营固着生活的软体动物中，最典型的是双壳纲中的牡蛎，D形幼体出现眼点后不久，就开始以左壳在岩石上固着，且终生不再脱离固着物而自行移动，只能通过右壳启闭、张合来进行呼吸、摄食、生殖、排泄。遇到不良环境条件时，紧闭贝壳以渡难关（图22，a）。

腹足纲中的蛇螺在幼年时与其他螺相似，整个身体呈紧密规则的螺旋体，但随之外壳变得很不规则，螺旋间距也逐渐加大，最后固着于岩石上，终生不再移动（图22，b）。

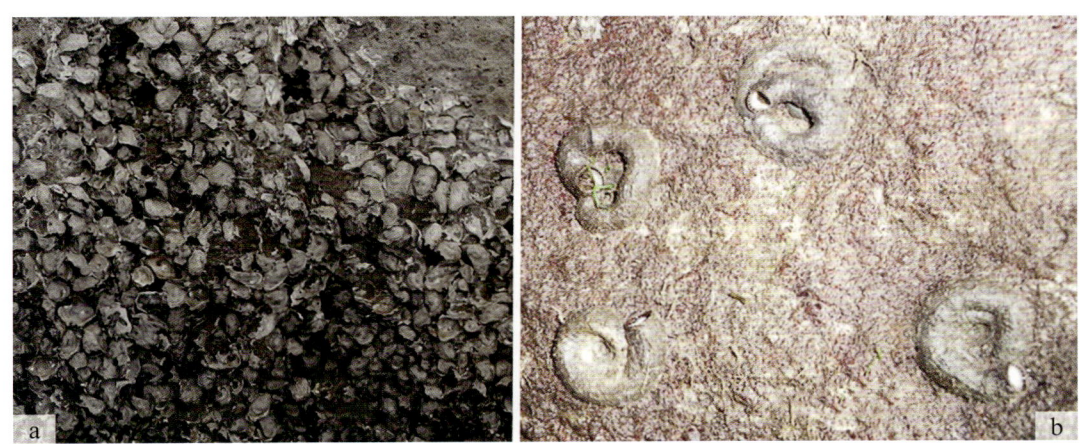

图22　营固着生活的软体动物

a.牡蛎；b.覆瓦小蛇螺

2. 附着生活

营附着生活与固着生活的软体动物，在外观上两者有点相似，但附着通常是用"足丝"，故尚有一定的"活动"能力。例如，贻贝通过足丝或互相缠绕，或附着于其他物体上（苗绳、岩石缝隙）（图23）。幼时的贻贝遇环境不适，可切断足丝，理论上还可重新附着。

图23　附着于岩礁中的厚壳贻贝和隔贻贝

3. 穴居生活

许多双壳纲动物，如青蛤、缢蛏、彩虹明樱蛤、文蛤、毛蚶等，都在泥滩上营浅埋穴居生活，仅进出水管稍露出泥沙外（图24）。

图24　营浅埋穴居生活的蛏类

有些种类如海笋（俗称"象鼻蚌""象拔蚌"）可潜入泥沙中达1 m深（图25）。

图25　营浅埋穴居生活的象鼻蚌

常见的砗磲 *Tridacna* 也属浅埋穴居生活（图26）。

图26　大砗磲

东南沿海生活着颇有名气的一种小章鱼,俗称望潮(短蛸)。每年5—6月,新生的望潮会潜入泥滩,挖洞穴居,直至秋末冬初,再移居海底生活。章鱼以"海底建筑师"而闻名,望潮的洞穴极为精巧,有空穴、实穴之分,可谓"狡兔三窟",非专业渔民很难捕获(图27)。

图27 抲望潮

此外,一些双壳纲动物则喜欢凿木、凿石或在大型贝壳内居住,如船蛆、马特海笋、石蛏、住石蛤等(图28),还有一些种类则寄生在棘皮动物身体内,如桑氏内寄蛤等。

图28 双壳纲动物中的海洋"污损生物"

a.船蛆;b.海笋;c.石蛏;d.住石蛤

绝大多数双壳纲动物，尤其是营固着、附着、穴居生活的种类都没有专门的捕食器官，通常是被动的"滤食"。即通过进水管，食物（一些单细胞藻类、有机碎屑，习惯称"油泥"）随着水流进入体内，经外套腔送入口中，食物残渣及代谢产物经出水口排出体外。在日常生活中，人们对刚购买的青蛤、文蛤、彩虹明樱蛤（海瓜子）等，用配好合适盐度的海水，事先"养"，让进出水管充分伸张，使其吐尽肠胃中的食物。"养出了"才能下锅，不然做成的菜都是"泥"（图29）。

图29 双壳纲动物的"养水吐泥"

4. 自由匍匐生活

所有多板纲动物以及绝大部分的腹足纲种类都营自由匍匐生活，但生活范围较小。此类动物的足宽大，能牢牢地吸附在岩石上（图30）。此外，这类动物通常具一定的捕食能力及发达的齿舌，能刮食岩礁上的藻类。

图30 营自由匍匐生活的多板纲、腹足纲动物

a.红条毛肤石鳖；b.花斑锉石鳖；c.短滨螺；d.嫁蝛；e.日本菊花螺；f.荔枝螺；g.婆罗囊螺；h.单齿螺；i.蓝斑背肛海兔；j.片鳃

齿舌是营匍匐生活类软体动物消化器官的重要组成部分,是其口球内的一个摄食器官(图31)。除瓣鳃纲以及少数腹足纲、头足纲种类没有齿舌外,绝大多数软体动物都具有齿舌,且齿舌的大小、数目、形态和排列方式等因种类而异,但在同一种类中比较稳定,因此在分类上具有重要意义。

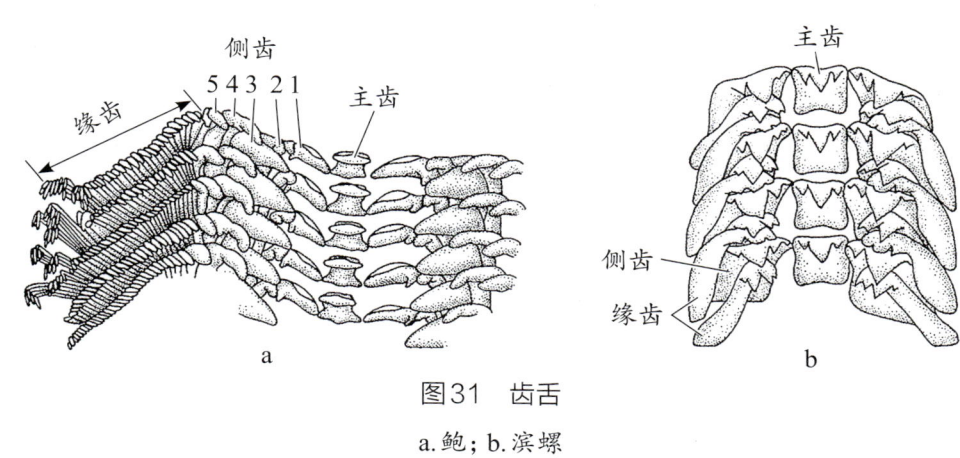

图31 齿舌

a. 鲍;b. 滨螺

近年来,一些学者在研究石鳖时发现,石鳖的齿是世界上最坚硬的牙齿。石鳖的齿舌由50～60节齿片组成,每个齿片上都有对称分布主侧齿6～7枚(图32)。前端的主侧齿尖端高度矿化,且这种矿化与人类截然不同,人类的牙釉质主要由羟基磷灰石组成,而石鳖牙齿表面覆盖的是磁铁矿(Fe_3O_4),可谓是"铁齿铜牙"。其齿尖的硬度(韦氏硬度)是人类牙釉质的3倍,与某些工业陶瓷相当,是自然界中已知硬度最高的生物材料。因而,石鳖是目前人类发现的第一种可以直接制造磁铁矿的生物。

图32 石鳖的齿舌及主侧齿

5. 浮游生活

腹足纲后鳃亚纲中的被壳目(Thecosomata)与裸体目(Gymnosomata)终生营浮游生活。它们的腹足背部发育成一对发达的呈翼状的鳍,以适应浮游生活(图33)。因此,这两目曾也合称为翼足类。

翼足类动物与一般的螺类不同。在发生过程中，内脏隆起旋转时又反转，其神经和内脏环不扭转为"8"字形，外套腔仍然朝向身体的后方，内部器官左右不对称，中央神经系统为直神经。此类动物雌雄同体。一般具一个左旋或伸直（不旋转）的石灰质外壳，或具1透明的软骨质内壳（个别无壳）。口位于两鳍相连的中线上，为唇瓣（侧足）所包围，具一对触角。

此外，腹足纲前鳃亚纲中的异腹足目（Heterogastropoda）及中腹足目（Mesogastropoda），少数种类也营浮游生活，如明螺、海蜗牛等。

图33　浮游软体动物

a.玻杯螺；b.环箍笔帽螺；c.康尼笔帽螺；d.尖笔帽螺；e.芽笔帽螺；f.宽弯龟螺；g.钩龟螺；h.丹娜厚唇螺；i.胖螺；j.蜕螺属；k.泡蜕螺；l.长轴螺；m.蝴蝶螺；n.皮鳃螺；o.小龟螺；p.拟海若螺；q.宽弯龟螺；r.明螺；s.海蜗牛

6. 游泳生活

软体动物中营游泳生活的主要是头足纲的一些种类,包括枪形目中的开眼亚目(我国产15科,38种)的所有种类和闭眼亚目中的枪乌贼科(我国产12种),以及乌贼目中的乌贼科(我国产24种)等(图34)。其中开眼亚目与枪乌贼科具有流线的体形、粗壮的漏斗下掣肌和漏斗、发达的闭锁器以及强有力的肉鳍,这些结构都有利于其快速行动。

营游泳生活的种类,有些主要分布于大陆架以外的深海和开阔的大洋中,如爪乌贼、帆乌贼、柔鱼等;有些则主要分布于大陆架以内,如枪乌贼、乌贼等;柔鱼科中的有些种类处于中间状态,它们在陆坡区和陆架区均有稠密集群。

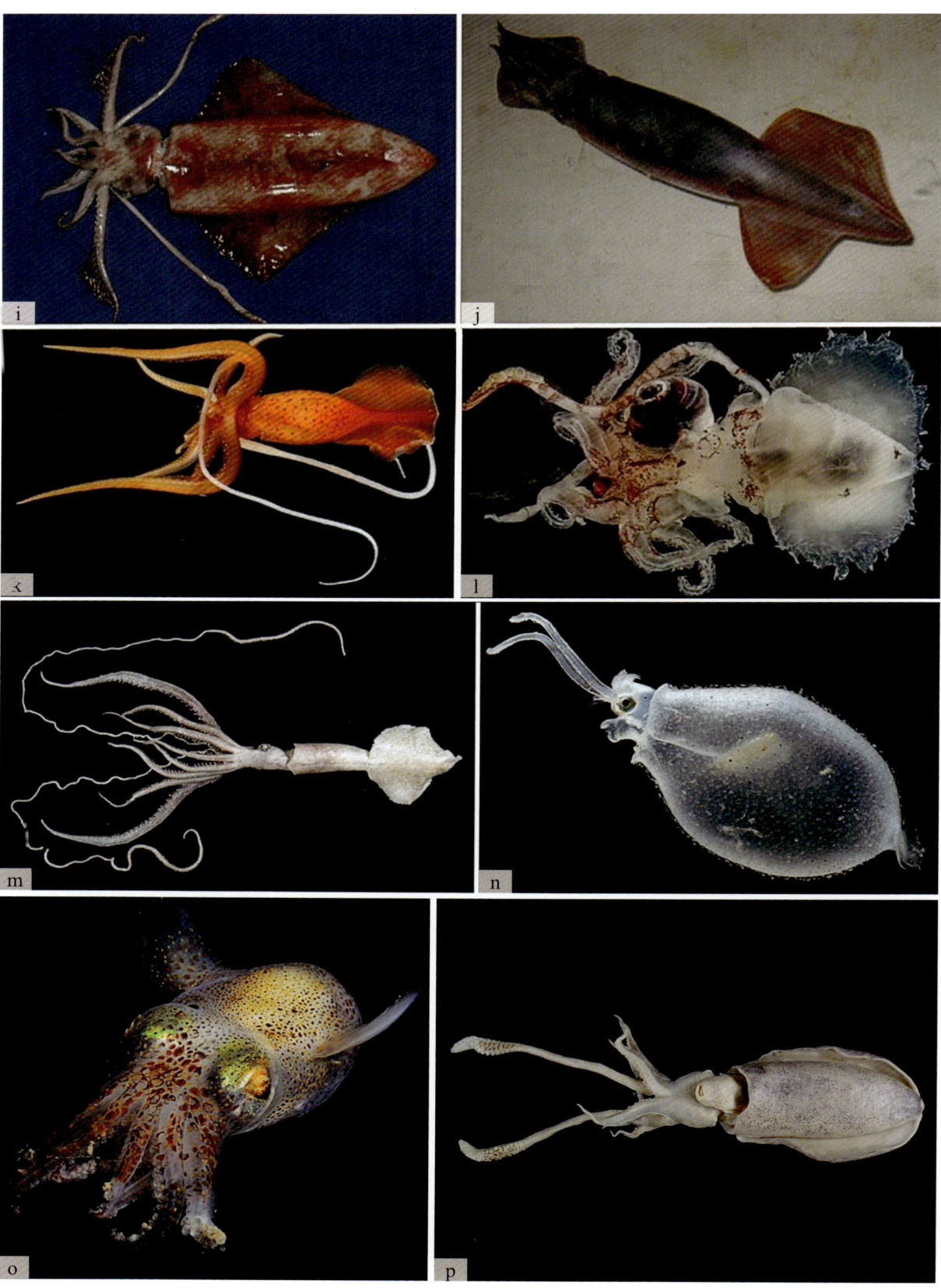

图34 营游泳生活的头足纲动物

a.武装乌贼科；b.火乌贼科；c.蛸乌贼科；d.穴乌贼科；e.鳍柄乌贼科；f.深海乌贼科；g.爪乌贼科；h.帆乌贼科；i.菱鳍乌贼科；j.柔鱼科；k.鞭乌贼科；l.盘乌贼科；m.手乌贼科；n.小头乌贼科；o.耳乌贼科；p.莱氏拟乌贼；q.中国枪乌贼；r.虎斑乌贼

四、软体动物与人类的关系

软体动物与人类的关系非常密切。我们熟知的八爪鱼（章鱼）、鱿鱼（也称"句公"、枪乌贼、柔鱼）、乌贼等，都是产量和经济价值很高的头足纲动物；双壳纲动物中的"淡菜"（厚壳贻贝、贻贝）、"蛎黄"（牡蛎）、文蛤、缢蛏、扇贝、"血蚶"（毛蚶、泥蚶）、"花蛤"（杂色蛤）等，是人们餐桌上久享盛名的海鲜佳品；有些软体动物种类虽然产量不大，如"蛤蜊"（青蛤）、"海瓜子"（彩虹明樱蛤）、"黄螺"（黄口荔枝螺）、"拳螺"（角蝾螺）、"香螺"（褐黄微玉螺、扁玉螺）、红螺、刀蛏、沙蛤（等边浅蛤）、石鳖等，但都算得上是传统"小海鲜"中的极品，其营养、口感绝佳。据报道，2020年我国海洋捕捞的头足类、贝类总产量分别达56.49万吨和36.19万吨；2021年我国头足类、贝类的海洋捕捞产量为58.55万吨和35.94万吨。

除了肉质部分可食用、药用外，有些软体动物种类的壳还是传统医学中的有名药材，如"石决明"（鲍鱼的壳）、"海螵蛸"（乌贼的内骨骼）、"瓦楞子"（蚶类的壳）、"甲香"（蝾螺的厣）等。传统使用的石灰，也是由各类贝壳煅烧而成。

另外，很多贝类的外壳具有独特的造型，以及斑斓的花纹，是人们热衷收藏的佳品，或作为贝雕的原料。软体动物的贝壳也是地质历史研究中的指示物，如"贝丘"遗址。人们利用贝壳可以研究古海洋的地质变迁以及水温、盐度变化等。

当然，有些贝类也素有"污损生物"之称，对船舶、沿岸建筑有一定的危害，如船蛆、石蛏等。

各论

多板纲 Polyplacophora

多板纲动物身体呈椭圆形，左右对称，体背具8块壳板，呈覆瓦状排列，习惯称"多板类"。壳面各有花纹，第一块称头板，中间为中间板，6块中间板结构基本一致，最后一块为尾板。不同种类的背板形状、花纹有所不同，也是常用的分类依据。

贝壳外缘有一圈裸露的外套膜，也即是环体的一圈，称为环带，环带上常长有鳞片、刚毛、棘、刺等。足位于体腹面，极宽大；足与环带间有外套沟，沟内具多对鳃，也称鳃沟。

一、石鳖目 Chitonida

石鳖目动物个体一般很小，长度为20～30 mm。常匍匐在潮间带岩礁的缝隙中，或在牡蛎的残壳内，行动缓慢。足宽大、厚实，吸附力极强，遇到大风浪或外界刺激时，能快速调节各背板的关节（缝合片），使足部与岩礁之间形成真空，以牢牢地吸附在岩礁上，徒手难以采集。

（一）毛肤石鳖科 Acanthochitonidae Pilsbry, 1893

背部的壳片较小，头板前端的嵌入片有3～5个齿裂，中间板的齿裂为0～1个，环带宽，上具针、刺或成束的针束。齿舌内侧齿3个。

广泛分布于热带到寒带区域，尤以毛肤石鳖属的红条毛肤石鳖最为常见。

1 红条毛肤石鳖
Acanthochitona rubrolineata (Lischke, 1873)

地方名	石鳖、烂蒲鞋（嵊山）
同物异名	*Acanthochiton rubrolineatus* (Lischke, 1873)
分类地位	多板纲 Polyplacophora，石鳖目 Chitonida，毛肤石鳖科 Acanthochitonidae
形态特征	体呈长卵圆形，壳板暗绿色，通常与周边岩石颜色相近，沿体中部有3条红色色带。环带较宽，深绿色。头板呈半圆形，表面具粒状突起；中间板宽度与长度相近，翼部具有较大颗粒状突起；尾板小，前缘中央微凹，后缘弧形，盖层布有颗粒突起。环带表面具棒状棘，其中左右两侧棘9对。外套沟较宽，两侧鳃约21对，但常不对称。
生态习性	生活于中低潮带岩石间。
地理分布	国外见于朝鲜、韩国、日本等地。我国沿海均有分布，为舟山海域外沿岛礁常见种。

红条毛肤石鳖

2 盾形毛肤石鳖
Acanthochitona scutigera (Reeve, 1847)

同物异名	*Acanthochites scutiger* (Reeve, 1847)
分类地位	多板纲 Polyplacophora，石鳖目 Chitonida，毛肤石鳖科 Acanthochitonidae
形态特征	体呈长卵圆形，个体较红条毛肤石鳖远小。背部中央具8块棕红色壳板，上有小颗粒状突起。头板的嵌入片极发达；中间板较宽。环带上有成束的针刺及短棘。
生态习性	岩相潮间带的中潮带到低潮带偶见。
地理分布	国外见于日本。我国主要分布于山东日照以北沿海，在舟山海域极为少见。

盾形毛肤石鳖

（二）石鳖科 Chitonidae Rafinesque, 1815

体呈长椭圆形，壳板褐色，环带上黑色和白色的棘相间排列，成带状。头板上有互相交织的细放射肋和生长纹，中间板具同心环纹，尾板小；在8枚壳板中以第三板最宽，环带上着生粗而短的石灰棘，鳃数目多。

常生活于潮间带和潮下带浅水区的岩石上，营底栖附着生活。我国常见于东南沿海。

3. 日本花棘石鳖
Liolophura japonica (Lischke, 1873)

同物异名	*Acanthopleura japonica* (Lischke, 1873)
分类地位	多板纲 Polyplacophora，石鳖目 Chitonida，石鳖科 Chitonidae
形态特征	体稍大，略呈长椭圆形。头板表面的细小放射肋和生长纹交织。中间板同心环纹明显，中央部和翼部分界清楚。尾板小，中央区很大。6块中间板以第三或第四板最宽，宽度约为长度的3倍。环带肌肉很发达，表面具有粗而短的石灰质棘，棘呈白色和黑色，相间排列。壳片呈褐黄色或褐色。
生态习性	生活于潮间带中、下区岩石缝隙间。
地理分布	国外见于朝鲜、日本。我国主要分布于浙江以南海域，如福建的东山、莆田南日岛和平潭岛等地。

日本花棘石鳖

(三)锉石鳖科 Ischnochitonidae Dall, 1889

壳板通常有明显的翼部,具各种雕刻。盖层发达,常覆被连线层的大部分。头板和尾板中的嵌入片在齿裂数目上有变化;中间板每侧的齿裂数很少,仅1~3个。齿舌的内侧齿常有2尖或3尖,很少为单尖或钝圆。

分布广泛,我国沿海均有分布。

4 花斑锉石鳖
Ischnochiton comptus (A. Gould, 1859)

英 文 名	Fancy chiton
分类地位	多板纲 Polyplacophora,石鳖目 Chitonida,锉石鳖科 Ischnochitonidae
形态特征	体呈长圆形,壳板扁平,颜色多变,呈灰白色、绿色、淡黄色、土褐色等。头板有多数细小的放射肋,嵌入片具12个齿裂,中间板嵌入片每侧各具1个齿裂,尾板嵌入片具12个齿裂,环带窄,其上密布鳞片,颜色与壳板相似。鳃沟两侧具鳃32对。
生态习性	生活于岩相潮间带的低潮带至浅海区域。
地理分布	国外见于西太平洋沿岸各地。我国沿海均有分布。

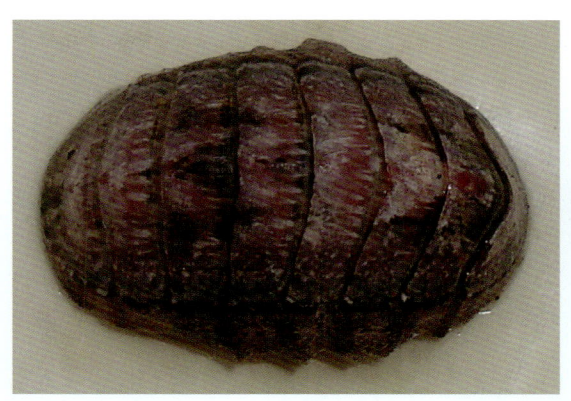

花斑锉石鳖

5 朝鲜鳞带石鳖
Lepidozona coreanica (Reeve, 1847)

英 文 名	Korean chiton
分类地位	多板纲 Polyplacophora，石鳖目 Chitonida，锉石鳖科 Ischnochitonidae
形态特征	卵圆形，暗绿色，壳板上有不规则的黑色斑点。壳板高，龙骨发达。头板有十数条放射肋，突粒状；中间板中部有颗粒状纵肋，两侧有较明显的粗肋；尾板中央为纵肋，后部为放射肋。环带较窄，上有鳞片。
生态习性	生活于岩相潮间带的低潮带至浅海区域。
地理分布	国外见于日本、韩国等地。我国沿海均有分布，舟山海域潮间少见。

朝鲜鳞带石鳖

（四）鬃毛石鳖科 Mopaliidae Dall, 1889

身体呈椭圆形或近圆形。头板前方的嵌入片有8个齿裂，尾板后方中央有凹陷窦。环带上除有针、鳞外，还被有鬃毛状突起。鳃列通常超过足部长度的一半。齿舌的内侧齿具有大的3个齿尖。

6. 网纹鬃毛石鳖
Mopalia retifera Thiele, 1909

分类地位 多板纲 Polyplacophora，石鳖目 Chitonida，鬃毛石鳖科 Mopaliidae

形态特征 体呈长椭圆形，壳片灰白色，杂有红色、绿色和褐色的斑点。头板具有网状花纹和约8条颗粒状放射肋；中间板的中央部有网状刻纹，翼部有2条粗大的、具粒状突起的肋；尾板自壳顶向两侧各有1条突起肋，末端有1明显的缺刻。环带土黄色，周缘有1列大小均匀的刺，表面被有很多小型的刺和大型的鬃毛状棘。

生态习性 生活于潮间带低潮区的岩石上。

地理分布 国外见于日本。我国分布于福建东山以北的沿海，舟山潮间带偶见。

网纹鬃毛石鳖

7 史氏宽板石鳖
Placiphorella stimpsoni (A. Gould, 1859)

同物异名 *Langfordiella japonica* Dall, 1925

分类地位 多板纲 Polyplacophora，石鳖目 Chitonida，鬃毛石鳖科 Mopaliidae

形态特征 体近圆形，壳板宽而短，较扁平。头板前方的嵌入片有8个齿裂，尾板后方中央有凹陷窦，环带上除了针、鳞外，还具鬃毛状突起。鳃常超过足长的一半。齿舌内侧齿具3个齿尖。本种颜色常因不同个体和生活环境有很大差异，通常有红色、黑色或褐色的花纹。环带前缘特别宽，两侧窄，上面长有短棒状棘。

生态习性 生活于潮间带低潮区的岩缝中。

地理分布 国外见于日本、朝鲜等地。我国分布于东南沿海。

史氏宽板石鳖

掘足纲 Scaphopoda

掘足纲动物是软体动物中长相奇特的一类,壳呈长圆锥形管状,稍弯曲,上细下粗,两端开口酷似象牙而称为象牙贝。头、足位于底部,以足外伸挖穴、潜沙,故称掘足纲。

本纲动物种类不多,全球有2个目。在闽南、台湾一带较常见,在舟山沿海很罕见。

二、角贝目 Dentaliida

贝壳呈细长角状,两端开口,粗端为前端,称头足孔,头与足由此孔伸出壳外,水流由此孔流入。细端为后端,也称肛门孔,通常露出沙外,水流由此孔流出。壳表具有生长纹和纵肋,壳侧的凹面为背方,突面为腹方。

头部不明显,退化为体前端的口吻,头部无眼点,无触角,基部两侧各有一头叶,其上生有一簇能收缩的丝状物称头丝。头丝末端膨大成粘着吸盘,具触觉及摄食功能。足位于头基部后方,能伸出壳外很长,以挖掘泥沙,利于在泥沙中移动。

本目共8科,我国产有6科。

(五)角贝科 Anulidentaliidae Chistikov, 1975

主要特征与目同。壳表具细的纵肋纹,壳顶部常具裂缝或缺刻。壳口不收缩。

分布广泛,栖息于潮下带至深海上千米水深的沙或泥沙质海底。为肉食性动物。我国沿海已记载30余种,主要见于东海南部和南海,黄海、渤海种类较少。

8 变肋角贝
Dentalium octangulatum Donovan, 1804

地方名	肋变角贝、八角角贝、棱象牙贝
分类地位	掘足纲 Scaphopoda, 角贝目 Dentaliida, 角贝科 Anulidentaliidae
形态特征	壳弯曲，白色。壳面具明显的纵肋。肋数有变化，一般具8～9个纵肋，每个肋上又有许多细小的纵肋。壳口八角形或九角形。顶孔（肛门开口）小。腹侧无纵沟。
生态习性	生活于水深20～100 m的泥质海底。
地理分布	国外见于印度洋—西太平洋。我国分布于东海和南海，在舟山近岸底泥采样中多见。

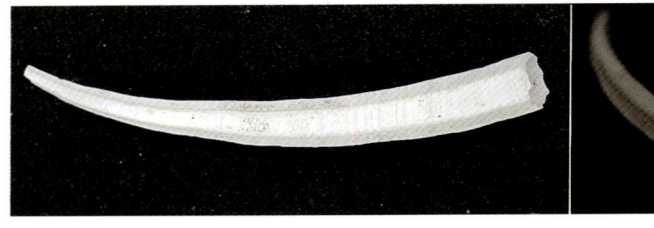

变肋角贝

9 大角贝
Pictodentalium vernedei (G. B. Sowerby II, 1860)

分类地位	掘足纲 Scaphopoda, 角贝目 Dentaliida, 角贝科 Anulidentaliidae
形态特征	贝壳呈象牙状，略弯曲。为本纲中的大型个体，壳长一般在100 mm以上。壳质坚厚。下壳口大，边缘薄，上壳口很小，边缘厚。壳表约有40条细密的纵肋，壳表面黄白色，具有褐色色带，后段颜色渐加深，壳管断面近似圆形，内壁光滑。后端壳管腹面常有1深而稍宽的裂缝。
生态习性	生活于水深20～128 m的泥沙或软泥质海底。
地理分布	国外见于日本。我国记录分布于东海和南海，浙江省内在29°～30°N、124°～126°E的陆架海域。本种在舟山未采集到活体标本，但空壳做成玩具"烟斗"常见于东极岛一带的渔民，疑为拖虾作业时所获。

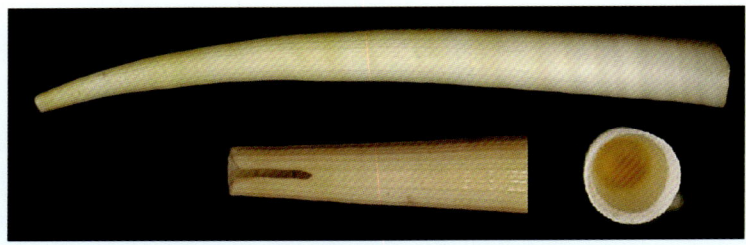

大角贝（依nmr-pics.nl等）

（六）滑角贝科 Gadilinidae Chistikov, 1975

主要特征与目同。壳表光滑，无纵肋纹，仅有细弱环形的生长线。壳后端通常完整。

10　胶州湾顶管角贝
Episiphon kiaochowwanense (S. Tchang & C. -Y. Tsi, 1950)

地方名	胶州湾角贝
分类地位	掘足纲 Scaphopoda，角贝目 Dentaliida，滑角贝科 Gadilinidae
形态特征	管壳坚厚，弯曲纤细，前端口缘薄，断面为卵圆形，孔直径约为后口直径的两倍，后端壳口甚小，口缘厚，断面近圆形。壳面光滑无纵条刻纹，仅有细弱环形的生长线。壳表面前端白色，后端黄白色，具有白色不透明的环。壳内面光滑。
生态习性	生活于低潮带及以下水深 10～80 m 的沙质及泥沙质的海底，以浅海 50 m 左右处较多。
地理分布	国外未见报道。我国主要分布于青岛的胶州湾以及浙江省内沿海至台湾部分海域。舟山海域极为罕见，样品采集于普陀区浅海。

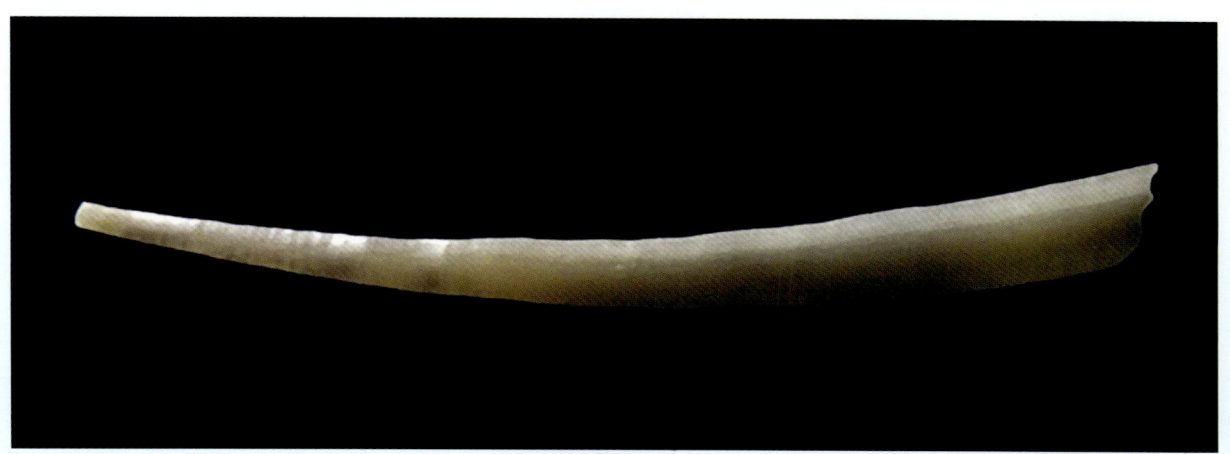

胶州湾顶管角贝

腹足纲 Gastropoda

腹足纲通称为螺类，具有明显的头部，体外有一枚螺旋卷曲的贝壳。头、足、内脏囊、外套膜均可缩入壳内。头部都很发达，具有一对或两对触角，一对眼。眼生在触角的基部、中间或顶部。口内的齿舌发达，用于摄食、钻孔。外壳多呈螺旋形。足发达，叶状，位腹侧，故称腹足类。足具足腺，为单细胞黏液腺。雌雄同体或异体，卵生。

本纲动物为软体动物门中最大的一个纲，细分新进腹足亚纲、异鳃亚纲、蜑螺亚纲、帽贝亚纲、原始腹足亚纲5个亚纲。全球海生种类有39400余种，从靠近南极和北极的寒冷地区到热带地区均有分布。

三、马蹄螺目 Trochida

马蹄螺目为原始腹足亚纲 Vetigastropoda 下的一个目，也称钟螺目，下分丽口螺科 Calliostomatidae、马蹄螺科 Trochidae、蝾螺科 Turbinidae 等14个科，全球共计2500余种。舟山海域仅有上述3科中的少数种类，其中单齿螺、蝾螺在舟山海域属于重要的经济种类。

丽口螺科、马蹄螺科及蝾螺科的区别除了外形有异，还包括：蝾螺科种类的壳口呈圆形，其厣为厚重的石灰质；丽口螺科、马蹄螺科种类的壳口为"方圆形"，即圆中带方，且厣均为轻薄的角质，前者的轴唇平直，后者的轴唇带褶。

（七）丽口螺科 Calliostomatidae Thiele, 1924

壳体小型至中型，多呈圆锥形。螺肋一般具棘刺。壳口方圆形，口缘不在一个平面上，轴唇平直无褶。厣角质，薄而半透明，圆形，多旋，核居中央。

11　𦂀马丽口螺
Calliostoma koma (Shikama & Habe, 1965)

分类地位　腹足纲 Gastropoda，马蹄螺目 Trochida，丽口螺科 Calliostomatidae

形态特征　小型浅海螺类。壳呈低圆锥形，壳高 21 mm，壳宽 23 mm。壳表土黄色，螺层 7～8 层。螺旋部低，体螺层横极度膨大，缝合线浅。壳表具螺肋，其上具细小黄褐色或灰白色的粒突，形成较深的横条斑，肋间尚有细肋。壳口呈马蹄形，内面呈珍珠光泽，外唇薄，边缘具缺刻，内唇较厚。厣角质，圆形，薄而透明，多旋型，核位于中央。

生态习性　生活于水深 20～70 m 的泥沙和软泥底质中。

地理分布　国外仅见于日本群岛 35°N 以南海域。我国主要分布于黄海、渤海，在舟山海域的各类拖网作业中也偶有发现。

𦂀马丽口螺

12 单一丽口螺
Tristichotrochus unicus (Dunker, 1860)

地方名	丽口螺
分类地位	腹足纲 Gastropoda，马蹄螺目 Trochida，丽口螺科 Calliostomatidae
形态特征	小型螺类，壳高 19 mm，壳宽 17 mm。圆锥形，螺层 7～8 层，各层周缘膨圆，缝合线浅，螺旋部略高于体螺层。各螺层生有由许多念珠状呈深棕或乳白色的小颗粒组成的细肋，肋间杂有更细的光滑螺肋。壳质厚实，壳面浅棕色，散布深棕色大块斑。底面微隆，环生光滑型螺肋，上有许多断续的深棕色小横条斑。螺轴弯凹，轴唇凸出成一结节。外唇薄，内壁光滑，富虹彩亮泽。脐部略呈耳状，中央微凹，外缘白色，无脐孔。
生态习性	生活于岩相至沙相潮间带及浅海区域。
地理分布	国外见于日本等地。我国南北海岸均有分布，以黄海、渤海区域最为常见。

单一丽口螺

（八）马蹄螺科 Trochidae Rafinesque, 1815

壳体大小差异较大，但多呈圆锥形，在螺肋上具颗粒、瘤结或棘突等。壳口方圆形，口缘不在一个平面上，轴唇多具褶。厣角质，薄而半透明，圆形，多旋转，核居中央。

13　茅草螺
Kanekotrochus infuscatus (A. Gould, 1861)

同物异名	*Contharidus infusscalus*；茅甲虫螺 *Cantharidus infuscatus*
分类地位	腹足纲 Gastropoda，马蹄螺目 Trochida，马蹄螺科 Trochidae
形态特征	贝壳呈纺锤形。最大壳高 31 mm，壳宽 17 mm，螺层约 8 层，缝合线明显。壳面具发达的纵肋和精致的螺肋。在体螺层约有纵肋 9 条，螺肋约 11 条。壳面呈淡菊黄色，螺肋与纵肋相交形成的结节呈烟熏色。外唇边缘有与壳面螺肋相应的锯齿状缺刻。内唇光滑，紧贴于壳轴。
生态习性	生活于潮间带。
地理分布	国外见于法国、西班牙等地。我国东南沿海均有分布。

茅草螺

14 单齿螺
Monodonta labio (Linnaeus, 1758)

地方名	芝麻螺
分类地位	腹足纲 Gastropoda，马蹄螺目 Trochida，马蹄螺科 Trochidae
形态特征	常见壳高约20 mm，最大个体可达40 mm。壳呈陀螺形，螺层约6层；缝合线浅，螺旋部稍高，体螺层膨大；每一螺层具带状螺肋5～6条，体螺层具螺肋15～17条，螺肋由长方形的小突起连接而成。壳口略呈心脏形，外唇简单，外缘薄，内缘肥厚，其边缘形成肋形的齿列，内唇基部增厚，形成1强大的白色齿尖。无脐，厣圆，角质。壳表暗绿色，具白色、绿褐色、黄褐色等色斑。
生态习性	喜集群，常生活于潮间带中、上潮带的岩礁和砾石上，以海藻为食。
地理分布	国外见于日本、韩国、越南等地。我国沿海均有分布。

单齿螺

15 拟蜒单齿螺
Monodonta neritoides (R. A. Philippi, 1849)

分类地位 腹足纲 Gastropoda, 马蹄螺目 Trochida, 马蹄螺科 Trochidae

形态特征 小型螺类,近球形,常见壳高 7~12 mm,贝壳坚厚;螺层 4~5 层,各层宽度自上而下明显增大,体螺层高于螺旋部;缝合线浅,体螺层周缘膨隆;螺肋上有小方斑,形似方砖排列,但螺肋不隆起;螺层多为右向螺纹穿过;底部隆起,环肋与壳面同;螺轴略斜,内唇有一基部宽大的齿突。脐部微凹陷,但无脐孔。厣角质。体色多变,由浅黄色至乳白色,并伴有深色大斑块。与单齿螺相比,其螺肋没有明显的突起。

生态习性 多生活于潮间带中潮区,喜聚群,栖息于石缝或石块之下。常与单齿螺间杂生存,但其丰度远小于单齿螺。

地理分布 国外见于日本、韩国等地。我国主要分布于浙江、福建沿海,其中以浙江沿海居多,舟山海域为常见种。

拟蜒单齿螺

16 银口凹螺
Tegula argyrostoma (Gmelin, 1791)

地方名 马蹄螺、凹螺

分类地位 腹足纲 Gastropoda，马蹄螺目 Trochida，马蹄螺科 Trochidae

形态特征 外形与锈凹螺相似，常见壳高 21.3～23.8 mm，壳宽 22.1～24.4 mm。贝壳坚厚，呈低圆锥形，螺层 5～6 层，各层宽度自上而下渐增大，体螺层与螺旋部高矮略等。缝合线浅而明显，体螺层周缘膨展。螺肋较细而多，相接较密，按每一螺层左向纵行分布，肋间有狭沟。壳面黑灰色，底面色泽稍浅；壳口大，近四方形，内具珍珠光泽。脐孔浅凹，仅为一个浅窝，周缘呈翠绿色。厣角质。

本种与锈凹螺的外观区别：脐孔浅，周缘呈翠绿色。

生态习性 生活于低潮线附近的岩石间。

地理分布 国外见于日本、菲律宾等地。我国分布于东南沿海，嵊泗沿海也有。

银口凹螺

17 锈凹螺
Tegula rustica (Gmelin, 1791)

地方名	马蹄螺
分类地位	腹足纲 Gastropoda，马蹄螺目 Trochida，马蹄螺科 Trochidae
形态特征	小型螺类，壳高 13～18 mm，壳宽 22～17 mm。外观黄褐色，具铁锈色斑纹，壳坚厚，壳近三角的圆锥形，螺层5～7层，缝合线浅。壳表有粗壮而稀疏的斜向螺肋，与细密的生长纹交叉成"十"字形。壳口呈蹄形，外唇有珍珠层光泽，平滑无褶皱，有1黄、褐色相间的镶边，内唇1～2个白色的弱小齿。脐孔圆而深，呈灰白色。厣角质，圆形，有环纹，核位于中央。
生态习性	生活于潮间带下区至5 m水深的礁石上或岩石间，以足附着生活。以底栖海藻为食。
地理分布	国外见于日本。我国南北沿海均有分布，在舟山部分海域为优势物种。

锈凹螺

18 托氏鿌螺
Umbonium thomasi (Crosse, 1863)

分类地位 腹足纲 Gastropoda，马蹄螺目 Trochida，马蹄螺科 Trochidae

形态特征 小型螺类，略呈胖的三角形，自壳顶至体螺层侧面观形成1平整的斜面。一般壳宽17 mm，壳高10 mm；壳薄但坚实，螺层6～7层；缝合线浅，体螺层矮平，至底部呈扁平状，螺旋部高于体螺层。壳面有光泽，颜色多变，有乳白色、灰色、浅红色至深棕色等不同的变化，但无论何种体色，都具有颜色相异的色带，色带在每个螺层的缝合线之间以斜向的短线状排列，整体呈以壳顶为中心的螺旋状；缝合线颜色深于体色。内唇近脐部微凸，增厚。外唇有珍珠层光泽。无脐孔，脐部色浅，常为乳白色。厣角质，中央核。

生态习性 生活于潮间带。

地理分布 国外见于日本等地。我国南北大部分海域均有分布，其中以黄海与渤海物种丰度最高，可高达百余个每平方米，舟山海域也为常见种类。

托氏鿌螺

（九）蜑螺科 Turbinidae Rafinesque, 1815

壳体小型至大型，呈圆锥形、球形、星形等。螺肋由鳞片、颗粒等组成。口缘在一个平面上。唇部平滑简单。壳口圆形。厣石灰质，厚而坚实，呈圆形、椭圆形等，一般外凸内平，内面为少旋型，核多偏离中央。

19　粒花冠小月螺
Lunella granulata (Gmelin, 1791)

| 同物异名 | *Turbo granulatus* Gmelin, 1791；*Lunella coronata granulata* |

| 分类地位 | 腹足纲 Gastropoda，马蹄螺目 Trochida，蜑螺科 Turbinidae |

| 形态特征 | 壳体中型，壳高 30 mm，壳宽 25 mm，呈球形，略扁；壳质厚重，周缘膨胀；壳表面有许多圆粒状颗粒及膨大的瘤状颗粒；螺层约 5 层；螺肋多而细密，由近圆形的颗粒组成，螺旋部及体螺层均有近圆形的瘤状结节，环行分布，各结节间隔较疏，有些结节中空，在中央者形成类似的环肩；底部隆突，轴唇向下略伸，形成宽头突起；外唇平滑，或有 5～6 个小褶；内壁浅黄，有亮泽。脐部甚大，内凹，中央形成水滴状脐孔。厣石灰质。壳体呈浅黄褐至棕褐色，较均匀。 |

| 生态习性 | 常生活于岩礁相的中潮带区域。 |

| 地理分布 | 国外见于日本等地。我国主要分布于东南沿海。舟山各海域潮间带均有见，丰度不高。 |

粒花冠小月螺

20 角蝾螺
Turbo cornutus [Lightfoot], 1786

地方名	拳螺
分类地位	腹足纲 Gastropoda，马蹄螺目 Trochida，蝾螺科 Turbinidae
形态特征	中型螺类，常见壳高 54 mm，壳宽 53 mm，最大个体壳高可达 98 mm，壳宽 95 mm。壳质坚厚，周缘隆圆，壳体灰褐色。螺层 6 层，壳顶圆突，螺层粗肋与细肋相间；粗肋上有中空的棘突，环行排列，在体螺层上和螺旋部最后一螺层上通常有 2 列棘，每列棘 10～11 个；棘的大小、长度差异较大；肩角部位有棘刺状突起；缝合线明显，体螺层较膨圆，各层宽度增加均匀；壳口大，圆形，内具珍珠光泽，内唇略有向下的延伸，外唇常有缺刻。无脐孔。厣石灰质，呈厚实的半浅球形，凸面有小突起，灰绿和灰黄色。
生态习性	常生活于低潮线以下的浅海，以底栖藻类为食。
地理分布	国外见于日本、朝鲜、韩国。我国主要分布于浙江、福建、广东、台湾等地。

角蝾螺

四、小笠贝目 Lepetellida

小笠贝目也称深海白笠贝目,下设5总科,共16个科,现有记录947种。本目在舟山海域出现的仅鲍科Haliotidae中的2种。

(十)鲍科 Haliotidae Rafinesque, 1815

贝壳大多呈耳形、椭圆形或扁卵圆形,壳很低。螺旋部、螺层很少,体螺层及壳口极大,几乎占贝壳的全部。沿壳左侧有一列小孔,近缘数孔大而开口,后数孔小而闭塞,这些开孔为动物呼吸和排泄的主要通路。壳口特大,内富有珍珠光泽,无厣。

全球已记录种类56种,统称鲍鱼。我国有8种,其中舟山海域仅2种。

鲍鱼因味美、营养价值高而成为一种传统美食,曾为"海产八珍"之一,其壳"石决明"也是我国传统的中药材。此外,贝壳由于具有漂亮的珍珠光泽,而常用作贝雕的原料。

21 皱纹盘鲍
Haliotis discus Reeve, 1846

地方名 鲍鱼

分类地位 腹足纲Gastropoda,小笠贝目Lepetellida,鲍科Haliotidae

形态特征 大型种类,曾称"盘大鲍"。壳长123 mm,宽84 mm,高35 mm。贝壳坚厚,呈长卵圆形;螺层3层,但因壳顶常被磨损,看似与"螺形"不符;壳面粗糙,被一条

皱纹盘鲍

带有突起和4~5个开孔的螺肋分为左右两部,两部相交的角度接近垂直;左部狭长,在近螺肋处有一与螺肋平行的沟;右部宽大,有多数略规则的瘤状或波状突起;壳外表深绿色;壳内面有珍珠光泽,壳口内缘遮缘部约有7 mm宽。

生态习性 常栖息于水质清澈、盐度较高、潮流畅通、海藻丛生的岩礁中,营匍匐生活。

地理分布 国外见于日本、朝鲜、韩国。由于捕捞过度,野生种类日趋减少,2022年5月,世界自然保护联盟评估其为"濒危物种"。我国自然分布以山东、辽宁产量最高。现为我国主要养殖贝类之一,舟山也曾多次引入试养,但规模不大,现市场上也常见。

22 杂色鲍
Haliotis diversicolor Reeve, 1846

地方名 九孔鲍、鲍鱼

分类地位 腹足纲Gastropoda，小笠贝目Lepetellida，鲍科Haliotidae

形态特征 贝壳中等大，呈卵圆形，壳长93 mm，宽68 mm，高23 mm；外形与皱纹盘鲍相近，螺旋部乳头状，壳面被一条带有20余个突起，其中7~9个开孔组成的螺肋分成左右两部；壳表具细致的螺肋，在左侧较为明显，生长纹层次明显，形成宽大的纵走褶襞。壳色绿褐色，壳顶磨损部分呈淡粉红色；壳内面珍珠光泽强；壳口大，外唇薄呈刀刃状，内唇有狭长的片状遮缘，宽约8 mm。

生态习性 常生活于0~10 m的岩礁间。由于鲍鱼对水温要求较高，过冷或过热都会影响生长，夏季南方海水温度高，鲍鱼可能因温度过高而生长减慢，甚至死亡；冬季北方海水温度低，鲍鱼也可能不进食而停止生长。目前在福建与山东已采用转场的方式，即夏天将活体鲍鱼运至北方，冬季则运至南方养殖——"南北接力"养鲍模式。

地理分布 国外见于日本、菲律宾、澳大利亚等地。我国分布于东海南部至南海。

杂色鲍

笠贝总科 Lottioidea

直属于笠形亚纲Patellogastropoda（目前尚无"目"的设置），为较原始的一个类群，呈世界性分布，从两极到热带海域，从潮间带到深渊，都有其踪迹。大多数种类依靠腹足吸附在岩石、藻类或其他物体上，借助于齿舌刮食附着物表面的藻类或有机碎屑，其齿舌是迄今发现的强度最大的生物材料，具有开发仿生材料的潜在价值。因其贝壳颜色、花纹、雕刻等易受到环境影响，常有多变，但齿舌特征较为稳定，是鉴定的主要依据之一。

（十一）笠贝科 Lottiidae Gray, 1840

贝壳呈斗笠状，或低圆锥形，壳质较坚实，无螺塔，壳顶常位于壳的中央偏前方，壳表面平滑或具放射肋；壳口多为卵圆形或椭圆，无厣，有些种类壳内具珍珠光泽；齿舌带长，中央齿对称，每侧1个，侧齿和缘齿均为0～2个，鳃为楯鳃，1个，环形，游离于足的周围；肌痕通常呈马蹄形。

栖息于潮间带的岩石或砾石上，营附着生活，以海藻为食。我国南部沿海均有分布。笠贝科在台湾称为青螺科。

23　史氏背尖贝

Nipponacmea schrenckii (Lischke, 1868)

地方名	小鲍鱼、"胭脂酒盏"
分类地位	腹足纲Gastropoda，笠形亚纲Patellogastropoda，笠贝总科Lottioidea，笠贝科Lottiidae
形态特征	常见壳长20～30 mm。贝壳呈斗笠状，壳质较薄，半透明；壳顶位于前方，尖端略低于壳的高度。壳的前部略窄而低；放射肋细而密，肋上具多数小突起，致使放射肋呈串珠状；壳面绿褐色或绿灰色，并有许多褐色云斑，或褐色的放射色带；壳内面青灰色或蓝色，周围有棕色的镶边。无外套鳃，本鳃大而明显。
生态习性	常生活于中潮线附近的岩礁上。
地理分布	国外见于日本等地。我国沿海均有分布，为习见种。

史氏背尖贝

24 矮拟帽贝
Patelloida pygmaea (Dunker, 1860)

分类地位 腹足纲Gastropoda，笠形亚纲Patellogastropoda，笠贝总科Lottioidea，笠贝科Lottiidae

形态特征 常见壳长12~21 mm。贝壳小型，较薄，斗笠状，周缘完整呈卵圆形。壳顶常位于壳之中央或稍向前方；壳顶钝，常磨损；放射肋细弱，略可辨认，位于壳缘部位较清晰；生长纹不明显；壳面常被腐蚀而呈灰青色，边缘常有三角形放射肋状褐色带；壳内面白色或有棕色斑块，边缘有一圈褐色与白色的镶边。

生态习性 常栖息于高、中潮带的岩礁上，营匍匐生活。

地理分布 国外见于日本沿海。我国主要分布于台湾以北海域。

矮拟帽贝

帽贝总科 Patelloidea

壳卵圆形，笠帽状，壳顶位于壳中心至前端边缘中央，常磨损。壳顶向前的斜面直，向后斜面隆起，放射肋和生长线明显成规矩的连珠状突起。壳黄棕色有黑色斑点，内面淡蓝色带光泽，边缘锯齿状。无本鳃，足与外套膜间有环状外套鳃。齿舌带长，中央齿多有1或2对，末端具钩状突起，中央的1个不对称，侧齿1枚，缘齿3枚。

常栖息于潮间带岩礁海岸，以发达的足部吸附在岩石上，以海藻为食。

（十二）花帽贝科 Nacellidae Thiele, 1891

形态特征与总科同。

25 嫁䗩
Cellana toreuma (Reeve, 1854)

英文名	Common intertidal limpet
地方名	小鲍鱼、"胭脂酒盏"
分类地位	腹足纲 Gastropoda，笠形亚纲 Patellogastropoda，帽贝总科 Patelloidea，花帽贝科 Nacellidae
形态特征	常见壳长20～30 mm。贝壳呈斗笠形，较低平，壳质较薄，近于半透明。前部稍瘦，周缘呈长卵圆形，壳顶近前方，略前倾，但不明显弯曲，常磨损。壳表面放射肋细小而密集，壳缘具细齿缺刻，与放射肋相对；生长线较细，不甚明显；壳面颜色多变，通常为锈黄色，并伴有不规则的棕色或紫色的带状斑纹；壳内面银灰色，光亮；约于壳顶至壳缘的中部有一圈棕褐色或淡蓝色的肌痕。
生态习性	生活于潮间带高、中潮区，匍匐于岩礁上，常聚集于岩礁缝隙，吸着力强。
地理分布	国外见于日本、朝鲜等地。我国沿海习见种，为舟山主要经济螺类之一。

嫁䗩

五、蜑螺目 Cycloneritida

本目分树螺总科 Helicinoidea、蜑螺总科 Neritoidea 和珍珠蜑螺总科 Neritopsoidea，共 240 余种，其中蜑螺总科 Neritoidea 海产，种类较多，有 210 余种，其余为陆栖。

贝壳近球形或半球形，壳质较厚，螺旋部低小，体螺层膨大，壳表光滑或具螺肋，壳面色彩丰富，有褐色、黄色、红褐色、黑色、白色等各种颜色，并有各式的花纹或色斑，壳口呈"D"字型，内唇较宽且光滑，中央多具齿；厣石灰质，半圆形。我国只产蜑螺科 Neritidae。

（十三）蜑螺科 Neritidae Rafinesque, 1815

小型螺类，贝壳螺层少，螺旋部低，体螺层大。壳口半圆形，内唇扩张，边缘平滑或具锯齿。厣石灰质，内有结节突起。壳表体色丰富。

多分布于潮间带中、高潮区，尤以有淡水注入的海岸岩礁为常见。舟山海域常见的有 2 种。

26　渔舟蜑螺
Nerita albicilla Linnaeus, 1758

地方名	奋斗螺
分类地位	腹足纲 Gastropoda，蜑螺目 Cycloneritida，蜑螺科 Neritidae
形态特征	小型螺类，壳高 15～23 mm，壳宽 16～27 mm。卵圆形，壳体坚硬，螺旋部小而平，体螺层明显膨大成半椭圆形，几乎为贝壳全部；壳面生长纹粗糙，放射肋宽、低平；壳口呈半圆形，外唇厚且扩张，边缘较薄，齿列不明显；内唇宽广，有突起；螺体内面整体有瓷质感，光滑；深褐色，上有深浅不一的斑纹。
生态习性	常生活于岩礁、石砾质潮间带。
地理分布	国外见于越南、新加坡、马来西亚、印度尼西亚、韩国等地。我国主要分布于黄海、东海及南海。

渔舟蜑螺

27 齿纹蜑螺
Nerita yoldii Récluz, 1841

- **地方名** 奋斗螺
- **分类地位** 腹足纲Gastropoda，蜑螺目Cycloneritida，蜑螺科Neritidae
- **形态特征** 小型螺类，壳高11～17 mm，壳宽12～20 mm。外形与渔舟蜑螺相似，区别在于本种壳面有黑色与浅黄色相间的螺旋纹路，生长纹不明显，外唇内部有较强的齿状突起。
- **生态习性** 常生活于高、中潮区的岩石及石砾间，尤其喜集群于盐度较低或有淡水注入的潮间带区域。

齿纹蜑螺

- **地理分布** 国外见于印度洋。我国主要分布于东海和南海，为舟山潮间带常见种类。

28 齿舌拟蜑螺
Neritopsis radula (Linnaeus, 1758)

- **分类地位** 腹足纲Gastropoda，蜑螺目Cycloneritida，蜑螺科Neritopsidae
- **形态特征** 最大壳高20 mm，壳宽22 mm。螺壳半球形，壳质坚厚；壳顶小，微凸出，螺层约4层；体螺层膨圆，缝合线深。壳面布满由念珠状的突起组成的

齿舌拟蜑螺

螺肋，肋间有格子状的细纹。全壳颜色洁白。壳底膨胀，无脐。壳口广圆形，外唇简单，边缘有齿状缺刻，内唇厚，中央部有一直线状凹陷。
- **生态习性** 生活于潮间带。
- **地理分布** 国外见于印度洋—西太平洋。我国原记载仅分布于福建以南，该标本采集于桃花岛潮间带。

六、玉黍螺目 Littorinimorpha

有些资料中玉黍螺目也称滨螺目，为新进腹足亚纲中的一大类群。现已记录16个总科，71科，7000余种。

（十四）舟螺科 Calyptraeidae Lamarck, 1809

贝壳扁平，通常很薄，近椭圆形、圆顶形和帽贝状。

全球记载有129种，个体大小、形体差异颇大。栖息地各异，从潮间带至浅海乃至深海都有，多数栖息于某一固体基质上，甚至在其他软体动物的死壳内，包括活体寄居蟹的壳内，因而通常不易被发现。舟山海域也偶然发现1种。

29 刺靴螺
Bostrycapulus aculeatus (Gmelin, 1791)

地方名	刺面舟螺
分类地位	腹足纲 Gastropoda，玉黍螺目 Littorinimorpha，舟螺科 Calyptraeidae
形态特征	贝壳近肾脏形，扁平，近拖鞋状。壳表凹凸不平，具一些突起。体层占大部分。壳顶低，于后方偏右。壳内于顶部具隔板，约占壳口1/2，白色。壳内陶质，褐色，具光泽。
生态习性	生活于潮间带岩礁。
地理分布	国外见于韩国等地。我国原记载仅分布于浙江南部、福建以及台湾北部，但在舟山东极岛岩礁质低潮带也常见。

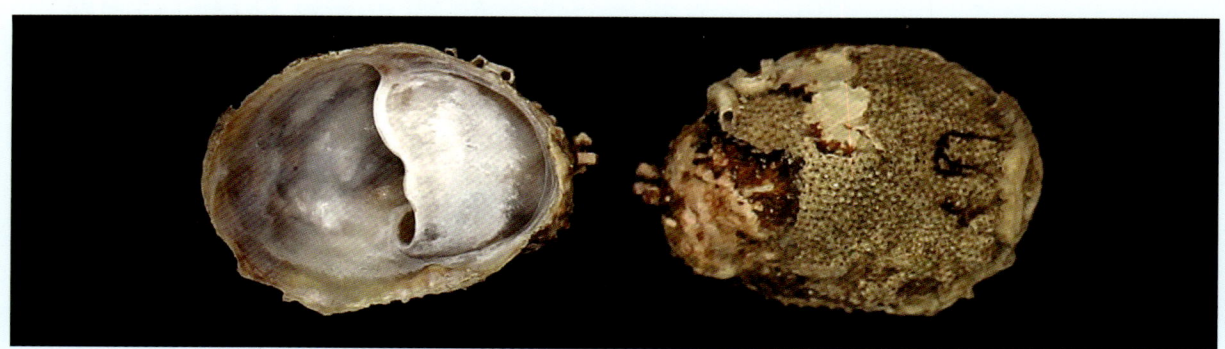

刺靴螺

30 扁平管帽螺
Ergaea walshi (Reeve, 1859)

分类地位 腹足纲 Gastropoda，玉黍螺目 Littorinimorpha，舟螺科 Calyptraeidae

形态特征 个体小，也称扁舟螺。贝壳扁平，呈椭圆形，较薄，白色或黄白色，被有淡黄色壳皮；壳顶小，螺旋形，呈乳头状，位于壳的右后缘；壳表光滑，具同心细纹。内隔片呈扇形，其上有1类似管状的结构物，自壳顶斜向左前方延伸。

生态习性 生活在浅海，附着或寄生在红螺、玉螺等的空壳壳口内。

地理分布 国外见于日本、新加坡等地。我国沿海均有分布。

扁平管帽螺

(十五)宝贝科 Cypraeidae Rafinesque, 1815

种类繁多,大多为热带种类。个体大小差异极大,通常呈卵圆形或长卵圆形。壳口狭长,两唇具齿。成年个体螺旋部极小,无厣,生活时会伸展出外套膜,将贝壳包被起来,在海底匍匐移动。

全球记载共277种(不含亚种),在舟山海域记录的仅有1种。

本科许多种类的贝壳光滑又富有色彩,常引发人们的"集贝"之爱好,或收藏,或制作精美的手串、风铃。

31 细焦掌贝
Purpuradusta gracilis (Gaskoin, 1849)

分类地位	腹足纲 Gastropoda,玉黍螺目 Littorinimorpha,宝贝科 Cypraeidae
形态特征	小型螺类,壳长14.5～21 mm,壳宽8.9～11.8 mm,壳高7.3～9.7 mm。壳质结实,长卵圆形,背部膨圆,两端微凸出,前端较瘦弱;壳口窄长,前端稍宽,唇齿较细短,内唇约14枚,外唇齿约15枚;壳面为青灰色,光滑有瓷光,布满大小不等的黄褐色雀斑,背部常有一块较大的褐色斑,壳两端左右各有一红褐色斑点,两侧缘灰白色,布有不均匀的红褐色斑点;贝壳内面淡紫色。
生态习性	生活于低潮带或浅海的岩礁质海底。
地理分布	国外见于日本、新加坡、韩国、菲律宾等地。我国主要分布于东海北部至南海,嵊山、东极岛等地有少量分布。

细焦掌贝

（十六）梭螺科 Ovulidae J. Fleming, 1822

小型螺类。壳体呈卵梭形，表面光滑或具细沟纹、斑点，壳口狭长，外唇缘一般具齿，内唇光滑无齿，无厣。

主要分布于热带和亚热带暖海区，生活于潮间带至潮下带的岩礁、泥沙或沙质海底，或寄生在软珊瑚或柳珊瑚上。

全球记录252种，我国沿海已发现50余种，舟山记录6种。

32　武装尖梭螺
Cuspivolva bellica (C. N. Cate, 1973)

分类地位　腹足纲 Gastropoda，玉黍螺目 Littorinimorpha，梭螺科 Ovulidae

形态特征　壳长6.0～9.0 mm，呈菱形，肩部较膨圆，后水管沟末端凸出呈尖状，稍扭曲，前水管沟末端截形；壳口近直且较狭窄，外唇宽厚，其上具发达的齿，两端齿延长，最后4～6齿末端明显超出外唇边缘，外唇中部边缘平滑，稍凹；内唇具有一明显的龙骨状突起，唇齿较弱；壳表刻有间隔较均匀的横向波状沟纹，在后水管沟的基部背面靠右侧位置具有1浅色的胼胝；腹部平滑，具光泽。

生态习性　生活于水深25～65 m的海底，栖息于真丛柳珊瑚 *Euplexaura* sp. 的体表。

地理分布　国外见于日本、菲律宾、莫桑比克以及南非等地。本种为2022年我国的新记录物种，首次报道于厦门海域的低潮线附近，栖息在鞭柳珊瑚 *Ellisella* sp. 的枝杈表面，舟山海域的某些珊瑚表面也有发现。

武装尖梭螺

33 短喙骗梭螺
Phenacovolva brevirostris (Schumacher, 1817)

分类地位 腹足纲 Gastropoda，玉黍螺目 Littorinimorpha，梭螺科 Ovulidae

形态特征 小型螺类，壳长 20.0～26.5 mm，壳宽 7.6～9.8 mm，壳高 5.9～8.0 mm。贝壳长纺锤形，中部膨胀，两端突然收缩而尖细；右侧缘厚，微向上翻卷；壳口稍宽，内唇薄，光滑，近后端具齿状脐带；外唇宽、圆，向内翻卷，内缘光滑无齿，近前端突然收缩形成钝角；壳面颜色从灰白色至较淡的紫褐色，背部中央具1白色横带，外唇白色，前、后水管沟的末端呈淡玫瑰红色。

生态习性 生活于潮下带至水深 100 m 处。

地理分布 国外见于日本、菲律宾、夏威夷等地。我国主要分布于福建以南沿海，舟山海域也偶有发现。

短喙骗梭螺

34 玫瑰骗梭螺
Phenacovolva rosea (A. Adams, 1855)

分类地位 腹足纲 Gastropoda，玉黍螺目 Littorinimorpha，梭螺科 Ovulidae

形态特征 壳长约 44 mm，壳宽约 10 mm。贝壳较大、结实，贝壳前后水管延长，呈矛锋状，中部膨胀，呈长卵圆形；壳口较宽，内唇滑层厚，近后端具脐带痕迹；外唇微弓曲，向内翻卷，近前端突然扩张，至边缘形成钝角；背部光滑，有光泽，壳色有变化，从淡玫瑰色、淡紫色、不同的橘色到红褐色，唇缘呈淡白色，两端部分具有细的呈缺刻状的横沟纹。

生态习性 大多生活于浅海的柳珊瑚上。

地理分布 国外见于日本、菲律宾、澳大利亚等地。我国沿海均有分布，舟山海域偶见。

玫瑰骗梭螺（仿 forumcoquillages 等）

35 玫瑰履螺
Sandalia triticea (Lamarck, 1810)

地方名 玫瑰履梭螺

同物异名 *Sandalia rhodia*（A. Adams, 1854）

分类地位 腹足纲Gastropoda，玉黍螺目Littorinimorpha，梭螺科Ovulidae

形态特征 小型螺类，壳长9.8~13.7 mm，壳宽5.0~7.5 mm，壳高4.1~6.9 mm。卵圆形，玫瑰色或粉红色，有光泽。壳面膨圆，具有丝状环形沟纹。贝壳后端有1小的凹陷，在凹陷后方具小结节。壳口狭长，下方稍宽大。外唇厚，弧形，边缘有齿状缺刻；内唇中部较膨胀，接近上端有1发达的结节。前、后沟均短小。

生态习性 生活于低潮线附近至水深120 m的礁石质海底，常在柳珊瑚上附着生活。

地理分布 国外见于印度尼西亚、日本。我国分布于青岛以南沿海，舟山海域也有自然分布，但因个体小，以前常被忽略。

玫瑰履螺

36 波部钝梭螺
Volva habei Oyama, 1961

分类地位 腹足纲 Gastropoda，玉黍螺目 Littorinimorpha，梭螺科 Ovulidae

形态特征 贝壳较小，壳长 65.3~83.7 mm，壳宽 20.5~23.3 mm，壳高 16.0~18.6 mm。前后水管沟呈半管状延伸，略显扭曲，近等长，中部体螺层膨大，呈卵圆形；壳表面有光泽，其上具有明显而浅细的沟纹，沟纹边缘微显有细齿状缺刻，沟纹之间呈带状宽平，生长线较明显；右侧缘厚而宽，其上光滑无沟纹；壳基部两端部分压缩，中部膨凸；壳口窄长，向前逐渐增宽，内唇滑层薄；外唇曲近弓形，内、外边缘厚，上面具有极微弱可见的颗粒状突起；壳面为淡肉色或白色，水管沟末端无色，内、外唇为白色，壳口内为黄褐色。

生态习性 生活于浅海海底，潮下带珊瑚礁。

地理分布 国外见于日本。曾在我国东海水深 63~88 m 泥沙质的海底拖网采到过生活的标本，较少见。舟山海域则在 0~20 m 的近海海域采到过，为罕见种。

波部钝梭螺

37 钝梭螺
Volva volva (Linnaeus, 1758)

英 文 名	Shuttlecock volva
分类地位	腹足纲 Gastropoda，玉黍螺目 Littorinimorpha，梭螺科 Ovulidae
形态特征	贝壳较波部钝梭螺为大，壳长86.0～150.4 mm，壳宽21.5～32.5 mm，壳高12.2～26.3 mm。壳纺锤形，前后两端延伸呈剑状，中部卵圆形，壳呈肉色，富有光泽。壳面具环行沟纹，在两端剑状突起部的环纹较明显；壳口狭长，下方稍宽，外唇较厚，弧形，内唇薄，中部膨圆；前、后沟极长，呈半管状，尖端部稍向背方翘起。波部钝梭螺与钝梭螺在外形上的明显区别在于贝壳中部，前者较高，而后者较窄。
生态习性	生活于0～20 m的沙质海底。
地理分布	国外见于日本、东非等地。我国分布于南海，而舟山桃花岛也有此种贝壳"把玩"，经调查，为渔民在近海拖网作业所获，故认为本种在舟山也有自然分布。

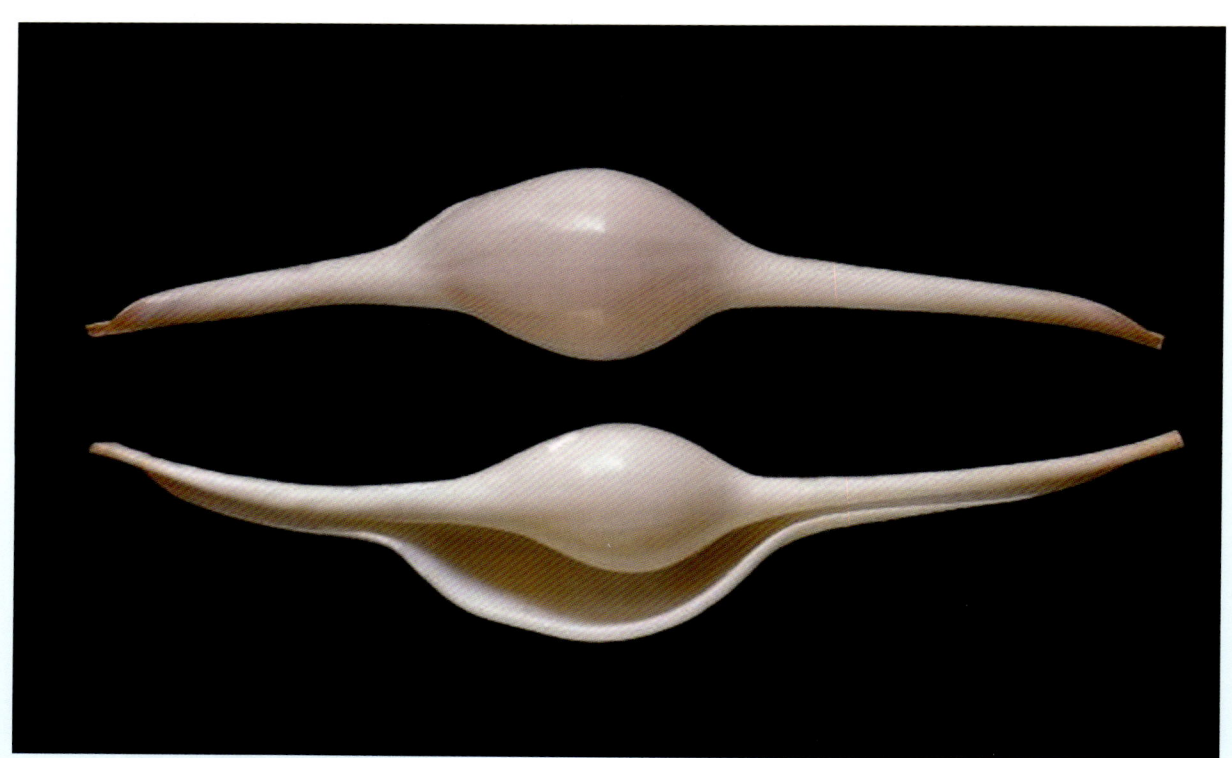

钝梭螺

(十七) 琵琶螺科 Ficidae Meek, 1864 (1840)

贝壳呈无花果形或琵琶状，螺旋部低小，体螺层后部膨大，质薄，壳面不光滑，具布纹状或网纹状雕刻，无厣。

热带和亚热带暖水性种类，主要栖息于浅海沙质或泥沙质海底。

种类不多，全球现生种类仅12种，我国产4种，舟山海域常见1种。

38 杂色琵琶螺
Ficus variegata Röding, 1798

分类地位 腹足纲Gastropoda，玉黍螺目Littorinimorpha，琵琶螺科Ficidae

形态特征 中小型螺类，壳高103 mm，壳宽62 mm。壳较细长，呈琵琶状，壳质薄而坚，螺层约6层，缝合线稍浅，胚壳乳白色，螺旋部低小，微高起呈低圆锥形；体螺层后部膨大，前端收缩，几乎占贝壳的全部；壳面具低平而整齐的螺肋，与纵肋交织形成小方格状；壳面淡黄色，并有不规则的红褐色及淡褐色小斑点和较大的紫褐色斑块；壳口长大，羹匙形，内面淡紫色；内外唇薄，外唇简单，内唇弯曲，前沟稍宽，呈半管状，向前延伸；无厣。

生态习性 生活于水深1～20 m的浅海泥沙质海底。

地理分布 国外见于日本、菲律宾、印度尼西亚、南非等地。我国主要分布于台湾及浙江以南沿海。

杂色琵琶螺

（十八）滨螺科 Littorinidae Children, 1834

多为小型个体，通常壳呈锥状、陀螺状或球形，壳质坚实而厚；螺旋部小，体螺层大；壳面平滑或具螺肋、结节、花纹和斑点，色泽不鲜艳；壳口圆形，完整，外唇薄，内唇厚，厣角质；从内部结构上看，吻短而宽，齿舌带长，位于喉头的背方，卷曲如表链状；触角长，位于触角基部外侧，有1栉鳃。

多数生活于高、中潮带的岩礁上。全球现生种类212种，我国已报道过20余种，南北沿岸均有分布，其中舟山记录5种。

39　小结节滨螺
Echinolittorina radiata (Souleyet, 1852)

地 方 名	粒结节滨螺
同物异名	*Nodilittorina exigua*（Dunker, 1860）
分类地位	腹足纲 Gastropoda，玉黍螺目 Littorinimorpha，滨螺科 Littorinidae
形态特征	壳小，体高7.0～9.0 mm。体呈陀螺形，壳质坚实，螺层约6层；缝合线明显，缝合线下方略成肩部，壳顶尖；螺旋部小，圆锥形，体螺层膨大，较圆；壳表密生螺肋，并与生长线相交，使壳表呈细小颗粒状，但壳顶处的3个螺层光滑无肋，体螺层的下部颗粒也不发达；壳面灰黄色或灰褐色，有的杂以青色斑纹，壳顶部黑灰色；壳口近圆形，大，外唇薄，边缘具细小锯齿；内唇具有胼胝，厣角质。
生态习性	生活于潮间带上区以至潮上带的岩石上。
地理分布	国外见于日本、朝鲜、韩国等地。我国南北沿海均有分布。

小结节滨螺

40 短滨螺
Littorina brevicula (R. A. Philippi, 1844)

分类地位 腹足纲 Gastropoda，玉黍螺目 Littorinimorpha，滨螺科 Littorinidae

形态特征 贝壳小型，壳高 11～23 mm，壳宽 10～19 mm。壳呈球形，结实；螺层约6层，缝合线明显，壳顶尖小，螺旋部不高，体螺层膨圆；壳面具粗细不一的螺肋，壳黄绿色，杂有褐、白、黄色云状斑；体螺层的螺肋约10条，粗细不均匀；壳口圆，内面褐色，有光泽，外唇有一褐、白相间的镶边；内唇厚，宽大，下端向前扩张成一反折面；无脐，具角质厣。

生态习性 生活于潮间带高潮线附近的岩石上。胎生。

地理分布 国外见于日本、朝鲜、韩国等地。我国广东以北沿海均有分布，北方沿海更为常见。

短滨螺

41 黑口拟滨螺
Littoraria melanostoma (Gray, 1839)

分类地位 腹足纲 Gastropoda，玉黍螺目 Littorinimorpha，滨螺科 Littorinidae

形态特征 小型螺类，壳长约23 mm。螺旋部呈尖圆锥形，体螺层膨大；壳表面有较浅但明显的螺旋沟纹，淡黄色，其上有小的褐色斑点或纵行褐色花纹。壳口较大，外唇薄，壳轴为紫黑色。

生态习性 生活于高潮线附近的岩礁上或红树林的枝干上，营匍匐生活。

地理分布 国外见于日本。我国分布于东海和南海。

黑口拟滨螺

42 粗糙拟滨螺
Littoraria scabra (Linnaeus, 1758)

地 方 名 粗糙滨螺

分类地位 腹足纲Gastropoda，玉黍螺目Littorinimorpha，滨螺科Littorinidae

形态特征 小型螺类，壳高17.6～24 mm，壳宽12.4～16 mm。壳小而薄，尖锥形，螺层8层；缝合线深而明显。螺层微显膨胀，具细密的螺肋，生长纹粗糙；在缝合线上方有一较粗的螺肋，此肋在体螺层下部形成明显的棱角；壳口上端稍尖，下端略呈截形，外唇薄，内唇下端向外反折；无脐，厣角质。壳呈灰黄色，杂有褐色纵走色带或环走条纹。

生态习性 生活于高潮线附近的岩礁上。

地理分布 国外见于菲律宾、日本、新西兰等地。我国沿海均有分布。

粗糙拟滨螺

43 塔结节滨螺
Nodilittorina pyramidalis (Quoy & Gaimard, 1833)

分类地位 腹足纲 Gastropoda，玉黍螺目 Littorinimorpha，滨螺科 Littorinidae

形态特征 壳小，壳高 8.0～11.2 mm，壳宽 5.0～6.6 mm。尖锥形，青灰色；壳体坚实，螺层约7层，缝合线浅；壳顶尖，螺旋部高，壳面粗糙，具有发达的颗粒状突起和细小的螺肋；体螺层略膨胀，上有颗粒状突起2列，其余各螺层仅1列；壳口卵形，内面褐色；外唇薄，边缘形成2个曲折；内唇稍扩张，无脐，厣角质。

生态习性 生活于高潮区的岩礁上或缝隙中。

地理分布 国外见于日本、新西兰。我国分布于东海和南海。

塔结节滨螺

（十九）玉螺科 Naticidae Guilding, 1834

大多为小型种，贝壳呈球形、卵生形或耳状，壳质多坚厚；螺层数少，螺塔短，体螺层膨胀；壳表面光滑或具纤细的刻纹；壳口大而完全，半球形或圆形，外唇简单而薄，内唇多少向脐孔反转，或具有加厚的胼胝；厣与壳口同形，角质或石灰质，少旋型，核位于中央稍偏内侧；足极发达，前足可向背部翻转，掩盖头部及贝壳的前缘，足的两侧、后部也可向背部翻转，并掩盖贝壳的侧缘及后部。

种类繁多，全球海生现生种类近400种。我国产70余种，其中5种在舟山也有分布，俗称"香螺"，一直是沿海居民餐桌上的"常客"。

44　微黄镰玉螺
Euspira gilva (R. A. Philippi, 1851)

地方名	香螺
同物异名	*Lunatia gilva*（R. A. Philippi, 1851）
分类地位	腹足纲 Gastropoda，玉黍螺目 Littorinimorpha，玉螺科 Naticidae
形态特征	常见壳高21～27 mm，低圆锥形。螺层约6层；缝合线明显；壳顶尖细，壳顶处的3个螺层小；体螺层膨大；壳口卵圆形，外唇简单而薄，内唇上部薄，至脐部稍加厚，接近脐的部分形成1结节状的棕黄色胼胝。厣角质，脐孔深而明显，部分被内唇伸展的胼胝所填塞；壳面光滑无肋，生长线细密，壳面黄褐色或灰黄色，壳塔多呈灰蓝色，壳内面棕黄色或灰紫色。
生态习性	生活于潮间带的沙质、泥沙质，尤其是软泥质的滩涂。
地理分布	国外见于日本、朝鲜等地。我国南北沿海均有广泛分布，舟山海域亦有发现。

微黄镰玉螺

45 广大扁玉螺
Glossaulax reiniana (Dunker, 1877)

同物异名 *Neverita reiniana* Dunker, 1877

分类地位 腹足纲 Gastropoda，玉黍螺目 Littorinimorpha，玉螺科 Naticidae

形态特征 贝壳大，壳高 28～36 mm，壳宽 29.5～38 mm。壳略呈球形，光滑，淡紫或淡黄褐色。螺层约5层，缝合线明显。壳顶低，螺旋部稍高出。体螺层相当膨胀，在每一螺层的上方，缝合线紧下部收缢，其余壳面相当膨圆。壳口半圆形，内面肉色。外唇薄，内唇加厚，中部形成一厚的脐结节，其上有1横沟痕。脐大而深。厣角质，半透明。

广大扁玉螺

生态习性 生活于浅海泥沙海底。

地理分布 国外见于日本、朝鲜、韩国等地。我国黄海、渤海、东海均有分布。

46 乳玉螺
Mammilla mammata (Röding, 1798)

同物异名 *Polinices mammata*（Röding, 1798）

分类地位 腹足纲 Gastropoda，玉黍螺目 Littorinimorpha，玉螺科 Naticidae

形态特征 壳高 25～35 mm，呈梨形，壳质较薄，螺层约6层，螺旋部低小，稍高出壳面，壳顶尖，体螺层宽大，几乎占贝壳的全部；壳面较粗糙，具有细密的环行和纵行线纹，形成布纹状的雕刻；壳口广大，呈梨形，外唇薄，内唇褐色，中部向外扩张形成狭长的遮缘面；脐孔小，厣角质；壳表黄褐色，具有棕色色带，内面白色杂有棕色。

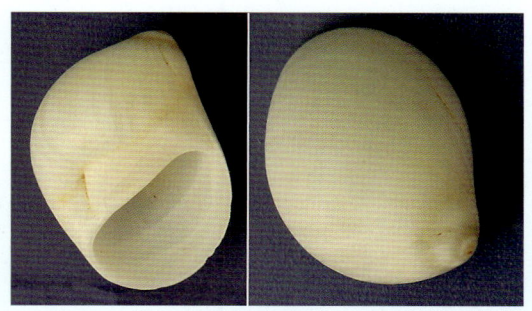

乳玉螺

生态习性 生活于水深 20～80 m 的沙或泥沙质浅海海底。

地理分布 国外见于日本。我国分布于东海和南海，在舟山海域拖虾作业中偶有发现。

47 褐玉螺
Natica spadicea (Gmelin, 1791)

分类地位 腹足纲 Gastropoda，玉黍螺目 Littorinimorpha，玉螺科 Naticidae

形态特征 壳高 20～37 mm，壳宽 19.5～37 mm。贝壳呈球形，壳高几乎与壳宽相等，壳质坚厚，缝合线浅，明显；壳顶小而隆起，螺旋部低小，体螺层膨大，壳面膨胀；壳面布有细密的生长纹，较光滑，在第一螺层的上部，缝合线下方有放射状的皱纹；壳口较大，呈半圆形，内面黄白色，杂有褐色；外唇简单，微厚，呈弧形，内唇厚直，上部略扩张，紧贴于体螺层上，中部有 1 小的结节，下部微向前反曲；脐大，部分被内唇上面的扩张面和中部的结节掩盖；厣石灰质，较坚固；壳的基部为白色，在缝合线下部为黄白色，其余壳面有淡黄色和黄褐色相间的略宽色带。

生态习性 生活于潮下带十余米至数十米深的细沙或泥沙质海底。

地理分布 国外见于日本、新加坡等地。我国分布于 29°～30°N、124°E 以西海域至福建以南沿海。

褐玉螺

48 扁玉螺
Neverita didyma (Röding, 1798)

同物异名 *Albula didyma* Röding, 1798

分类地位 腹足纲 Gastropoda，玉黍螺目 Littorinimorpha，玉螺科 Naticidae

形态特征 贝壳大，壳高 25.0～35.0 mm，壳宽 37.5～48.0 mm。半球形，螺层约5层，螺旋部较低，体螺层宽大，壳宽明显大于壳高；壳口卵圆形，外唇薄；内唇中部形成1大的褐色脐结节；脐大而深，部分被脐结节遮盖，厣角质；壳面膨胀，生长纹细密。在每一螺层缝合线的下方，有1彩虹样的褐色色带；顶部紫褐色。基部白色，其余壳面浅黄褐色。

生态习性 生活于潮间带至水深37 m的浅海沙质或泥沙质海底。在舟山海域，约8、9月产卵，卵群与泥沙粘合成围领状。本种为肉食性种类，侵食其他双壳类，但其肉也供食用。

地理分布 国外见于日本、朝鲜、韩国、菲律宾、澳大利亚以及印度洋的阿曼湾等地。我国沿海均有分布。

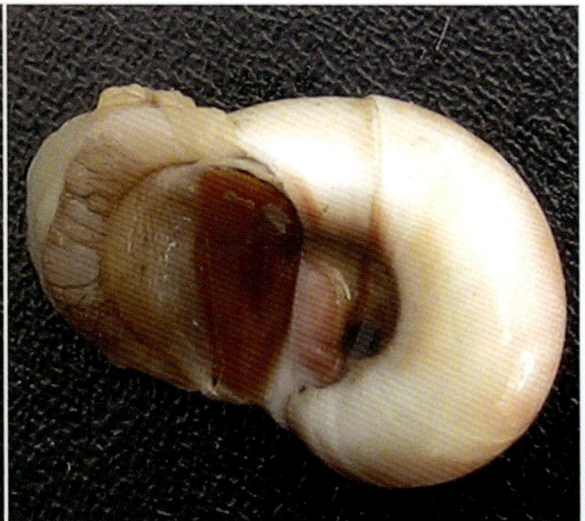

扁玉螺

49 斑玉螺
Paratectonatica tigrina (Röding, 1798)

同物异名 *Natica tigrina*（Röding, 1798）

分类地位 腹足纲 Gastropoda，玉黍螺目 Littorinimorpha，玉螺科 Naticidae

形态特征 壳高 12～29 mm，壳宽 11.1～26 mm。壳近卵圆形或球形，壳质薄而坚固；螺层 5～6 层，每层稍隆起，缝合线较深，螺旋部短小，高度约占壳高的 1/3，体螺层较膨大；壳口卵圆形，内面青白色，边缘完整，外唇稍薄，呈弧形，内唇中部形成 1 结节，脐的下半部几乎全被结节掩盖；厣石灰质，白色；壳顶紫色，基部白色，其余壳面呈黄白色，密布不规则的紫褐色斑点；壳面光滑无肋，生长纹细密。

生态习性 生活于潮间带泥沙或泥质的海滩。肉食性贝类。

地理分布 国外见于日本。我国沿海均有分布。

斑玉螺

50 爪哇窦螺
Sinum javanicum (Gray, 1834)

分类地位 腹足纲 Gastropoda，玉黍螺目 Littorinimorpha，玉螺科 Naticidae

形态特征 壳扁平，呈卵圆形，壳顶淡紫褐色，其余部分白色，略有光泽。螺层约5层，螺旋部低小。体螺层宽大。壳表面具有低平的螺肋，肋宽稍大于肋间距离，肋缘具有比较细微的齿状缺刻，生长纹较粗糙。外唇简单，弧曲；内唇上部微显反折形成1狭的遮缘，掩盖脐部。无厣。

生态习性 生活于浅海沙质或泥沙质海底。

地理分布 国外见于日本、印度尼西亚。原记载我国分布于台湾、南海，现舟山海域也已有明确记载。

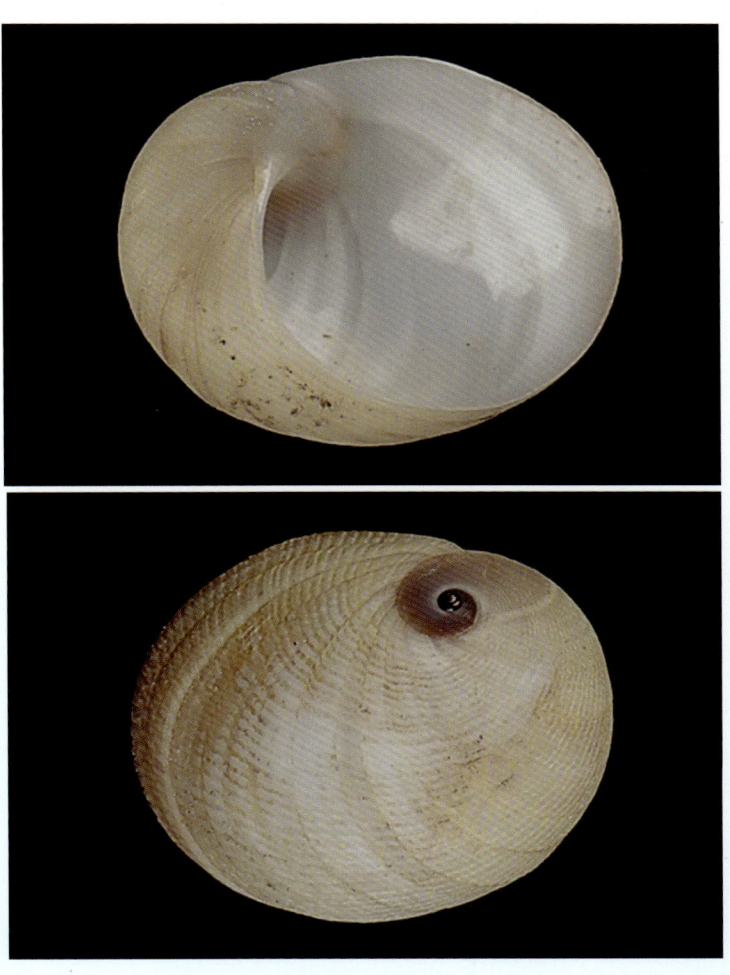

爪哇窦螺

(二十)衣笠螺科 Xenophoridae Troschel, 1852 (1840)

贝壳为低圆锥形，呈笠状，壳质薄，无珍珠层。多数种类沿缝合线不同程度地黏附死贝壳或小石砾等杂物，有的黏附物可将表面完全覆盖。通常具脐孔，贝壳基部中凹，具同心或放射肋纹。厣角质。

主要分布于热带和亚热带地区，栖息于潮下带泥沙质或碎贝壳石砾质海底。种类较少，全球记载共28种，我国沿海发现约10种，舟山海域仅记载1种。

衣笠螺科在台湾称为缀壳螺科。

51 光衣笠螺
Onustus exutus (Reeve, 1842)

分类地位 腹足纲 Gastropoda，玉黍螺目 Littorinimorpha，衣笠螺科 Xenophoridae

形态特征 壳呈低圆锥形，薄脆，淡紫褐色、褐黄色。螺层9层，缝合线浅，壳顶尖，壳面有斜行的波状细纹，生长纹明显，呈鳞片状；每一螺层的边缘向外延伸出呈钝三角状有破碎感的薄片。壳底中央部凹陷呈碟状，上有放射状细纹，在放射纹的外围通常有6条具有结节的环行细纹；壳口斜，脐孔深，呈漏斗形。厣角质。

生态习性 生活于浅海泥沙质海底。

地理分布 国外见于日本。我国分布于浙江及以南沿海。

光衣笠螺（仿IRIS等）

(二十一)蛙螺科 Bursidae Thiele, 1925

贝壳坚固,短纺锤形,背腹扁压,侧部螺肋发达,承接上下螺层,轴层有发达的皱襞;壳口橄榄形,具明显的后沟,前沟半管状,后沟内侧有时具肋突;壳表淡黄色、淡红色、淡白色。

全球记载共64种,其中2种在舟山近海底拖(虾)作业中有一定的产量,为常见的食用种类。

52 棘赤蛙螺
Bufonaria granosa (K. Martin, 1884)

地方名	蛙螺
分类地位	腹足纲 Gastropoda,玉黍螺目 Littorinimorpha,蛙螺科 Bursidae
形态特征	常见壳长61~83 mm,壳宽44~61 mm,外形与习见赤蛙螺近似,但其螺旋部较高,棘刺较长。贝壳长卵圆形,壳质薄而坚实,螺层约9层,缝合线浅,螺旋部高,呈塔状;各螺层的中部和体螺层上均有强弱不等的角状突起和棘刺,棘刺在纵肋上较长;在体螺层上通常有2列发达的角状突起或短棘;壳面土黄色或黄褐色;壳口长卵圆形,内为白色,外唇边缘呈片状,其上具缺刻,内缘具发达的齿列,呈杏黄色;内唇滑层向外扩张,下部较厚,遮盖在壳轴上,内缘有细密的褶襞或肋齿;前水管沟稍长,宽沟状,曲向背方;后水管沟窄而深,后端呈棘状;厣角质,核位于内侧中央。
生态习性	生活环境与习见赤蛙螺相近,多生活于潮下带及浅海沙或泥沙质海底。
地理分布	国外见于日本南部、菲律宾、泰国、印度尼西亚等地。我国分布于东海和南海。

棘赤蛙螺

53 习见赤蛙螺
Bufonaria rana (Linnaeus, 1758)

地方名 习见蛙螺、蛙螺

同物异名 习见蛙螺 *Bursa rana* (Linnaeus, 1758)

分类地位 腹足纲 Gastropoda，玉黍螺目 Littorinimorpha，蛙螺科 Bursidae

形态特征 常见壳长约60 mm，近似卵圆形，较扁平，壳质坚硬，黄白色并杂有紫褐色火焰状条纹；螺层9层，壳面有细的螺肋，肋上具颗粒状结节，在体螺层上有2列角状突起，其他各螺层的肩角上各有一列角状突起。在每一螺层的左、右侧各有一条纵肋，肋上着生角状突起；壳口橄榄形，内面黄白色，外唇厚，边缘具许多齿，内唇内缘具褶襞及粒状突起；前沟半管状；后沟内侧有时具肋突。厣角质。

生态习性 生活于水深约25 m以下的浅海软泥、泥沙或细沙质海底。

地理分布 国外见于日本、印度尼西亚等地。我国分布于东海和南海。

习见赤蛙螺

（二十二）冠螺科 Cassidae Latreille, 1825

大多为中型螺类，但也不乏大型海螺，如唐冠螺等，成体时壳长或壳高有300 mm以上。贝壳多呈卵圆、球形或三角形，壳质坚实厚重，螺旋部低小，呈锥形；体螺层膨大，螺层通常有纵肿肋或结节突起；壳面颜色多变，具色带、色斑或斑点；壳口呈半圆形或狭长形，外唇向外翻卷并增厚，内缘和外缘常具齿列，内唇有褶襞；前水沟短而微曲向背方，厣角质，深褐色，呈扇形，或长方形等；足部宽大，两触角呈锥形，相距较大，眼位于触角基部靠上部的外侧；水管长，反弯曲；齿舌短。

全球记载共100余种，舟山海域分布有2种。

54 沟纹鬘螺
Phalium flammiferum (Röding, 1798)

分类地位 腹足纲 Gastropoda，玉黍螺目 Littorinimorpha，冠螺科 Cassidae

形态特征 常见壳长37～110 mm，壳宽21～57 mm。壳近卵圆形，螺层约9层，螺旋部低小，圆锥形，体螺层高大而膨圆，占贝壳的极大部分；胚壳及第2螺层光滑无肋，白色，其余各螺层具有明显的浅细的纵、横螺纹，在螺旋部两者交错形成粒状突起，此突起在体螺层的上部不明显，在下部以及基部则

沟纹鬘螺

很明显；纵肿肋出现在各螺层的不同部位，在体螺层腹面左侧的纵肿肋较发达。壳表黄白色，具有较宽的纵走红褐色波状花纹，约20条；在壳的基部色带为波纹状；壳口狭长，前部稍宽；外唇较厚，光滑，向外翻卷，内缘具齿列；内唇上部薄，下部厚，向外延伸成片状，将脐遮盖，内唇下部褶襞强而多，前沟宽短，向背方弯曲；厣角质。

生态习性 生活于潮下带水深17～64 m的细沙质和泥沙质海底。

地理分布 国外见于日本、菲律宾等地。我国长江以南海域均有分布。

55 双沟鬘螺
Semicassis bisulcata (Schubert & J. A. Wagner, 1829)

同物异名 *Phalium bisulcatum* (Schubert & J. A. Wagner, 1829)

分类地位 腹足纲 Gastropoda，玉黍螺目 Littorinimorpha，冠螺科 Cassidae

形态特征 常见壳高 36～59 mm，壳宽 25～35 mm。贝壳较小，略呈球形，壳质薄而坚；螺层约 8 层，缝合线浅，螺旋部低，体螺层膨圆，前端收缩；壳顶尖，约 3 层光滑无肋，其余各螺层通常有明显而低平的螺旋沟；螺旋部的肋纹由大小不规则的小突起组成；生长线明显，在肋间沟处形成格子状；体螺层平滑，肋纹整齐，有 26～42 条，肋间沟宽窄有变化，有的两肋间有 1 细肋；纵肿肋弱或无；壳面淡褐色或灰白色，体螺层上有 4～5 条长方形的黄褐色斑块，有的个体色斑不明显或无色斑；壳口内白色或淡褐色，外唇厚，内缘具齿列，内唇壳轴前部具褶襞；脐孔深，厣角质，褐色，呈扇形。

生态习性 生活于浅海沙质或沙质海底。

地理分布 国外见于日本、菲律宾、印度尼西亚等地。我国分布于东海、南海。

双沟鬘螺

（二十三）扭螺科 Personidae Gray, 1854

壳口收缩成三角形或桃形，内外唇扩张。厣角质。

主要分布于热带和亚热带海域，多栖息于潮下带10 m至数百米深的沙、泥沙、软泥和珊瑚礁质海底。我国记载仅1属4种，主要见于台湾和福建以南沿海。

56 网纹扭螺
Distorsio reticularis (Linnaeus, 1758)

分类地位 腹足纲 Gastropoda，玉黍螺目 Littorinimorpha，扭螺科 Personidae

形态特征 壳略呈菱形，黄褐色或灰白色，外被棕褐色绒毛状壳皮。螺层约9层。螺旋部呈塔状。螺层发展不均匀，背方膨胀，腹方压缩，形如驼背。壳面具纵横肋，并相互交织呈布目状。壳口向外扩张，形成片状红棕色的瓷质面。外唇内侧具大小不等的齿肋；内唇具方格状雕刻或颗粒状齿，近基部中央有1平滑的凹陷。前沟半管状；后沟内侧具2枚突起。厣角质。

生态习性 生活于10～100 m水深的浅海软泥或泥砂质海底。

地理分布 国外见于日本、菲律宾。我国原记载仅分布于台湾和南海，但在舟山近岸及潮下带也常见。

网纹扭螺

（二十四）嵌线螺科 Ranellidae Gray, 1854

贝壳呈圆锥形或喇叭形，后端尖细，前端扩展，壳质坚，螺层约10层，每层的壳面稍膨胀，且具1强大的纵肋，其基部左侧常延伸成片状；贝壳表面光亮，并具有半月形或三角形的褐色斑纹。壳口卵圆形或圆形，唇厚，轴唇和外唇内缘常具褶襞和肋齿。厣角质。

全球记载仅5种，舟山海域发现1种。

57 粒蝌蚪螺
Gyrineum natator (Röding, 1798)

分类地位 腹足纲 Gastropoda，玉黍螺目 Littorinimorpha，嵌线螺科 Ranellidae

形态特征 常见壳高33.3～44.0 mm，壳宽20.3～27.0 mm。贝壳较小，略呈三角形，壳质结实；缝合线明显，螺旋部较小，体螺层膨大。壳顶尖，约2.5层光滑无肋，以下各层壳面具有整齐而纵横行走的肋，在各肋的交叉点上形成大小近等的颗粒状突起，在体螺层和次体层中各有2条发达的螺肋；体螺层上纵肋的数目多少有变化（4～11条）；在每一螺层两侧各有1发达的纵肿肋；贝壳表面黄褐色或紫色，或杂有白色环带、斑块，颗粒突起部呈黑褐色；外表被有黄褐色带茸毛的壳皮；壳口卵圆形，内面瓷白色，外唇厚，内缘具齿；内唇边缘具弱的褶襞；前沟较短，半管状，厣角质。

生态习性 生活于潮间带及浅海岩礁间。

地理分布 国外见于日本、新加坡、印度尼西亚、柬埔寨等地。我国沿海均有分布，为较常见种。

粒蝌蚪螺

58 黑齿嵌线螺
Monoplex parthenopeus (Salis Marschlins, 1793)

同物异名 黑齿法螺 *Cymatium parthenopeum* (Salis Marschlins, 1793)

分类地位 腹足纲 Gastropoda，玉黍螺目 Littorinimorpha，嵌线螺科 Ranellidae

形态特征 最大壳长约180 mm，常具壳皮或壳毛，壳体褐色，纺锤形，略显肥胖，壳质厚。及体螺层均具粗螺肋，螺旋部螺肋色深，体螺层螺肋色稍浅。外唇内壁和轴唇壁有褶叠或小突起，前沟喙状，壳口双唇有黑色齿列。厣角质，核在侧边或下方。

生态习性 多喜热带至温带海域，常见于浅海。

地理分布 分布广，从热带到极地均有发现。在舟山的桃花岛、东极岛也常有发现。

黑齿嵌线螺

（二十五）鹑螺科 Tonnidae Suter, 1913

贝壳呈球形，壳质较薄，螺旋部低，体螺层膨圆。壳面常具螺旋沟纹。无厣。全球记载共35种，舟山海域分布有3种。

59 斑鹑螺
Tonna dolium (Linnaeus, 1758)

分类地位 腹足纲 Gastropoda，玉黍螺目 Littorinimorpha，鹑螺科 Tonnidae

形态特征 最大个体壳高可达150 mm。贝壳膨胀，略呈球形；螺层约8层，螺旋部低，体螺层膨大，缝合线呈浅沟状。壳顶约有3层表面光滑，其余各层密布螺肋；体螺层上有15~17条螺肋，次体层有3条，肋间距大于肋宽，肋上有近方形的褐色斑点；壳白色，被一层薄的暗黄色壳皮；壳口大，半圆形，内唇前半部扭曲，先端形成假脐，前沟宽短。

生态习性 生活于浅海10~50 m深的细沙质海底。

地理分布 国外见于日本、菲律宾。我国见于东海、南海。

斑鹑螺

60 带鹑螺
Tonna galea (Linnaeus, 1758)

地方名 黑皮螺

同物异名 *Tonna olearium*（Linnaeus, 1758）

分类地位 腹足纲 Gastropoda，玉黍螺目 Littorinimorpha，鹑螺科 Tonnidae

形态特征 大型螺类，最大个体壳高可达 180 mm。壳呈球状，质薄，淡黄褐色，具栗色螺肋；胚壳呈紫褐色，围绕缝合线处呈白色。螺层约6层，缝合线呈沟状，螺层膨大。各螺层的壳面具明显粗大的螺肋，粗肋间有2～4条细螺肋以及细致的纵肋；壳口大，略呈半圆形，内面灰白色，外唇弧形，边缘呈缺刻状；内唇中央凹下，先端延长形成沟状；脐小，无厣。

生态习性 生活于浅海泥沙质或软泥质海底。

地理分布 国外见于日本。我国分布于东海、南海。

带鹑螺

61 沟鹑螺
Tonna sulcosa (Born, 1778)

分类地位 腹足纲Gastropoda，玉黍螺目Littorinimorpha，鹑螺科Tonnidae

形态特征 中型螺类，常见壳高51～95 mm，壳宽37.6～70 mm。壳近球形，壳质薄，但坚实；螺层6～7层，缝合线深，沟状；螺旋部较低矮，体螺层膨圆；胚壳深紫色，各螺层表面有宽平的螺肋，在体螺层有17～20条，有些个体在壳面还有1纵肿肋；壳面黄白色，有颜色较深的黄色螺旋环带；壳口近半圆形，内面白色，外唇向外翻卷，边缘生有与壳面螺肋相应成对排列的齿；内唇下部厚，与螺轴共同形成假脐；前沟宽短，无厣。

生态习性 生活于水深约60 m的泥沙质海底。

地理分布 国外见于日本、菲律宾。我国分布于东海、南海，舟山海域较少见。

沟鹑螺（仿Zearth's Collections）

（二十六）拟沼螺科 Assimineidae H. Adams & A. Adams, 1856

贝壳多为小型，呈卵圆形或圆锥形；壳质坚固，螺层平坦或略膨胀；壳面光滑，或具色带，淡灰色或绯红色；有脐孔，常被轴缘覆盖；壳口呈卵圆形或梨形，周缘完整，外缘薄，厣角质，小于壳口，可缩入壳内。

大部分栖息于咸淡水域的红树林及互花米草环境。全球记载共108种，舟山海域记载2种。

62　短拟沼螺
Optediceros breviculum(L. Pfeiffer, 1855)

同物异名	*Assiminea brevicula* (L. Pfeiffer, 1855)
分类地位	腹足纲 Gastropoda，玉黍螺目 Littorinimorpha，拟沼螺科 Assimineidae
形态特征	壳高一般为10 mm以上，壳坚厚，表面具螺旋纹或螺棱；壳口周缘厚，有深色框边，厣为石灰质薄片，与壳口同大小。头触角退化，吻部发达呈鼻子状，可辅助抓地做尺蠖式爬行；足部有沟，栉鳃退化，用肺呼吸；眼部特化成类似蜗牛的柄状。
生态习性	成螺栖息于有水草孳生的溪流、湖泊、沟渠和池塘内，匍匐在水草上或在水底爬行，以植物碎屑和小藻类为食，在泥里产卵，孵化成自由游动的幼体，冬季潜于泥中越冬。
地理分布	我国东南沿海均有分布，舟山海域常见于互花米草环境。

短拟沼螺

63 绯拟沼螺
Pseudomphala latericea (H. Adams & A. Adams, 1864)

分类地位 腹足纲 Gastropoda，玉黍螺目 Littorinimorpha，拟沼螺科 Assimineidae

形态特征 贝壳小型，壳高约 11.8 mm，壳宽约 6.5 mm。呈长卵圆形，壳质结实，螺层约 8+1/2 层，缝合线明显，各螺层的高、宽度增长均匀；螺旋部小，体螺层膨大，壳表面光滑，生长纹细密；在缝合线下有 1~3 条纤细的螺纹；壳面绯红色，在缝合线下方的色较淡；壳口呈梨形，简单，外唇薄，易破损；内唇滑层较厚，遮盖脐部；厣角质，梨形，少旋，核偏内侧的下方。

生态习性 生活于河口咸淡交汇区的沙和泥沙滩上。

地理分布 国外见于日本、菲律宾。我国分布于黄海、渤海及东海，舟山海域常见于互花米草环境。

绯拟沼螺

（二十七）爱神螺科 Eratoidae Gill, 1871

原隶属于宝贝总科 Cypraeoidea，现隶属于薄板螺总科 Velutinoidea，爱神螺科 Eratoidae。

贝壳小型，前端尖瘦，后端扩张，呈倒圆锥形，壳质坚固；螺旋部低，螺层少，体螺层膨大；壳表面通常光滑，或少具粒状突起，或细肋，或背部近中央具纵走浅沟；壳面多呈白色，常有橄榄色或肉色色带；壳口位于腹侧，窄长，内缘具细齿，无厣。

全球记载共68种，舟山海域仅记录1种。

64 硬结原爱神螺
Hespererato scabriuscula (Gray, 1832)

同物异名 *Proterato callosa*（A. Adams & Reeve, 1850）

分类地位 腹足纲 Gastropoda，玉黍螺目 Littorinimorpha，爱神螺科 Eratoidae

形态特征 小型螺类，常见壳长5.0～8.4 mm，壳宽3.4～5.5 mm。壳呈梨形，壳质坚厚结实，暗灰白色，杂有灰绿色斑带，光滑无雕刻，壳口两唇具齿；螺旋部小，稍高起，体螺层膨大，几乎占贝壳的前部，并向后部扩张，向前逐渐收缩而细瘦；壳口狭长，近直，微呈波状弯曲，内白色；前沟稍宽短；外唇宽厚，其外缘向内翻卷，边缘具细齿16～19枚，老成个体，其齿或多或少向基部延伸；内唇滑层厚，光滑，其前端具脊状褶襞3～4条，其后面具粒状小齿约21枚。

硬结原爱神螺

生态习性 生活于潮间带至水深50 m的浅海泥沙质的岩礁上。

地理分布 国外见于日本。我国从山东至广西沿岸均有分布，舟山海域罕见种。

（二十八）蛇螺科 Vermetidae Rafinesque, 1815

隶属于蛇螺总科 Vermetoidea。壳呈管状，常不规则盘卷；壳口圆，厣角质，核位于中央。卵生或胎生，卵产出后附于壳壁上，营固着生活，分布自潮间带至潮下带。

全球记载共136种，舟山海域记录2种。

65 紧捲蛇螺
Petaloconchus renisectus P. P. Carpenter, 1857

地方名 蛇螺

分类地位 腹足纲 Gastropoda，玉黍螺目 Littorinimorpha，蛇螺科 Vermetidae

形态特征 壳小而呈管状，极薄脆，壳口直径约2.5 mm；贝壳以反时针的方向盘卷，一般有10层，各层紧相连，不游离。在壳顶部贝壳盘旋范围直径较小，向前盘旋范围宽度逐渐增大，管也略有加粗；壳表粗糙，灰褐色，有螺旋和纵走的细肋多条，螺肋和纵肋相交形成近方格形的雕刻。

生态习性 固着生活于潮间带岩石上。

地理分布 国外见于日本、菲律宾。我国分布于福建以南沿岸，舟山海域也有发现。

紧捲蛇螺

66 覆瓦小蛇螺
Thylacodes adamsii (Mörch, 1859)

分类地位 腹足纲Gastropoda，玉黍螺目Littorinimorpha，蛇螺科Vermetidae

形态特征 壳呈管状，通常以水平的方位逐步向外盘卷，形如蛇卧；全壳大部分固着于岩石或其他物上，仅壳口部稍游离。壳口圆或卵圆形，壳面粗糙，呈灰黄色或褐色，具有数条粗的螺肋，粗肋间有3～5条细肋，这些肋上均被有不明显的覆瓦状鳞片；生长纹粗糙，有的个体在粗肋上相交形成小的结节；壳灰黄色或褐色，壳内褐色，有珍珠光泽。

生态习性 生活于潮间带的岩石上。

地理分布 国外见于日本、菲律宾。我国分布于浙江及以南海域。

覆瓦小蛇螺

（二十九）马掌螺科 Amaltheidae Dall, 1889

现已改为 Hipponicidae Troschel, 18614，隶属于玉黍螺目 Littorinimorpha。

贝壳呈笠状，壳顶位于后方。表面粗糙，具肋或具纤毛壳皮，无厣。

本科为暖水种，由潮间带到潮下带均有发现，常附着于其他物体或贝壳上。我国沿海均有分布。

67 三肋愚螺
Amathina tricarinata (Linnaeus, 1767)

- **地方名** 愚螺
- **分类地位** 腹足纲 Gastropoda，玉黍螺目 Littorinimorpha，马掌螺科 Amaltheidae
- **形态特征** 贝壳呈帽状，形态稍不规则，壳质较结实。常见个体壳长约23 mm，壳宽17 mm，壳高11 mm。壳顶位于后方，并向后下方卷曲。自壳顶向前方伸出3条发达的龙骨突起，以及不少较弱的放射肋。壳面淡黄色，外被一层丝绢状壳皮，壳皮黄白色或染有黑色横纹。壳口广大，占贝壳全长，内面瓷白色，有光泽。壳缘前方随着龙骨突起形成3个爪状突起，后缘随着发达的放射肋形成缺刻。
- **生活习性** 生活于低潮带及潮下带岩礁或养殖贻贝壳上。
- **地理分布** 我国分布于东海、南海。

三肋愚螺

七、新腹足目 Neogastropoda

新腹足目为新进腹足亚纲 Caenogastropoda 中最大的一个目,基本上是之前"新腹足目"Neogastropoda 的"底班",也包括原"狭齿目"下分7个总科,57科,外加单列的东风螺科 Babyloniidae,共计15283种。

该目动物具外壳和水管沟。厣有或无。神经系统非常集中,食道神经环位于唾液腺后方,胃肠神经节位于口的后方,在脑神经中枢附近。口吻发达,齿舌狭窄,为狭舌型,齿式为1·1·1或1·0·1。外套腺的一部分包卷形成水管。雌雄异体,雄体具交接器,嗅检器为羽状。

(三十)东风螺科 Babyloniidae Kuroda, Habe & Oyama, 1971

东风螺科的分类地位尚不明确,暂定为新腹足目 Neogastropoda 下直属的一科,在以前的系统中为蛾螺科 Buccinidae 下的一个属。

贝壳近长卵形,坚实而厚;壳塔短,体螺层明显膨大,脐孔也大;壳面光滑,壳口具短水管沟,外唇简单或加厚,内唇薄或厚,通常具厣。

全球记载共17种,舟山海域分布有2种。

68 方斑东风螺
Babylonia areolata (Link, 1807)

地方名 花螺

分类地位 腹足纲Gastropoda，新腹足目Neogastropoda，东风螺科Babyloniidae

形态特征 壳高45.1~53.4 mm，壳宽25.9~30.7mm；贝壳呈长卵形，壳质稍薄，但坚硬；螺层8~9层，缝合线明显，呈浅沟状，各螺层壳面较膨圆，在缝合线的紧下方形成1狭而平坦的肩部；壳表光滑，生长纹细密。壳面被黄褐色壳皮，壳皮下面为黄白色，具有长方形的紫褐色斑块，斑块在体螺层有3横列，以上方的一列最大；壳口半圆形，内面白色；外唇薄，弧形，内唇光滑，紧贴于壳轴上；脐孔半月形，大而深。厣厚，角质。

生态习性 生活于数米至数十米水深的泥沙质海底。

地理分布 国外见于斯里兰卡、日本。我国沿海广泛分布，舟山海域为常见食用种，但自然分布很少见。

方斑东风螺

69 泥东风螺
Babylonia lutosa (Lamarck, 1822)

地方名 花螺

分类地位 腹足纲Gastropoda，新腹足目Neogastropoda，东风螺科Babyloniidae

形态特征 壳高45.1～57.4 mm，壳宽23.8～30.7 mm；贝壳呈长卵形，壳质坚硬，壳表黄褐色，外被薄的壳皮；螺层约9层，缝合线明显。壳顶部各螺层壳面膨圆，基部3～4螺层各在上方形成肩角，肩角的下半部略直。壳面平滑，生长纹细而明显。壳口呈长卵形，内面瓷白色；前沟短而深，呈"V"形，后沟为1小而明显的缺刻；脐孔明显，不深，部分被内唇掩盖；厣角质，褐色，坚厚。泥东风螺与方斑东风螺的外观区别在于后者壳表具紫斑或红褐斑块，而前者不具斑纹。

生态习性 生活于数米至10 m水深的泥沙质海底。

地理分布 国外见于日本。我国分布于东海、南海。

泥东风螺

（三十一）蛾螺科 Buccinidae Rafinesque, 1815

主要特征与东风螺相似，但贝壳呈长纺锤形，体螺层不明显膨大，也无脐孔。全球记载共399种，舟山海域仅见1种。

70 褐管蛾螺
Siphonalia spadicea (Reeve, 1846)

地方名	巴巴螺
分类地位	腹足纲 Gastropoda，新腹足目 Neogastropoda，蛾螺科 Buccinidae
形态特征	贝壳小型，壳高39～54 mm，壳宽20～22 mm。呈长纺锤形，壳质坚实，全壳被有薄的褐色壳皮，贝壳灰白色；螺层约9层，缝合线浅，每一螺层中部及体螺层的上部扩张形成钝的肩部；壳表密布细螺肋，纵肋在上部的螺层上较明显，至体螺层肩部则几乎消失；壳口呈卵圆形，内面淡黄色，具细的肋纹；外唇简单，内唇具有不明显的肋纹；前水管沟稍有延长，前端向背方扭曲。具角质厣。
生态习性	生活于水深10～100 m的软泥质及泥沙质浅海海底。
地理分布	国外见于日本。我国分布于黄海、渤海和东海。

褐管蛾螺

(三十二)核螺科 Columbellidae Swainson, 1840

大多为小型螺类,壳呈纺锤形,通常具壳皮和花纹;壳口窄,外唇厚,内唇具齿,多生活于潮间带或潮下带的浅海。

全球记载共919种,我国记载10余种。

71. 丽小笔螺
Mitrella albuginosa (Reeve, 1859)

分类地位 腹足纲 Gastropoda,新腹足目 Neogastropoda,核螺科 Columbellidae

形态特征 贝壳小,常见壳高8.4～16.5 mm,壳宽3.3～6.5 mm。塔形,壳质较坚硬;螺层约9层,缝合线明显,螺旋部较高,各螺层宽度增加均匀;壳面除在贝壳基部约有10条不发达的螺沟外,其余均较光滑。壳面黄白色,有褐色或紫褐色火焰状纵走的斑纹,此斑纹粗细随个体而有变化,通常上部较粗而少,下部较细而多;壳口小,呈长卵形,内面黄白色,具珍珠光泽,外唇较薄,内缘通常有小齿5个;内唇稍扭曲,其上常有2个不明显的齿状突起;厣角质。

生态习性 生活于潮间带岩石块下面或泥沙质海底。

地理分布 国外见于印度洋—西太平洋。我国沿海均有分布。

丽小笔螺

（三十三）细带螺科 Fasciolariidae Gray, 1853

贝壳呈梨形或长纺锤形，螺旋部高，前水管沟一般较长；壳轴基部具褶襞，厣角质。生活于潮间带至潮下带。

全球记载共556种，我国记载30余种，舟山海域仅1种。

72 长纺锤螺
Fusinus colus (Linnaeus, 1758)

英 文 名	Distaff spindle
分类地位	腹足纲 Gastropoda，新腹足目 Neogastropoda，细带螺科 Fasciolariidae
形态特征	常见壳长40～140 mm；呈长纺锤形，两端尖细，螺旋部高，尖塔形，体螺层的前部延伸成细长的接近封闭的前沟，其高度约占全壳高的1/2。螺层约12层，缝合线深，呈沟状；每一螺层中部的壳面膨圆，整个壳面上的螺肋有规则地粗细间隔排列；螺旋部上的纵肋明显，与螺肋交叉成结节状突起；体螺层上的纵肋较弱，与螺肋交叉的结节状突起不明显。壳口呈卵圆形，内面白色，具有与壳面螺肋相应的肋纹。外唇边缘略有缺刻，内唇呈片状。前沟直，前端略向背方弯曲；厣角质。壳表灰白色，被有带茸毛的黄褐色壳皮，螺顶部数层微红色。
生态习性	生活于数十米水深的泥或泥沙质海底。
地理分布	国外见于日本。我国沿海均有分布。

长纺锤螺

（三十四）盔螺科 Melongenidae Gill, 1871 (1854)

贝壳呈梨形或盔形，有些种类个体较大，螺旋部低或中等高，肩部常具结节；前水管沟或长或短；厣为角质。多生活于潮下带的浅海。

舟山海域记载有2种。

73 细角螺
Brunneifusus ternatanus (Gmelin, 1791)

地方名	角螺、响螺、长螺
同物异名	*Hemifusus ternatanus*（Gmelin, 1791）
分类地位	腹足纲 Gastropoda，新腹足目 Neogastropoda，细带螺科 Fasciolariidae
形态特征	常见壳长150～198 mm，壳宽66～82 mm。贝壳高大，呈长纺锤形，壳质坚硬，壳表黄褐色，外被黄褐色的细绒毛壳皮，壳皮容易脱落；螺层约9层，缝合线明显；每一螺层的中部向外扩张形成肩角，肩角上部倾斜，下部较直，肩角上具较弱的结节突起，在体螺层上结节突起较发达；壳面具粗细相间的螺肋，肩部下面的4条螺肋较发达；壳口长大，内面淡褐色，前沟延长呈半管状。厣角质，褐色，长卵圆形。
生态习性	生活于水深10～70 m的泥沙质海底。
地理分布	国外见于日本。我国主要分布于东南沿海。

细角螺

74 管角螺
Hemifusus tuba (Gmelin, 1781)

地方名 毛螺、角螺、响螺

分类地位 腹足纲Gastropoda，新腹足目Neogastropoda，细带螺科Fasciolariidae

形态特征 贝壳较大，常见壳高89～146 mm，壳宽58.2～86.7 mm。呈纺锤形，壳质坚硬，壳表肉色，被有带茸毛的褐色外皮；螺层约8层，缝合线深，呈不整齐的沟；螺旋部较低，呈圆锥形，体螺层相当膨大，每一螺层的壳面中部扩张形成肩角，肩角的上半部壳面倾斜，下半部相当直，肩角上通常有10个发达的角状突起，螺肋不发达，生长线明显，较粗糙；壳口大，内面肉色，有光泽；前沟较长。厣角质，棕色。

生态习性 生活于浅海水深10～50 m的泥沙质海底。

地理分布 国外见于日本。我国主要分布于东南沿海。

管角螺

(三十五)织纹螺科 Nassariidae Iredale, 1916 (1835)

小型螺类,俗称海蛳螺、割香螺。贝壳略呈枣核形,壳质坚厚,壳塔尖,锥状,体螺层稍膨胀;壳面常具织纹,故名织纹螺;壳口多呈卵圆形,具有短的水管突起,外唇厚,常具齿,内唇光滑或具结节;厣角质,边缘常有齿状突起。足长而宽,后端分叉,成为2个尾状物,水管长;眼位于触角基部外侧,齿舌的中央齿为弧形,具有多数尖突起,侧齿也有2个强大的尖突起。

栖息于潮间带及浅海。为常见食用种类,但也时常含有毒素(织纹螺毒素),常有中毒事件发生,故国家有关部门禁止上市及食用。

全球记载共644种,舟山海域记载11种。

75 细肋织纹螺
Nassarius castus (Gould, 1850)

地方名	海蛳螺、割香螺
分类地位	腹足纲 Gastropoda,新腹足目 Neogastropoda,织纹螺科 Nassariidae
形态特征	常见壳高16.4~22 mm,壳宽9.1~11.8 mm。贝壳呈卵圆形,螺层约9层,缝合线明显,略呈窄的肩部;螺旋部呈圆锥形,体螺层大;壳顶光滑,其余壳面具发达的纵肋和细弱的螺肋,通常只在缝合线紧下方有1条、体螺层基部有数条明显的螺旋沟纹;体螺层有纵肋20~28条,螺肋约15条,次体螺层有螺肋约3条,两者交叉形成串珠状;壳表黄褐色或黄白色,具有褐色色带,在体螺层上有2~3条,在其他螺层上为1~2条。壳口呈卵圆形,外唇内缘通常具8~11枚齿状突起,边缘靠下方具7~9个小齿;内唇内壁一般具褶襞;前沟短;厣角质。
生态习性	生活于潮间带中潮区至数十米内水深的泥质或泥沙质海底。
地理分布	国外见于日本、菲律宾等地。我国东南沿海均有分布。

细肋织纹螺

76 方格织纹螺
Nassarius conoidalis (Deshayes, 1833)

地方名 海蛳螺、割香螺，台湾称球织纹螺

分类地位 腹足纲 Gastropoda，新腹足目 Neogastropoda，织纹螺科 Nassariidae

形态特征 常见壳高26.5～27.3 mm。贝壳粗短，略呈球形。螺层约8层，缝合线较深，呈宽沟状；螺旋部较低，体螺层特别膨大；壳顶光滑，其余壳面具有发达的纵肋和螺肋，两者交叉形成发达的结节突起，结节突起近方形，在体螺层通常有10横列，每一横列约20个；壳表灰白色，杂有黄褐色或紫褐色污斑。体螺层上有时具2～3条模糊的黄褐色色带；壳口卵圆形，内面淡黄白色，有时影印有黄褐色色带；外唇弧形，边缘具10～12个小的突起，内面具10～12枚齿状突起；内唇上部薄，下部较厚，具褶襞；前沟深，呈"U"字形，后沟浅。厣角质。

生态习性 生活于水深20～80 m的沙质或泥沙质底浅海。

地理分布 国外见于日本、菲律宾、澳大利亚以及非洲沿岸。我国分布于浙江、福建、广东、海南、香港、台湾等沿海以及南沙、西沙等群岛。

方格织纹螺

77 秀丽织纹螺
Nassarius festivus (Powys, 1835)

地方名 海蛳螺、割香螺

分类地位 腹足纲 Gastropoda，新腹足目 Neogastropoda，织纹螺科 Nassariidae

形态特征 常见壳高13 mm。贝壳小型，呈长卵圆形，螺层约9层，缝合线明显，螺旋部呈圆锥形，螺层较膨圆，体螺层稍大；壳顶光滑，其余壳面具有发达而稍斜行的纵肋和细的螺肋，纵肋在体螺层上有9~12条，螺肋在体螺层上有7~8条。纵肋和螺肋相互交叉形成粒状突起；壳面黄褐色或青灰色或黄色，具有褐色色带，在体螺层上有2~3条，在其他螺层上为1~2条。螺肋间沟底有的呈紫褐色。壳口呈卵圆形，内面黄色或褐色，清晰地影印出表面的褐色色带，外唇内缘具4枚褶状齿，边缘通常无小的齿状突起；内唇上部薄，下部稍厚，并向外延伸遮盖脐部，内缘具3~4个颗粒状的齿；前沟短而深，呈"U"字形，后沟不显；厣呈卵圆形。

生态习性 生活于潮间带中、低潮区泥或泥沙质的滩涂至20 m水深的浅海。

地理分布 国外见于日本、菲律宾、韩国等地。我国分布于黄海、渤海、东海和南海。

秀丽织纹螺

78 秀长织纹螺
Nassarius foveolatus (Dunker, 1847)

地方名 海蛳螺、割香螺

同物异名 拟半褶织纹螺 *Nassarius*（*Zeuxis*）*semiplicatoides* A. -J. Zhang & Z. -J. You, 2007

分类地位 腹足纲 Gastropoda，新腹足目 Neogastropoda，织纹螺科 Nassariidae

形态特征 常见壳高 18.4 mm，壳宽 8.2 mm。贝壳呈长卵圆形，螺层约 8 层，缝合线明显，螺旋部呈圆锥形，体螺层大，超过壳高的 1/2；各螺层上部具有窄的肩角，壳顶光滑，其余壳面具有明显的纵肋和细密的螺旋纹，两者交叉形成方格状；壳面被有褐色薄的壳皮，壳表黄褐色、黄白色或棕青色，具有紫褐色色带，在体螺层上有 2～3 条，在其他螺层上为 1～2 条；壳口呈卵圆形，内面黄白色，清晰地影印出表面的紫褐色色带；外唇弧形，内缘通常具 11～13 枚齿状突起，边缘下半部分常具小的突起；内唇内缘通常具 10～12 枚齿状褶襞；前沟短。厣角质，呈长卵圆形，黄色，半透明，薄，外缘有时具细的突起。

生态习性 多数生活于潮间带中、低潮区至浅海的泥质或泥沙质海底。

地理分布 记载原始标本采集于舟山、宁波、温州。

秀长织纹螺

79 黑线织纹螺
Nassarius fraterculus (Dunker, 1860)

英文名 Japanese nassa

地方名 海蛳螺、割香螺

分类地位 腹足纲 Gastropoda，新腹足目 Neogastropoda，织纹螺科 Nassariidae

形态特征 常见壳高7.5～11.3 mm，壳宽4.2～5.5 mm。贝壳较小，呈长卵圆形，螺层约9层，缝合线较深；螺旋部呈尖圆锥形，螺层较膨圆，体螺层稍大；壳顶光滑，其余壳面具有发达的纵肋和细弱的螺肋，在体螺层上有纵肋14～16条，螺肋约11条，螺肋在次体螺层有4～5条，纵肋和螺肋相互交叉形成粒状突起；壳面淡黄色，具有紫褐色色带，在体螺层上有3条，其中第二条色带与第三条色带（壳底处色带）在外唇处分隔明显，但不久后两条色带相连，无明显界限，在其他螺层上有色带1～2条。壳口呈卵圆形，内面淡黄色，外唇整个内缘具粒状齿，3～6枚，边缘通常无小的突起；内唇上部薄，下部较厚，一般光滑，并向外延伸遮盖脐部，前沟短而深，呈"U"字形。厣角质。

生态习性 生活于水深十几米的沙或沙砾质海底。

地理分布 国外见于日本、韩国。我国记载分布于舟山、台湾。

黑线织纹螺

80 纺锤织纹螺
Nassarius fuscolineatus (E. A. Smith, 1875)

地方名 海蛳螺、割香螺

分类地位 腹足纲 Gastropoda，新腹足目 Neogastropoda，织纹螺科 Nassariidae

形态特征 常见壳高约9 mm，壳宽约5 mm。贝壳小型，呈长卵圆形，螺层约9层，缝合线明显；螺旋部呈尖圆锥形，螺层较膨圆；壳顶光滑，其余壳面具有发达的纵肋和螺肋，在体螺层上纵肋约12条，螺肋约8条，螺肋在次体螺层有5条，纵肋和螺肋相互交叉形成网目状；壳面黄色。壳口呈卵圆形，内面淡黄色，外唇内缘具6枚粒状齿，内唇内缘具6枚齿状突起；前沟短而深。厣角质。

生态习性 生活于水深10～50 m的沙质海底。

地理分布 国外见于日本。我国分布于广西钦州湾、舟山朱家尖等。

纺锤织纹螺

81　半褶织纹螺
Nassarius sinarum (R. A. Philippi, 1851)

地方名　海蛳螺、割香螺

分类地位　腹足纲 Gastropoda，新腹足目 Neogastropoda，织纹螺科 Nassariidae

形态特征　常见壳高 17.8～21.8 mm，壳宽 10.2～12.3 mm。贝壳呈卵圆形，螺层约 8 层，缝合线明显，螺旋部呈圆锥形，体螺层大；各螺层上部具有窄的肩角，壳顶光滑，其余壳面具有多条纵肋，纵肋在体螺层背部右侧多光滑不显，在纵肋之间具有细的螺旋纹，两者交叉形成布纹状；螺层的肩部常具有 1 环列结节突起，体螺层基部具有数条明显的螺旋纹；壳表黄褐色或黄白色，具有紫褐色色带；壳口呈卵圆形，内面黄白色，外唇弧形，内缘通常具 6～8 枚齿状突起，边缘通常具小的突起；内唇稍向外延伸，内缘具弱的褶襞或光滑；前沟短。厣角质。

生态习性　多数生活于潮间带中、低潮区至浅海的泥质或泥沙质海底。

地理分布　在东海较常见，山东、江苏等省以及南海均有分布，为我国特有种。模式标本产自浙江舟山群岛。

半褶织纹螺

82 红带织纹螺
Nassarius succinctus (A. Adams, 1852)

地方名 海蛳螺、割香螺

分类地位 腹足纲 Gastropoda，新腹足目 Neogastropoda，织纹螺科 Nassariidae

形态特征 壳高17.5～22 mm，壳宽8.4～11.1 mm。贝壳呈长卵圆形，壳质结实，螺层约9层，缝合线明显，螺旋部较高，体螺层中部膨胀，基部收缩；壳顶光滑，仅胚壳数螺层刻有明显的纵肋和极细的螺肋，其余螺层则不明显；壳面较光滑，通常只在缝合线紧下方有一条和在体螺层的基部有十余条明显的螺旋形沟纹；壳表黄白色，体螺层上有3条红褐色色带，其余螺层上为2条；壳口呈卵圆形，内面淡黄褐色，外唇弧形，整个内缘通常具6～8枚齿状突起，边缘下半部分通常具小的突起；内唇接近后端具齿状突起；前沟宽短，后沟窄。厣角质。

生态习性 生活于潮间带中、低潮区至水深10～30 m泥沙或泥质浅海底部。

地理分布 国外见于日本、菲律宾等地。我国分布于黄海、渤海、东海、南海。

红带织纹螺

83 扩张织纹螺
Nassarius sufflatus (A. Gould, 1860)

地方名 海蛳螺、割香螺

分类地位 腹足纲Gastropoda，新腹足目Neogastropoda，织纹螺科Nassariidae

形态特征 常见壳高18～20.6 mm，壳宽11～11.4 mm。贝壳呈卵圆形，壳质结实。螺层约9层，缝合线明显。螺旋部较低，呈圆锥形，体螺层特别膨大；壳顶光滑，仅壳顶下数螺层具有明显的纵肋和细弱的螺旋纹，其余数螺层（一般为倒数2～3层）通常光滑，只在缝合线紧下方有一条和在体螺层基部有数条明显的螺旋沟纹；壳表淡黄褐色，通常在每一螺层的缝合线紧下方有一条棕色螺带，杂有褐色的不规则色斑块；壳口呈卵圆形，内面黄白色；外唇整个内缘上有12～15枚齿状突起，边缘上有时具有小的突起；内唇上部薄，下部厚，接近基部具褶襞。前沟短，呈"U"字形。厣角质。

生态习性 生活于潮间带中潮区至数十米水深的泥沙质海底。

地理分布 国外见于日本、菲律宾等地。我国分布于东南沿海。

扩张织纹螺

84 纵肋织纹螺
Nassarius variciferus (A. Adams, 1852)

地方名 海蛳螺、割香螺

分类地位 腹足纲 Gastropoda，新腹足目 Neogastropoda，织纹螺科 Nassariidae

形态特征 常见壳高 16.4~22.9 mm，壳宽 8.6~11.1 mm。贝壳呈长卵圆形，螺层约 9 层，缝合线较深，螺旋部呈圆锥形，体螺层大，各螺层的高、宽度均匀增加；壳顶光滑，其余壳面具纵肋和细的螺旋纹，纵肋接近肩部为 1 环结节突起，螺旋纹在贝壳上部较弱，在体螺层基部较发达，通常在每一螺层上生有 1~2 条纵肿肋；壳表淡黄色或黄白色，具有褐色色带，在体螺层上有 3 条，在其他螺层上为 1~2 条；壳口呈卵圆形，内面黄白色，外唇弧形，边缘上具有细的齿状缺刻，内缘通常具 6~7 个齿状突起；内唇上部薄，下部稍厚，具 7 枚齿状褶襞。前沟短，呈"V"字形。厣角质。

生态习性 生活于潮间带低潮区至水深约 40 m 的沙或泥沙质海底。

地理分布 国外见于日本。我国沿海均有分布。

纵肋织纹螺

85 节织纹螺
Tritia reticulata (Linnaeus, 1758)

地方名 海蛳螺、割香螺

分类地位 腹足纲 Gastropoda，新腹足目 Neogastropoda，织纹螺科 Nassariidae

形态特征 常见壳高 30 mm，壳宽 17.2 mm。壳呈卵圆形，螺层约 8 层，缝合线深，各螺层呈阶梯状。各螺层壳面较直，体螺层稍膨胀，壳顶光滑，壳表刻有发达的纵肋，纵肋在体螺层上有 12～13 条，在纵肋之间具有弱的螺旋纹，通常只在缝合线紧下方有一条和在体螺层基部有数条明显的螺旋纹；壳面灰褐色，体螺层中部常有一条杂有褐色斑点的淡灰白色螺带。壳口呈卵圆形，内面淡紫褐色，可见 1 白色色带；外唇厚，内缘通常具 10 粒齿状突起，内唇稍向外延伸，内缘紧贴于壳轴上，具褶襞，前沟宽短，后沟浅而小；厣角质。

生态习性 生活于潮间带低潮区至数十米内水深的沙或泥沙质海底。

地理分布 国外见于日本、新加坡、菲律宾、印度尼西亚等地。我国分布于东海、南海。

节织纹螺

(三十六)皮亚螺科 Pisaniidae Gray, 1857

原隶属于峨螺科 Buccinidae 下的一个类群,但峨螺科是一个庞杂无比的科,无论是地域分布,还是生态环境、个体大小,或外形都变化多端,难以归纳出共同的特征。随着分子生物学的发展,以及人们认知程度的提高,皮亚螺科就从中被分离出来。现在的皮亚螺科基本上是热带和亚热带海域的一些小型峨螺。

全球现生海生种类有203种,我国有多少种还未细分,但舟山海域仅记录1种。

86 甲虫螺
Cantharus cecillei (R. A. Philippi, 1844)

分类地位 腹足纲 Gastropoda,新腹足目 Neogastropoda,皮亚螺科 Pisaniidae

形态特征 最大壳高约33 mm,宽19 mm。壳呈纺锤形,螺层约7层,缝合线呈波纹状。螺旋部呈圆锥形,体螺层膨大;壳面有发达的纵肋和细的螺肋,纵肋在体螺层通常有6~10条,在粗的螺肋之间有细的螺肋;外唇厚,内折,边缘有厚的镶边,内缘具齿状突起,内唇紧贴于壳轴上。有短的前沟。

生态习性 生活于潮间带至10 m水深的岩石海底。

地理分布 国外主要见于西北太平洋。我国沿海均有分布。

甲虫螺

（三十七）棒螺科 Clavatulidae Gray, 1853

贝壳呈锥形或纺锤形，两端尖锐，壳质坚硬而稍厚。螺层多，壳塔高，体螺层稍膨胀。壳口狭长，外唇简单，内唇多具发达的胼胝，前沟长而狭。

87 爪哇拟塔螺
Turricula javana (Linnaeus, 1767)

分类地位 腹足纲 Gastropoda，新腹足目 Neogastropoda，棒螺科 Clavatulidae

形态特征 常见壳长 39～52 mm，壳宽 12.5～18 mm。贝壳呈长纺锤形，壳表深褐色，粗糙；螺层约 11 层，螺旋部高，每一螺层中部壳面凸出形成肩角，把壳面分成上下两半，壳面上部通常光滑，但在缝合线下方有 2 条明显的螺肋，壳面下半部具有许多大小不均的螺肋，在每一螺层的肩角上具有许多纵斜排列的结节；生长线明显；壳口小。外唇边缘后端有一较深的缺刻。前沟延长。

生态习性 生活于浅海泥沙质海底。

地理分布 国外见于印度、日本和爪哇。我国分布于东海、南海。

爪哇拟塔螺

88 假奈拟塔螺
Turricula nelliae (E. A. Smith, 1877)

分类地位 腹足纲 Gastropoda，新腹足目 Neogastropoda，棒螺科 Clavatulidae

形态特征 贝壳呈纺锤形，螺层约14层；螺旋部较高，每一螺层中部有1具结节的龙骨突起，将壳面分为上、下两部，上部较光滑，但紧靠缝合线下方有1明显的螺肋；下部具细结节状螺肋，螺肋在体螺层上约有12条；贝壳表面黄褐色；壳口呈卵圆形，外唇后端边缘处具一较深的缺刻，内唇紧贴于壳轴。前沟延长，呈半管状。

生态习性 生活于浅海10 m以下水深的泥沙质海底。

地理分布 国外见于伊朗等地。我国分布于东海、南海。

假奈拟塔螺

（三十八）芋螺科 Conidae J. Fleming, 1822

贝壳厚实，多呈倒圆锥形或纺锤形，螺旋部低平或稍高，体螺层高大；壳面平滑或具螺肋、螺沟或颗粒等突起；贝壳颜色和花纹丰富多彩，常被有黄褐色的壳皮；壳口狭长，前沟宽短；厣角质。

本科大多为热带性种类，栖息自潮间带、浅海至较深的沙、岩石或珊瑚礁海底。肉食性，以蠕虫、鱼类或其他软体动物为食，个性凶残。大多芋螺体内有毒腺以及高度特化的"鱼叉状"齿舌，可利用齿舌将毒液注入猎物体内，使猎物瞬间失去知觉，并将其吞入口中。此类毒素也称芋螺毒素（conotoxin），是一类生物活性很强的多肽化合物。

全球记载共1021种，我国有159余种，舟山海域仅有1种。

89 梭形芋螺
Conasprella orbignyi (Audouin, 1831)

地方名	芋螺
同物异名	*Conus orbignyi* Audouin, 1831
分类地位	腹足纲 Gastropoda，新腹足目 Neogastropoda，芋螺科 Conidae
形态特征	贝壳呈细纺锤形，螺层约11层；螺旋部高，体螺层基部狭瘦，每一螺层的肩部呈棱角状，在肩角上有明显的结节突起；整个壳面有较低平的螺肋，螺肋位于肩角上方者较宽大；在体螺层的上、中、下三部各有1密集的由斑点组成的色带；壳外被有一层薄的灰褐色壳皮；壳口狭长，内面灰白色。

梭形芋螺

| 生态习性 | 生活于59～100 m的泥沙质海底。 |
| 地理分布 | 国外见于日本。我国分布于东海、南海，舟山近海采到过此种标本，全为拖网作业时偶然渔获。 |

（三十九）西美螺科 Pseudomelatomidae J. P. E. Morrison, 1966

西美螺科也称假美兰螺科，本科在舟山海域仅发现1种。

90 杰氏卷管螺
Funa jeffreysii (E. A. Smith, 1875)

地方名	杰氏裁判螺
分类地位	腹足纲Gastropoda，新腹足目Neogastropoda，西美螺科Pseudomelatomidae
形态特征	小型螺类，壳体较厚且坚硬，呈长纺锤形，壳表浅黄灰色，螺旋部高；每螺层有8～10条凸出的纵肋，略凸出，颜色浅于壳体；壳口呈卵圆形，外唇稍内卷，上端有缺刻；内唇略外翻，前沟略延长。
生态习性	营底栖生活，主要生活于水深16～30 m的泥质潮下带浅海区域。
地理分布	国外见于日本。我国沿海广泛分布，在东海、黄海、渤海海域习见。

杰氏卷管螺

(四十)塔螺科 Turridae H. Adams & A. Adams, 1853 (1838)

种类繁多。个体小型者多,大型者较少。贝壳呈长锥形或纺锤形,螺层较多,螺旋部高。壳表有纵、横螺肋或螺纹。壳口卵圆或较窄。此科最主要的一个特征是在外唇后端有1缺刻或凹槽(其形状、深浅因种而异)。厣角质,有或无;前水管沟长或短。本科动物分布广泛,从寒带至热带,从潮间带至深海都有其踪迹。

全球记载共1838种,我国有159余种,舟山海域仅分布2种。

91　白龙骨乐飞螺
Lophiotoma leucotropis (A. Adams & Reeve, 1850)

分类地位　腹足纲 Gastropoda,新腹足目 Neogastropoda,塔螺科 Turridae

形态特征　常见壳高37～56 mm,壳宽12～17 mm。贝壳呈长纺锤形,螺层约14层,各螺层宽度增加均匀;每一螺层中部有1发达的螺旋形龙骨,把壳面分为上、下两部;上部壳面多少内凹,下部壳面较平直;整个壳面具细的螺肋,在缝合线紧下方有1螺肋比较发达,在体螺层和次体层壳面的下半部常有数条螺肋较发达;外唇后部边缘有1深的缺刻。前沟较长。

生态习性　生活于水深数十米至百余米的沙质或泥沙质海底。

地理分布　国外见于日本、菲律宾。我国沿海均有分布,为东海、南海的习见种。

白龙骨乐飞螺

92 细肋蕾螺
Unedogemmula deshayesii (Doumet, 1840)

同物异名 *Gemmula deshayesii* (Doumet, 1840)

分类地位 腹足纲 Gastropoda，新腹足目 Neogastropoda，塔螺科 Turridae

形态特征 壳体长纺锤形，螺层约13层，缝合线浅而细；各螺层中部较隆起，壳表面有许多光滑而细的螺肋，在各螺层的中部有2条并列的螺肋，其下面有1～2条较强的螺肋；缝合线下面附近有1螺肋较强；壳面浅黄褐色；壳口卵圆形，内白色，外唇靠后方有1缺刻，内唇滑唇薄，前沟延长。厣角质。

生态习性 生活于10～90 m水深的沙质或泥沙质海底。

地理分布 国外见于韩国、日本。我国南北沿海均有分布。

细肋蕾螺（依 WoRMS）

（四十一）笔螺科 Mitridae Swainson, 1831

大多属热带和亚热带种类，贝壳一般呈纺锤状、圆柱状或圆锥形，壳表平滑或呈格子状，不具明显的纵肋；水管沟短而开放，无厣。齿舌呈尖舌状，有许多栉状侧齿，肉食性。

全球记载共432种，我国有近80种，舟山海域发现2种。

93 淡黄笔螺
Cancilla isabella (Swainson, 1831)

分类地位　腹足纲Gastropoda，新腹足目Neogastropoda，笔螺科Mitridae

形态特征　贝壳呈长纺锤形，壳质坚厚，壳面有浅棕色壳皮，壳皮脱落后呈浅肉色；螺层约11层，缝合线明显，螺旋部较高，体螺层狭长；螺层上刻有明显的螺肋，螺肋在体螺层上有30余条，与纵走的生长纹相交形成微小的结节突起；壳口狭长，外唇薄，边缘有细齿状缺刻；内唇中部有5条明显的褶叠，前沟稍延长，前端向背方弯曲。

生态习性　生活于浅海泥沙质的海底。

地理分布　国外见于日本。我国原记载仅分布于广东沿海，但在舟山海域也有发现。

淡黄笔螺

94 中国笔螺
Isara chinensis (Gray, 1834)

同物异名 *Mitra chinensis* J. E. Gray, 1834

分类地位 腹足纲 Gastropoda，新腹足目 Neogastropoda，笔螺科 Mitridae

形态特征 贝壳呈纺锤形，螺层约10层，缝合线细，明显；螺旋部高，各螺层宽度增加均匀，体螺层中部稍膨胀，至基部收窄；壳顶部数螺层和体螺层的基部刻有螺旋形沟纹，其余各螺层壳面均光滑，略可辨出丝状生长纹；外唇简单，内唇中部有3~4个褶叠；壳表黑灰褐色。

生态习性 生活于潮间带的岩石间。

地理分布 国外见于日本。我国分布于青岛以南的沿海地区。

中国笔螺

（四十二）骨螺科 Muricidae Rafinesque, 1815

贝壳呈陀螺形或纺锤形，壳质坚厚，螺塔中等高，体螺层膨大；壳表面有各种雕刻，如螺旋肋、结节或棘状突起等；壳口圆或呈卵圆形，前沟多延长成水管；内唇向外翻卷，厣角质，较薄，无螺旋纹，核偏或位于一端。

种类繁多，全球记载共1931种。

95 润泽角口螺
Ceratostoma rorifluum (Reeve, 1849)

分类地位 腹足纲 Gastropoda，新腹足目 Neogastropoda，骨螺科 Muricidae

形态特征 贝壳呈纺锤形，壳高45～50 mm，壳质坚硬；螺层约7层，缝合线浅，螺层高、宽度增长均匀；螺旋部低，呈圆锥形，体螺层大，壳面较粗糙，每一螺层具有4条呈片状的纵肋，在纵肋之间有似瘤状的突起；螺肋在螺旋部常不明显，在体螺层上常较明显，生长纹清晰；壳表面灰白色，有的在纵肋之间为褐色或紫褐色；壳口小，呈长卵圆形，内面多为紫褐色，有光泽，外唇厚，内缘具粒状小齿，8～9枚，齿间淡褐色；内唇直，光滑，上部呈紫色，下部呈白色；前沟短，呈封闭的管状，前端曲向背方。厣角质，褐色，核位于基部外侧。

润泽角口螺

生态习性 生活于潮间带低潮区或稍深的岩石间。

地理分布 国外见于朝鲜、韩国、日本。我国主要分布于山东及以北沿海，但数量不多。

96 亚洲棘螺
Chicoreus asianus Kuroda, 1942

地方名 八角螺、八脚螺、千手螺

分类地位 腹足纲 Gastropoda，新腹足目 Neogastropoda，骨螺科 Muricidae

形态特征 壳体坚硬，粗糙，具各类棘状突起，壳表褐色至灰白色；螺层约8层，缝合线明显，每一螺层有纵肿肋3条，在纵肿肋上有发达的半管状的棘，棘的两缘呈锯齿状，体螺层近壳口外缘的纵肿肋上有5条发达的半管状棘，在2条纵肿肋之间近中央部有1较大的瘤状突起；壳面上有细微的螺纹；外唇缘有犬齿状缺刻；内唇光滑，前沟长，略呈封闭的管状，管的右侧壁通常有3条较发达的棘；前沟与壳轴末端左右分叉，呈"人"字形。

生态习性 生活于数十米深的泥沙质海底。

地理分布 国外见于日本。我国沿海均有分布，舟山海域常见种。

亚洲棘螺

97 蛎敌荔枝螺
Indothais gradata (Jonas, 1846)

地方名 辣螺、青螺

同物异名 *Thais gradata* (Jonas, 1846)

分类地位 腹足纲Gastropoda，新腹足目Neogastropoda，骨螺科Muricidae

形态特征 常见壳高31 mm，壳宽19 mm。贝壳较小，呈菱形，壳质稍厚，螺旋部高起，缝合线呈细沟状；体螺层中部有1强的骨状突起，形成肩部；第一螺层中部和体螺层的肩部以上壳面向内凹陷，形成1弧形面；整个壳面密生粗细不均的螺旋纹，其中体螺层肩部以下的螺旋纹粗细相同；壳面黄白色，布有紫褐色斑纹；壳口呈长卵形，内面淡黄色；外唇较薄，边缘具多数明显的褶皱，内唇较直，光滑。

生态习性 生活于潮间带中、下带的岩石岸或有砾石的泥沙质海滩。

地理分布 国外见于新加坡、马六甲和澳大利亚北部沿海。我国主要分布于浙江以南沿海，舟山海域常见种。

蛎敌荔枝螺

98 钩棘骨螺
Murex aduncospinosus G. B. Sowerby II, 1841

地方名 手指螺

分类地位 腹足纲 Gastropoda，新腹足目 Neogastropoda，骨螺科 Muricidae

形态特征 常见壳高 48～63 mm，壳宽 24～35 mm。螺层部分像握紧的"拳头"，而壳的前沟像伸展的"食指"，故形象地称其为手指螺。螺层约 8 层，缝合线凹陷成沟状，肩角不明显，肩部膨圆；壳顶 2 层光滑无肋，其余各螺层具有纵肿肋 3 条，在螺旋部上的纵肿肋上各具 1 尖棘，在体螺层上的纵肿肋上具 3 支尖棘，有的在其间还生有 1 短棘，表面上均有纵肋和螺肋，纵肋稍发达，在体螺层上有 5～6 条，逐向壳顶部，纵肋数目渐递减，螺肋明显，一般是一粗一细间隔排列；在纵肋和螺肋的交叉点上形成粒状突起；壳口近圆形，内面淡褐色，外唇边缘具有大的缺刻，在其中下部有 1 向腔方延伸出较大的棘状突起；内唇光滑，后缘与外唇相衔连；前沟长似管状，生有 3 列纵走的棘列，棘列稀而短，几乎生长在整个前沟上面。厣角质。

生态习性 生活于数十米深的泥沙质海底。

地理分布 国外见于菲律宾等地。我国主要分布于浙江以南沿海，舟山海域常见。

钩棘骨螺

99 浅缝骨螺
Murex trapa Röding, 1798

分类地位 腹足纲Gastropoda，新腹足目Neogastropoda，骨螺科Muricidae

形态特征 常见壳高35～60 mm，壳宽17～26 mm。外形与钩棘骨螺相近，螺层约8层，缝合线浅，每一螺层有3条纵肿肋；螺旋部各纵肿肋的中部有1尖刺，体螺层的纵肿肋上具有3枚长刺，其间有的还具1短刺，体螺层纵肿肋之间有5～7条细弱的肿肋，壳面的螺肋细而高起，壳表黄灰色或黄褐色；前沟很长，几乎呈封闭的管状，其上尖刺通常不超过前沟长度的1/2。厣角质。

生态习性 生活于浅海数十米深的泥沙质海底。

地理分布 国外见于日本。我国分布于浙江以南沿海。

浅缝骨螺

100 红螺
Rapana bezoar (Linnaeus, 1767)

分类地位 腹足纲 Gastropoda，新腹足目 Neogastropoda，骨螺科 Muricidae

形态特征 壳高 45～77 mm，壳宽 33.9～58 mm。贝壳大，略呈四方形，壳质坚厚；螺旋部短小，壳顶尖细，体螺层极膨大，螺层约7层，缝合线浅，生长线明显；壳面刻有细密而稍凸出的螺肋，其上被密集的生长纹划成鳞片状，在体螺层的下半部具3条稍为粗壮的螺肋，有的螺肋上面具短的角状突起，在最下部的一条螺肋上偶有翘起的鳞片状突起；螺旋部各螺层的中部和体螺层的上部扩张形成肩角；壳口大，呈长卵形；后沟呈浅缺刻状，外唇的上部和内唇加厚而宽；具假脐，厣角质；壳面黄褐色。

生态习性 生活于浅海数米深的泥沙海底。

地理分布 西太平洋、印度洋以及加利福尼亚沿岸均有分布。我国主要分布于东海、南海，为舟山海域常见种。

红螺

101 脉红螺
Rapana venosa (Valenciennes, 1846)

分类地位 腹足纲Gastropoda，新腹足目Neogastropoda，骨螺科Muricidae

形态特征 大型螺类，壳高50～123 mm，壳宽45～95 mm，壳质坚厚；螺层约6层，缝合线较浅，螺旋部稍高起，体螺层宽大；壳面密生较低的螺肋，各螺层的中部和体螺层的上部具1形成肩角的螺肋，肩角将螺层分为上下两部分，在肩角上有角状突起；体螺层肩角下部有3～4条具结节或棘刺状突起的粗螺旋肋；后沟无缺刻，外唇的上部不加厚；壳面黄褐色，具棕色或紫棕色斑点；假脐，厣角质。

红螺与脉红螺的外观极为相近，但红螺的后沟呈浅缺刻状，外唇的上部和内唇加厚而宽，而脉红螺的后沟无缺刻，且外唇的上部也不加厚。

生态习性 生活于浅海岩礁或泥沙碎壳质海底。

地理分布 国外见于日本、朝鲜、韩国等地。我国主要分布于黄海、渤海、东海，舟山海域习见种。

脉红螺

102 疣荔枝螺
Reishia clavigera (Küster, 1860)

地方名	青螺、辣螺、荔枝螺
同物异名	*Thais clavigera* (Küster, 1860)
分类地位	腹足纲 Gastropoda，新腹足目 Neogastropoda，骨螺科 Muricidae
形态特征	常见壳高 30 mm，壳宽 20 mm。贝壳椭圆形，壳质坚硬，壳色灰白，突起部为黑灰色。螺层约6层，缝合线不明显。螺旋部低，壳面略膨胀，每一螺层的中部有1环列明显的疣状突起；体螺层上有4～5列低平的黑褐色疣状突起；壳面密布较细的螺肋和生长纹，壳口呈卵圆形，壳口边缘呈黑褐色；前沟短，呈缺刻状。厣褐色，角质。
生态习性	生活于岩礁质潮间带中、下区及潮下带。
地理分布	国外见于日本。我国沿海均有分布。

疣荔枝螺

103 黄口荔枝螺
Reishia luteostoma (Holten, 1802)

地 方 名	黄螺、辣螺、荔枝螺
同物异名	瘤荔枝螺 *Thais bronni* (Dunker,1860)；*Reishia bronni* (Dunker, 1860)
分类地位	腹足纲 Gastropoda，新腹足目 Neogastropoda，骨螺科 Muricidae
形态特征	贝壳呈纺锤形，壳高45 mm，壳宽28 mm。壳质坚硬，壳面黄紫色。螺层约7层，缝合线不明显。螺旋部较高。每一螺层中部凸出呈一列角状突起。体螺层具4列突起，第一列最强大。整个壳面密生细的螺纹和生长纹。壳口长卵形，内面土黄色。外唇薄，内面有4～5粒小的乳状齿。内唇略直，光滑。前沟较短，先端稍弯向背方。厣褐色，角质。
生态习性	生活于潮间带中、低潮区及浅海附近的岩石缝隙内及石块下。
地理分布	国外见于日本。我国沿海均有分布。

黄口荔枝螺

104 直吻骨螺
Vokesimurex rectirostris (G. B. Sowerby II, 1841)

同物异名 *Murex rectirostris* G. B. Sowerby II, 1841

分类地位 腹足纲 Gastropoda，新腹足目 Neogastropoda，骨螺科 Muricidae

形态特征 常见壳高40~56 mm，壳宽10~20 mm。螺层约7层。缝合线呈深沟状。胚壳及附近螺层刻有清楚的纵、横肋，并形成许多小的结节，其余各螺层有3条发达的纵肿肋，纵肿肋的中部有一尖刺；体螺层的纵肋上还有一些短的刺状突起，在纵肿肋间具3~5条粗的纵肋；壳口较小，呈卵圆形，前沟长而直，几乎成为封闭的细管。厣角质。钩棘骨螺、浅缝骨螺、直吻骨螺的主要区别如下：钩棘骨螺的壳口为长卵圆形，其前沟延长的水管及水管外缘的棘均相对较长；浅缝骨螺和直吻骨螺的壳口为圆形，且浅缝骨螺延长的水管及水管外缘的棘均相对较短，而直吻骨螺的水管及水管外缘无长棘。

生态习性 生活于浅海数十米深的泥沙质海底。

地理分布 国外见于日本。我国分布于东海、南海，舟山海域常见。

直吻骨螺（仿"ebay"等）

（四十三）榧螺科 Olividae Latreille, 1825

贝壳呈筒状或纺锤形，壳面光滑且具各种花纹；螺旋部低，体螺层长大，壳口窄长；壳轴具褶襞；前沟呈缺刻状。厣角质，或无。

全球共有280种。我国分布有近30种，多生活于沙质海底，栖息于沙质底的潮间带到稍深的浅海。我国江苏以南的沿海均有分布，舟山海域仅发现1种。

105　伶鼬榧螺
Oliva mustelina Lamarck, 1811

分类地位　腹足纲 Gastropoda，新腹足目 Neogastropoda，榧螺科 Olividae

形态特征　小型螺类，壳高25～33 mm，壳高12.9～19 mm。壳呈长卵形，壳质坚硬，螺旋部略高出壳顶，缝合线明显；壳面光滑，有光泽。壳表为淡黄或灰黄色底，布有许多波浪形纵走的褐色条纹；壳口相当长，几乎占贝壳全长，壳口内面为紫色或紫褐色。外唇直而边缘略厚；内唇褶约为20个，内唇后部有喙状硬结。

生态习性　生活于低潮线至40余米深的沙或泥沙质海底，退潮后钻入沙内。

地理分布　国外见于日本、新加坡等地。我国沿海均有分布。

伶鼬榧螺

（四十四）衲螺科 Cancellariidae Forbes & Hanley, 1851

贝壳通常较小，壳质坚厚；壳顶短而尖，体螺层膨大；壳表常有布纹状或肋状雕纹突起，壳口较宽阔，多为卵形或狭卵形，前沟极短，壳轴处有很强的褶襞；无厣；足中等大，触角长，吻短，齿舌多变化。

全球记载共358种，我国分布有17种，其中3种在舟山有分布。

106 粗糙衲螺
Merica asperella (Lamarck, 1822)

地方名	粗莫利加螺
同物异名	*Cancellaria asperella* Lamarck, 1822
分类地位	腹足纲 Gastropoda，新腹足目 Neogastropoda，衲螺科 Cancellariidae
形态特征	体形稍粗大，螺层约8层，缝合线深；壳顶部2层光滑，体螺层中部稍向腹面鼓起，壳面粗糙，其上有排列较稀的纵肋和较密的细螺肋，纵横肋均锐利，在肋间生有小的线纹；外唇内面有与壳面螺肋相应的沟，内唇中下部有3个发达的褶襞，滑唇稍发达，基部常有一些皱纹；脐孔小，部分被滑唇掩盖。
生态习性	生活于近海10～80 m深的泥沙质海底。
地理分布	国外见于日本、菲律宾。我国分布于南海。

粗糙衲螺

107 白带三角口螺
Scalptia scalariformis (Lamarck, 1822)

同物异名	*Trigonostoma scalariformis* (Lamarck, 1822)
分类地位	腹足纲 Gastropoda，新腹足目 Neogastropoda，衲螺科 Cancellariidae
形态特征	小型螺类，壳高 13～16 mm，壳宽 8～9 mm；贝壳呈高锥形，螺层约 7 层，缝合线明显。在每一螺层的上部形成一个台阶状的肩部，下半部较直，刻有粗大而圆钝的纵肋；纵肋在体螺层上通常有 8～9 条；在体螺层的中部有 1 明显的白色环带；壳口小，近似三角形，外唇内缘具 8～10 个小齿，内唇中部具 3 个发达的褶襞；脐孔明显；壳表黄褐色，在肩部和壳底部为灰白色。
生态习性	生活于低潮线下 2～3 m 深的泥沙质海底。
地理分布	国外见于日本。我国沿海均有分布。

白带三角口螺

108 金刚螺
Sydaphera spengleriana (Deshayes, 1830)

同物异名	*Cancellaria spengleriana* (Deshayes, 1830)
分类地位	腹足纲 Gastropoda，新腹足目 Neogastropoda，衲螺科 Cancellariidae
形态特征	贝壳呈长卵圆形，壳质坚厚，螺层约 8 层，缝合线浅；螺旋部高，体螺层膨大，整个壳面具螺肋和纵肋；每一螺层的上方形成肩角，肩上有小突起，沿着突起向下形成略倾斜的膨大纵肋。壳表褐色至乳白色，突起部分颜色较浅，有螺旋状深浅相间的色带。壳口呈纺锤形，外唇内部有数个凸起的褶襞，外唇边缘有细齿状缺刻，内面有与壳面螺肋相应的沟，内唇略外翻形成假脐，前沟短。
生态习性	生活于低潮线至水深 20 m 的沙质浅海海底。
地理分布	国外见于日本、菲律宾。我国沿海均有分布。

金刚螺

（四十五）笋螺科 Terebridae Mörch, 1852

贝壳呈笋状。壳质坚实，稍厚。螺层数多。螺塔极高，体螺层短。壳口小，呈梨形。前沟短，内唇常具褶襞。厣角质，核位于尖端。头大，触角小，柱状，眼位于触角顶端。长管长，齿舌具两行锥状弯曲的齿，尖端常具沟，足小，椭圆形，前端边缘不具沟。

109 三列笋螺
Terebra triseriata Gray, 1834

分类地位 腹足纲 Gastropoda，新腹足目 Neogastropoda，笋螺科 Terebridae

形态特征 贝壳极细长，呈细尖锥状，其体长接近于体宽的10倍。螺层在40层以上，各螺层的宽度均匀增加，缝合线不十分明显。每一螺层的表面由6列念珠状突起组成，其中以缝合线下方第一列最粗大，第二列次之，中部其他几列都很细弱。壳口小，近斜方形。外唇薄，简单，内唇弯曲呈"S"形。厣角质。全壳呈淡黄褐色。

生态习性 生活于泥沙质海底。

地理分布 国外见于日本、菲律宾。我国分布于浙江及以南海域。

三列笋螺

110 双层螺
Duplicaria duplicata (Linnaeus, 1758)

地 方 名 双层笋螺

分类地位 腹足纲Gastropoda，新腹足目Neogastropoda，笋螺科Terebridae

形态特征 壳呈浅褐色，伴有稀疏浓褐色块斑。贝壳细长，螺旋部尖塔状，螺层约19层。壳长可达90 mm，宽19 mm。缝合线深，边缘常具白色或黄色带。各螺层平坦不膨出，其上纵肋均匀而深刻，但缺乏螺旋雕刻。体螺层小，壳口小，无脐孔，外唇薄，内部平滑。轴唇扭转。厣卵形，核位于下方。齿舌缺乏或仅有边缘齿。

生态习性 生活于热带海域浅海泥砂质海底。

地理分布 国外见于印尼、马来西亚、新加坡等地。我国分布于广东、海南、台湾等海域，舟山海域常见死壳。

双层螺

（四十六）涡螺科 Volutidae Rafinesque, 1815

壳表平滑或具纵肋，但少有螺旋雕刻。壳口宽阔，内部到轴唇覆盖硬皮且有轴襞。大多缺乏口盖。齿舌只有中央齿或左右各1侧齿。贝壳呈卵圆形、柱状或纺锤形。壳顶通常呈乳头状。螺柱具数个褶皱。前沟不延伸，常呈缺刻状。头宽，两触角远离，眼位于触角基部。外套膜有时包被贝壳两侧。水管基部具有一个内附属物。

全球记载共400种，我国记载近20种。

111 瓜螺

Melo melo (［Lightfoot］, 1786)

分类地位 腹足纲 Gastropoda, 新腹足目 Neogastropoda, 涡螺科 Volutidae

形态特征 常见壳高87～96 mm，壳宽60～66 mm。贝壳大，近圆球状。螺旋部低小，在成体时几乎完全沉没于体螺层中，体螺层极膨大。壳面较光滑，有细的生长纹，全壳橘黄色，在幼体时常具明显的大型红褐色斑块，壳面被有薄的污褐色壳皮；壳口大，呈卵圆形，内面亦为橘黄色，

瓜螺

极光滑美丽。外唇弧形，薄，易破损，内唇扭曲，下部具4个褶叠；前沟极短宽，足大，具美丽的花纹，无厣。

生态习性 生活于近海泥沙质的海底。肉食性。

地理分布 国外见于日本、东南亚等地。我国主要分布于东海南部及南海，舟山不产，但因其贝壳形状优美，也是大众收藏的贝壳佳品，在舟山市场常见。

八、新进腹足目 Caenogastropoda

新进腹足目下设蟹守螺总科 Cerithioidea、梯螺总科 Epitonioidea、三口螺总科 Triphoroidea 3个总科，24科（包括单列的 Lyocyclidae）。全球共计3431种。

（四十七）滩栖螺科 Batillariidae Thiele, 1929

贝壳较小，呈尖锥形，螺旋部高，壳面常具纵横螺肋或结节突起，壳口卵圆形，前沟短，有后沟；厣角质，多旋。

本科来源于汇螺科 Potamididae，共计15种，我国沿海仅发现4种，均为近岸潮间带或有淡水注入的河口附近的泥沙或软泥滩上栖息的种类，有群居习性，以有机碎屑为食。我国南北沿海均有分布，在台湾称为小海蜷螺科。

112 古氏滩栖螺
Batillaria cumingii (Crosse, 1862)

分类地位 腹足纲 Gastropoda，新进腹足目 Caenogastropoda，滩栖螺科 Batillariidae

形态特征 壳呈尖锥形，青灰或棕褐色，螺层约9层；壳顶常被磨损，各螺层宽度增加缓慢、均匀，体螺层微向腹方弯曲；壳面具低小的螺肋多条，两肋间呈细沟状，纵肋较宽粗，在贝壳上部者明显发达，贝壳基部较膨胀，下部收窄；壳口内面有褐色色带，外唇薄，向外扩张并反折，内唇稍扭曲，前沟呈缺刻；厣角质。

古氏滩栖螺

生态习性 生活于泥沙质潮间带。

地理分布 国外见于西太平洋。我国主要分布于辽宁至福建沿海，舟山海域常见。

113 纵带滩栖螺
Batillaria zonalis (Bruguière, 1792)

地方名 长脚螺

分类地位 腹足纲Gastropoda，新进腹足目Caenogastropoda，滩栖螺科Batillariidae

形态特征 壳呈尖锥形，结实，灰黄或黑褐色；螺旋部高，体螺层较短小，微向腹方弯曲，螺层约12层，缝合线明显，每一螺层表面具较粗的波状纵肋及细小的螺肋；缝合线上方有一环灰白色的色带；壳口呈卵圆形，内有褐色条纹，前沟呈窦状，后沟仅留缺刻。厣角质。

生态习性 生活于泥沙质潮间带。

地理分布 国外见于日本、澳大利亚。我国沿海均有分布。

纵带滩栖螺

（四十八）汇螺科 Potamididae H. Adams & A. Adams, 1854

外形上与滩栖螺科Batillariidae、蟹守螺科Cerithiidae种类相近，且在分布范围上有所重叠，多生活于有遮蔽的沉积型海岸潮间带区，如红树林、河口或盐沼植物遮蔽下的泥滩和泥沙滩。全球记载共47种，我国记录有7种。

114 尖锥拟蟹守螺
Cerithideopsis largillierti (R. A. Philippi, 1848)

同物异名 *Cerithidea largillierti*（R. A. Philippi, 1848）

分类地位 腹足纲Gastropoda，新进腹足目Caenogastropoda，汇螺科Potamididae

形态特征 个体小，常见壳高27 mm，壳宽10.5 mm。贝壳呈锥形，壳质较薄，螺层约12层，胚壳常被腐蚀而残缺，螺旋部的高度和宽度增长均匀，至体螺层宽度增长较快。缝合线深，螺层较膨圆，螺旋部呈尖锥状，体螺层较低，稍扩张；胚壳光滑，其余壳面具有光滑而均匀的纵肋，体螺层上的纵肋有的较弱或不显，在壳顶数层具细的螺肋，其基部有低平的螺旋肋纹；壳表面有时出现纵肿肋，被有淡黄褐色薄的壳皮，壳紫褐色或褐色，具黄白色的螺带，螺带在体螺层上有2条；壳口呈卵圆形，外唇薄，易破损，内唇滑层薄，紧贴于轴唇上，前沟微凸出。

生态习性 生活于潮间上区，有淡水流入附近的泥和泥沙滩上。

地理分布 国外见于日本、韩国。我国沿海均有分布。

尖锥拟蟹守螺（仿WoRMS等）

115 珠带塔蟹守螺
Pirenella cingulata (Gmelin, 1791)

同物异名 *Cerithidea cingulata* (Gmelin, 1791)

分类地位 腹足纲 Gastropoda，新进腹足目 Caenogastropoda，汇螺科 Potamididae

形态特征 常见壳高 23～29 mm，壳宽 8.6～11 mm。壳呈锥形，结实，螺旋部高，体螺层短，稍大，螺层约 15 层；螺旋部每一螺层具 3 条串珠状的螺肋，体螺层具 9 条螺肋，靠缝合线的一条螺肋呈串珠状；体螺层腹面左侧有 1 发达的纵肿肋；壳面黄褐色，在每一螺层的中部有 1 紫褐色的色带。壳口呈卵圆形，外唇扩张，边缘乳白色，无脐，前沟短。厣角质。

生态习性 生活于潮间带泥滩。

地理分布 国外见于日本。我国沿海均有分布。

珠带塔蟹守螺

（四十九）壳螺科 Siliquariidae Anton, 1838

贝壳呈不规则的管状，呈盘卷弯曲形，壳质薄或稍厚；沿壳顶至壳口有1纵横的裂缝或孔隙，表面有纵横螺肋或小棘。栖息于浅海或较深的粗沙、泥沙质海底，或埋栖于海绵体内和珊瑚礁间。以浮游生物为食。

全球记载共39种，我国记载有5种，分布于东南部沿海。在台湾称为蚯蚓螺科。

116 古氏壳螺
Tenagodus cumingii Mörch, 1861

分类地位 腹足纲 Gastropoda，新进腹足目 Caenogastropoda，壳螺科 Siliquariidae

形态特征 贝壳呈管状，不规则的旋卷，质薄，瓷白色，光滑；壳管的一侧有一列由小圆孔组成的裂缝，壳顶部贝壳盘旋范围直径较小，向前盘旋范围直径逐渐增大；壳表有明显的生长纹。

生态习性 通常固着生活于浅海某些双壳类表面。

地理分布 国外见于西太平洋。本种为我国南方海域常见种类，舟山海域偶见死壳。

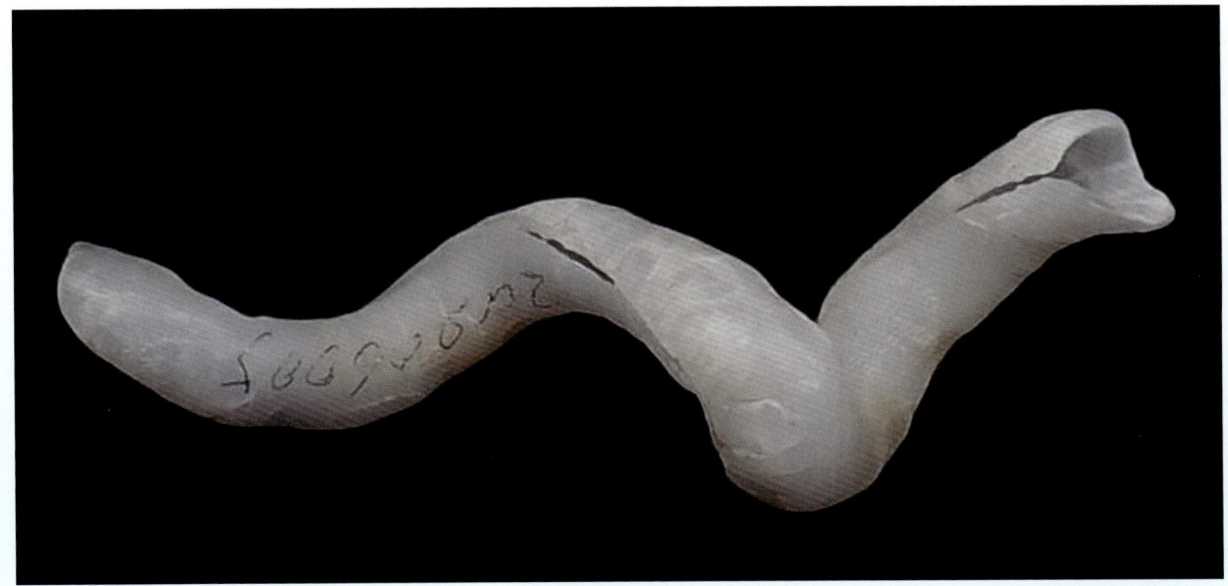

古氏壳螺

(五十)梯螺科 Epitoniidae S. S. Berry, 1910

有时也称海狮螺科。贝壳呈圆锥形或塔形,缝合线通常较深,螺层膨圆,壳表具或强或弱的片状纵肋,呈阶梯状排列;贝壳通常白色,有的具褐色螺带,壳口完全,呈圆形或亚圆形;厣角质,多旋。雌雄异体。

全球记载共788种。分布广,从寒带至热带,从潮间带至深海均有分布,但多数分布在浅海。我国记载有41种。

117 尖高旋螺
Acrilla minor (G. B. Sowerby II, 1873)

同物异名	*Amaea minor*(G. B. Sowerby II, 1873)
分类地位	腹足纲 Gastropoda,新进腹足目 Caenogastropoda,梯螺科 Epitoniidae
形态特征	壳呈尖锥形,较薄脆,黄褐色;螺层约13层,螺旋部高,壳面膨胀,具有低密而细小的线状纵肋;在每一螺层的上、下部各有1较宽的棕色色带,在缝合线凹陷部有1细弱的螺纹;壳的基部有一线状螺肋,使壳面多少形成棱角;壳口呈梨形,外唇薄,内唇微曲,无脐。
生态习性	生活于泥沙质浅海。
地理分布	国外见于日本、印度尼西亚。我国沿海均有分布。

尖高旋螺(依 WoRMS 等)

118 耳梯螺
Epitonium auritum (G. B. Sowerby II, 1844)

同物异名	*Depressiscala aurita* (G. B. Sowerby II, 1844)
分类地位	腹足纲 Gastropoda，新进腹足目 Caenogastropoda，梯螺科 Epitoniidae
形态特征	壳小而薄脆，长锥形，呈褐色、淡棕色或白色，螺层约10层；缝合线深，呈沟状，螺旋部高，体螺层短，壳面膨胀，生有较细弱的片状纵肋，此肋在体螺层通常有9条；壳口近圆形，内唇与外唇均呈弧形，并互连成环状；脐不显，脐孔部位几乎全被全螺层的片状肋所占领，厣角质。
生态习性	生活于浅海沙质或泥沙质的海底。常见被寄居蟹驮着的死壳。
地理分布	国外见于日本。我国南北沿海均有分布。

耳梯螺（依 www.forumcoquillages.com 等）

119 宽带梯螺
Epitonium latifasciatum (G. B. Sowerby II, 1874)

同物异名 *Epitonium rubrolineatum* (G. B. Sowerby II, 1844); *Papyriscala latifasciata* G. B. Sowerby II, 1874

分类地位 腹足纲 Gastropoda，新进腹足目 Caenogastropoda，梯螺科 Epitoniidae

形态特征 贝壳小，高 13.5 mm，宽 8 mm，壳质薄脆。螺层约 7＋1/2 层，缝合线深，螺层膨圆，壳顶尖细，常破损；螺旋部的螺层宽度增长较均匀，至体螺层突然扩张，螺旋部呈圆锥形，体螺层膨大；壳顶 1＋1/2 层光滑，其余壳面具有精致细的纵肋，肋间距离不均匀，纵肋在体螺层约 21 条，生长纹明显；壳面黄白色，具有比较宽的褐色螺带，螺带在体螺层上有 3 条；壳口呈卵圆形，完整，边缘较薄；脐孔深，部分被内唇遮盖。厣角质，褐色，核位于中部内侧。

生态习性 生活于浅海 15 m 深的海底。

地理分布 国外见于日本、印度海。我国除在黄海发现外，在福建、广东沿海也有发现。

宽带梯螺

120 长海蜗牛
Janthina globosa Swainson, 1822

同物异名 *Janthina prolongata* Blainville, 1822

分类地位 腹足纲 Gastropoda，新进腹足目 Caenogastropoda，梯螺科 Epitoniidae

形态特征 壳略呈球形，脆薄，紫色；螺层约5层，螺旋部低，体螺层长大；壳面的纵纹较细；壳口略呈半圆形，外唇圆滑弯曲，中部具1窦，壳轴略直，具1向外翻折的边缘，脐孔细而深。

生态习性 卵生，卵囊茄形，浮囊下方有卵囊固着，借浮囊在海洋中营浮游生活。

地理分布 全球均有分布。我国分布于台湾、东海和南海。

长海蜗牛（依 www.roboastra.com 等）

九、裸鳃目 Nudibranchia

壳、外套膜及本鳃通常都已消失；体背长出数目较多的次生鳃，即为裸鳃；成体贝壳完全消失，体呈卵圆或椭圆形，低平或稍凸；外套宽，覆盖头部和腹足，通常有瘤状突起，且背部长有一对嗅角，嗅角通常柄部明显，上部有褶叶，状如牛的头角。

下分67个科。全球记载共2588种，舟山海域分布有8科。

（五十一）片鳃科 Arminidae Iredale & O'Donoghue, 1923

体形多呈卵圆形，鳃2列，位于外套膜下方，即外套膜与足之间；口幕通常比较宽大，利于掘沙潜沙；嗅角相对短小，多以刺胞动物如海鳃、珊瑚为食。

全球记载共99种，舟山海域分布4种。

121 微点舌片鳃
Armina babai (S. Tchang, 1934)

分类地位 腹足纲 Gastropoda，裸鳃目 Nudibranchia，片鳃科 Arminidae

形态特征 体中型，体长80 mm，宽35 mm。外套宽，呈宽舌形，平滑，没有纵脊褶，口幕和外套之间没有明显界限，腹面边缘有一列刺丝囊；嗅角小，彼此相距较远，上部具褶襞；口幕两侧呈角状，上面有微细乳突，前端半圆形，后端削尖，背面有微细乳突。前鳃片30～64叶，位于生殖孔的上前方，后鳃片与前鳃片相连接，32～52叶，斜列；足比外套稍狭，前端截断状，后端尖，足腺不明显，肛门位于同侧，在后鳃片的近后方；体呈灰色至橙黄色，有许多大小不等的白色细小点；颚片的咀嚼缘有4～6行小齿。

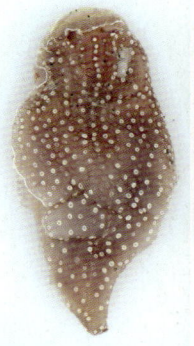

微点舌片鳃

生态习性 生活于潮间带泥沙滩及潮下带浅水区泥沙底。

地理分布 国外见于印度洋—西太平洋。我国沿海均有分布。

122 二瓣片鳃

Armina bilamella G. Y. Lin, 1981

分类地位 腹足纲 Gastropoda，裸鳃目 Nudibranchia，片鳃科 Arminidae

形态特征 体小型，体长约 36 mm。外套后端削尖但不形成长尾，具纵脊褶 15～16 条；外套背面呈黑褐色，外套纵脊褶黄白色；口幕褐色，突起为白色。口幕和外套之间有明显的隔开，口幕小，呈半圆形，上有 31 个短圆锥形突起，排列成规则的 2 行；嗅角大，彼此相靠近。前鳃片 24～26 叶，生殖孔在体右侧，紧接前鳃片的后端，后鳃片为 2 条纵脊褶；足前端双褶襞，足腺呈细沟状，占足长的一半。

生态习性 生活于潮间带泥沙滩及潮下带浅水区至水深 72 m 的泥沙底。

地理分布 国外未见报道。我国沿海均有分布。

二瓣片鳃

123 中华片鳃
Armina sinensis G. Y. Lin, 1981

分类地位 腹足纲 Gastropoda，裸鳃目 Nudibranchia，片鳃科 Arminidae

形态特征 动物中型，体长达50 mm。口幕稍大，呈半圆形，上面具3列共25个小圆锥形突起，口幕和外套之间有明显的隔开；外套具纵脊褶20条，嗅角小，上部具28～30个纵褶襞，彼此相靠近；前鳃片24叶，生殖孔位于体右侧，紧接前鳃片的后面，后鳃片仅有一纵列，自生殖孔和肛门之间升起，但不延伸到尾部；足狭，前端双褶襞，前侧隅呈尖角状，后端削尖形成短尾；足腺呈细沟状，占足长之半。

生态习性 生活于潮间带泥沙滩及潮下带浅水区泥沙底。

地理分布 我国分布于黄海、渤海、东海。

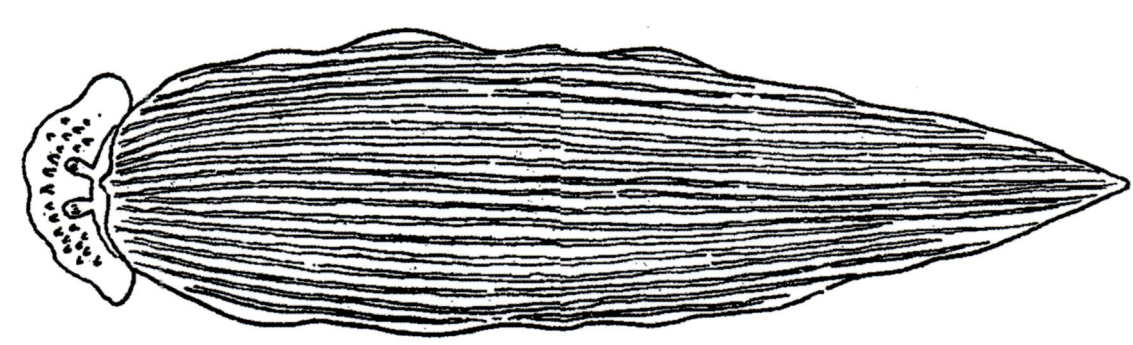

（体背面观）

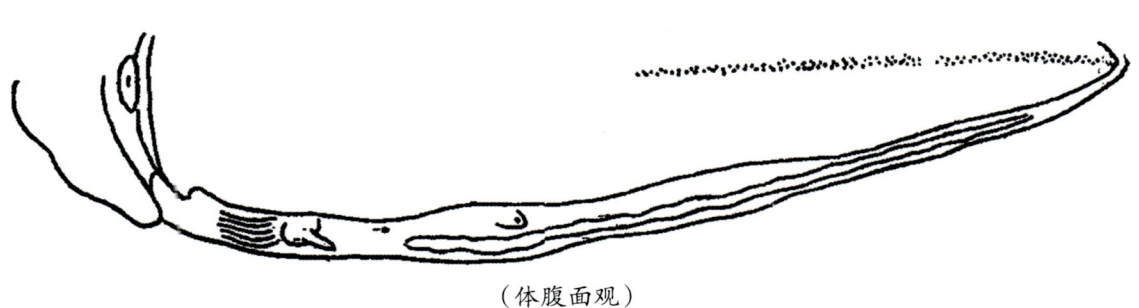

（体腹面观）

中华片鳃（依林光宇，1981）

（五十二）多彩海牛科 Chromodorididae Bergh, 1891

大多体色美丽，中小型个体，呈长卵圆形；体柔软光滑，背腹扁平；通常有狭或宽的"外套裙"覆盖；多数种类具有向外套边缘背面开口的外套腺，或分支或单一位于外套边缘；嗅角小，呈圆锥形；鳃呈单羽状；口触手小或与口球长度相等。

全球记载共392种。我国记载有37种，舟山海域分布4种。

124 伊力多彩海牛
Chromodoris africana Eliot, 1904

- **英 文 名** African Chromodoris
- **分类地位** 腹足纲 Gastropoda，裸鳃目 Nudibranchia，多彩海牛科 Chromodorididae
- **形态特征** 动物小型，呈蛞蝓形，一般体长10～30 mm，扁平，体表光滑柔软，外套比足宽，前后端为圆形，后端稍尖；嗅角小，呈棒状，柄部短，上部具褶叶，嗅觉鞘边缘完整；鳃呈单羽状，8叶，位于外套背中部的近后方，围绕肛门排列呈圆形，鳃腔边缘完整；口触手小，呈指状；足狭，前稍圆，后端尖细，伸出外套后方较远；足底平滑。体表中部有2～4条不平等的、自嗅角前端到鳃后端的深蓝色纵条纹。外套边缘有白色狭边，向内为一条橘黄色带围绕，中部深蓝色条纹之间有黑色纵条纹间隔；嗅角和鳃叶橘红色，口触手白色，足部背面与体色同。
- **生态习性** 生活于水深3～10 m岩礁质海底的潮下带。
- **地理分布** 国外见于菲律宾等地。我国分布于舟山嵊山岛及台湾。

伊力多彩海牛（依 seaunseen.com）

125　东方多彩海牛
Chromodoris orientalis Rudman, 1983

- **英 文 名**　Oriental sea slug
- **分类地位**　腹足纲 Gastropoda，裸鳃目 Nudibranchia，多彩海牛科 Chromodorididae
- **形态特征**　动物小型，呈蛞蝓形，一般体长 40～55 mm；体表光滑柔软，外套比足宽，前后端圆形，边缘稍波状，但不形成波褶；有间断排列的外套腺，开口于外套背面；嗅角小，呈短棒状，上部具褶叶，嗅觉鞘边缘完整；鳃呈单羽状，10叶，最后鳃叶有分支，位于背后方 1/5 处，围绕肛门排列呈圆形，有鳃腔；口触手呈指状；足稍狭，前端截形，前侧隅圆形，后端钝圆，呈长舌状，伸出外套后方；足底平滑。
　　体呈淡黄白色或白色，体背中部散布有大小不等的黑色圆斑 5～16 个，体侧及舌状足表面也散有少数黑色小圆斑；外套周缘、足缘、鳃腔周缘有连续或间断的橘黄至黄色线；嗅角柄部和顶部、鳃叶均为白色，褶叶部和鳃为橘黄至红色。
- **生态习性**　生活于潮间带中、低潮区的岩石质、砂石质底，退潮后隐入石缝中或在小水洼、海藻丛中爬行。一般 6 月交尾产卵，卵群淡黄白色，薄片带状，盘旋黏附于岩石上。
- **地理分布**　国外见于日本、澳大利亚等地。我国分布于舟山中街山列岛以南海域。

东方多彩海牛（依 medslugs.de 等）

126 黄紫舌尾海牛
Goniobranchus aureopurpureus (Collingwood, 1881)

英 文 名 Gold-spotted Chromodoris

同物异名 *Chromodoris aureopurpurea* Collingwood, 1881

分类地位 腹足纲Gastropoda，裸鳃目Nudibranchia，多彩海牛科Chromodorididae

形态特征 动物小型，呈蛞蝓形，一般体长13～35 mm；体表光滑柔软，外套稍宽，边缘稍波状，但不形成波褶；有间断排列的外套腺，开口于外套背面；嗅角小，呈短棒状，上部具褶叶，嗅觉鞘边缘完整；鳃呈单羽状，10～12叶，位于背后方1/5处，围绕肛门排列呈圆形，能完全缩入鳃腔中；口触手呈指状；足稍宽，后端尖，伸出外套后方。

体呈黄白色，体背中部散布有许多黄褐色斑点，色斑以中央者最深，向周缘逐渐变浅；外套边缘内侧有一列红色圆斑；嗅角柄部白色，褶叶部和鳃为紫红色；尾部无斑点；足底白色，半透明。

生态习性 生活于潮间带中潮区和低潮区的岩石质、沙质水洼中、海藻丛中，以及潮下带数米水深的岩礁质海底。以腹足匍匐爬行，涨潮时能依靠水表面的张力，腹足朝上仰浮于水面随波逐流。一般6月交尾产卵，卵群橙黄色，薄片带状，黏附于岩石上。

地理分布 国外见于日本、澳大利亚等地。我国分布于舟山中街山列岛以南海域。

黄紫舌尾海牛（依Ian Shaw, Australia）

127 网纹舌尾海牛
Goniobranchus tinctorius (Rüppell & Leuckart, 1830)

同物异名	*Chromodoris tinctoria*（Rüppell & Leuckart, 1830）
分类地位	腹足纲 Gastropoda，裸鳃目 Nudibranchia，多彩海牛科 Chromodorididae
形态特征	动物中型，一般体长60 mm；体呈扁平椭圆，体表光滑无任何突起；外套扩张，边缘呈波状，不遮盖后部；腹足呈舌状。体表底色白色，外套背面密布紫红色网纹，外套周缘内侧散布有大小均匀的紫红色斑点；嗅角一对，基部本色，上部褶叶紫红色；肛门周缘环列14叶单羽状鳃，紫红色，略浅。
生态习性	生活于退潮后的岩石、水洼深处。
地理分布	国外见于印度洋、红海、日本等地。我国浙江沿海均有分布。

网纹舌尾海牛（依 Tom Davis, Australia）

(五十三)枝鳃海牛科 Dendrodorididae O'Donoghue, 1924

体型小至中型，体呈椭圆形；外套宽，遮盖头部和足部，边缘薄，或呈波状；嗅角小，柄部短，上部具褶叶，嗅角鞘明显，边缘完整；鳃呈羽状，三分支，围绕肛门排列成圆形；鳃腔缘完整或有瓣状附着物；足宽，前端双褶襞，后端圆形；外套背面平滑，散布有不同颜色的斑点、斑纹，或有单一的、复合的瘤状突起；口触手小或没有；通常没有颚片，齿舌没有中央齿，侧齿呈镰刀形，通常数目多。

全球记载共70种，我国记载有7种，舟山海域分布3种。

128 红枝鳃海牛
Dendrodoris fumata (Rüppell & Leuckart, 1830)

分类地位 腹足纲 Gastropoda，裸鳃目 Nudibranchia，枝鳃海牛科 Dendrodorididae

形态特征 动物中大型，呈长圆形，体长50～70 mm，宽30～45 mm。体柔软，无壳，外套宽，背面平滑，边缘薄，呈波状，可以依靠波状的外套边缘的摆动，在水中做短距离游动，平时用强大的腹足在岩礁质潮间带或海底爬行；身体背面的前部着生一对嗅角，上部具褶叶，有嗅角鞘，当遇惊吓时嗅角会缩入鞘内；嗅角短，柄部肥厚，嗅角鞘全缘；鳃6叶，位于体背后部，每叶鳃三分支，围绕肛

红枝鳃海牛

门排列成圆形，遇到惊吓也可缩入鳃腔中；口触手短小，呈指状；足宽，前端圆形，后端稍凸出外套。

体一般通红，有时灰黄色、橙黄，体背面、侧面、足部背面，嗅角基部、鳃叶等处常有许多黑色小斑点，嗅角柄部色淡，褶叶部颜色同体色，鳃脉黑褐色，鳃叶同体色，足底色较浅。

生态习性 平时生活于潮间带岩礁相石头下或海藻丛中。雌雄同体，但异体受精，交配后两个个体均能产卵，卵群橘黄色，盘旋黏附于岩石上；产卵后过一段时间，亲体即死亡。

地理分布 国外分布较广，见于日本、澳大利亚、越南、马来西亚、新加坡、泰国、印度等地。我国记载仅在香港、福建东山、宁波鱼山列岛、舟山桃花岛等有过发现，数量少。

129 芽枝鳃海牛
Dendrodoris krusensternii (Gray, 1850)

分类地位 腹足纲Gastropoda，裸鳃目Nudibranchia，枝鳃海牛科Dendrodorididae

形态特征 动物中大型，呈长卵圆形，常见体长75 mm，宽42 mm；外套宽，边缘薄，外套背面有许多大小不同的瘤状突起，背中部的瘤状突起大，由4～5个小圆锥形突起愈合而成，其中在背中线上有5个，两侧各有3个；背边缘的瘤状突起小型，单一；嗅角小，呈圆锥形，上部具有褶叶，嗅角鞘边缘完整；鳃大型，5叶，三分支，鳃腔缘有5个瓣状突起物；口触手呈短脊状；足前端圆形，双褶襞，后端钝圆，伸出外套后方。体呈黄褐色，大型瘤突呈灰白至黄褐色，中央紫色；小瘤突黄褐色；背中部两侧有2列若干菱型的褐色斑，褐色斑中央蓝色；嗅角前端有2个褐色菱形斑；嗅角和鳃脉暗紫色；鳃叶淡黄色；外套边缘有蓝、白相间的宽色带，外套腹面灰白色。

生态习性 生活于潮间带礁石间。

地理分布 我国分布于东海、南海。

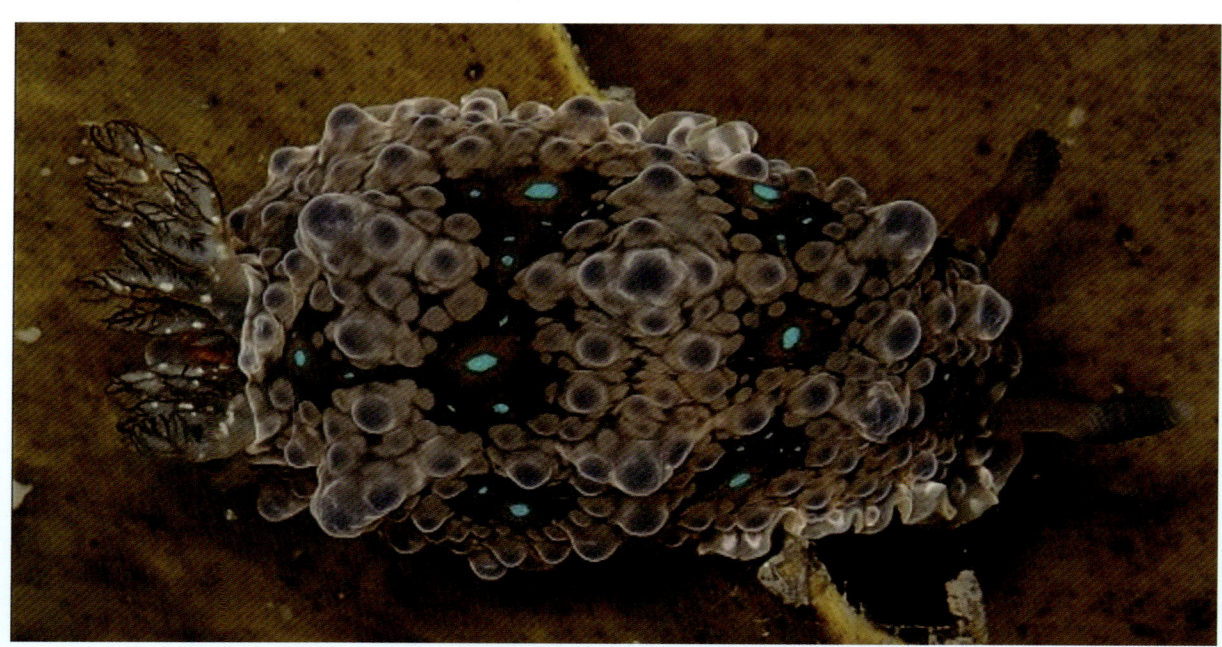

芽枝鳃海牛（依Nicola Davis, Australia）

130 黑枝鳃海牛
Dendrodoris nigra (W. Stimpson, 1855)

分类地位 腹足纲Gastropoda，裸鳃目Nudibranchia，枝鳃海牛科Dendrodorididae

形态特征 动物中大型，呈扁平椭圆形，体长40 mm。外套背面光滑无突起、柔软；外套扩张，边缘呈波状；嗅角一对，上部具褶叶，黑灰色，顶端浅黄色；肛门位于背中线的后端；鳃大型，6叶，三分支，围绕肛门突起排列，黑灰色。身体黑灰或黑紫色；外套、足、嗅角鞘、鳃腔周缘略呈黄色，无斑纹。

生态习性 生活于潮间带中潮区和下潮区的石槽、水洼以及沙底质水潭里，以5～6月多见。

地理分布 国外见于日本。我国分布于东海、南海。

黑枝鳃海牛

（五十四）仿海牛科 Dorididae Rafinesque, 1815

动物小至中型，体呈长圆形或椭圆形。外套宽，遮盖头部和足部。嗅角小，上部具褶叶，嗅角鞘边缘稍隆起，其周缘有小突起。鳃呈羽状，5～6叶，三分支，位于体背后部的中线上，围绕肛门排列成圆形；鳃腔缘隆起低，其周缘有小突起；外套背面布满大小不等的球状突起，散布在中部者较大型，口触手呈叶片状，基部相联合，外侧有裂沟；足宽，前端双褶襞，呈椭圆形；外套腹面平滑，生殖孔位于右侧前方。没有颚片，齿舌没有中央齿，侧齿数目多。

全球记载共77种，国内尚未统计，舟山海域分布1种。

131 日本石磺海牛
Homoiodoris japonica Bergh, 1882

分类地位 腹足纲 Gastropoda，裸鳃目 Nudibranchia，仿海牛科 Dorididae

形态特征 动物中大型，呈椭圆形。体长20～80 mm；外套宽，掩盖足，背中部稍隆起，有大中不等的球状突起，散布在中部的较大，形似一个石磺，皮肤被

日本石磺海牛

覆有骨针；嗅角小，细长形，上部有褶叶；嗅角鞘缘呈波状，有许多小突起，两侧缘各有1大型突起；鳃呈羽状，5～6叶，三分支，鳃腔缘也有小突起，生殖孔在体右侧前方；口触手呈叶片状，外侧有裂沟，基部联合形成半月形瓣；足宽，前、后端圆形，双褶襞；外套腹面平滑。

体呈橙黄色，在体背中部隆起有褐色阴影，有时还有黑色小斑点，背突起顶端褐黑色，嗅角柄部淡白色，褶叶部黄褐色；鳃叶黄白色，鳃脉黄褐色，足底橙黄色。

生态习性 生活于潮间带至潮下带浅水区礁石下或石砾、海藻丛中，在海藻丛中交配、产卵；卵群呈带状。淡黄色，黏附于岩礁上。

地理分布 国外见于日本。我国沿海均有分布。

（五十五）多列鳃科 Facelinidae Bergh, 1889

主要特征是鳃细长而多，排成6列，几乎布满体背。

132 白斑马蹄鳃
Sakuraeolis enosimensis (Baba, 1930)

分类地位 腹足纲 Gastropoda，裸鳃目 Nudibranchia，多列鳃科 Facelinidae

形态特征 动物小型，呈蓑海牛形，常见体长18 mm，宽7 mm。口触手细长，平滑，呈指状；嗅角平滑，基部彼此相靠近，呈棍棒状，眼位于嗅角基部的后方；鳃突起呈细长形，位于体背侧，排成6列，几乎布满体背；肛门位于体右侧，在第2鳃列中间；生殖孔位于肛门孔的下方；足呈狭长形，前端中央微凹，前侧隅呈尖角状，有沟与口隔开，后端削尖成长尾；体呈淡黄白色，头部、口触手基部、嗅角和足的前上面均为橙黄色；鳃脉淡红色或黄褐色，末端淡白色；口触手中线、嗅角末端淡白色；整个表面有许多淡白色斑点；在背中线自嗅角后方到尾部有淡白色斑点组成的间断线条。

生态习性 生活于潮间带岩石、海藻之间，摄食水螅虫类。7月交尾产卵于石莼上，卵群盘绕成波折状圈。

地理分布 国外见于日本及印度洋。我国分布于黄海、渤海以及香港。

白斑马蹄鳃

(五十六)隅海牛科 Goniodorididae H. Adams & A. Adams, 1854

动物中小型，身体呈蛞蝓形，体表柔软，有骨针或无。多数种类有一小的口幕；外套边缘薄，没有单一的小突起，而有明显的外套隆起脊裙；身体背面通常有小的乳头状突起，在背中部常形成脊状隆起，隆起的边缘常有指状突起；嗅角短小或大型，呈棍棒状，上部褶叶数目多，没有嗅角鞘。嗅角前面常有1～2对指状突起；鳃呈羽状，8～10叶，围绕肛门在背中线成束排列，两侧常有指状突起保护，没有鳃腔；足宽，比外套稍大，后背中部常有脊状隆起，或足比外套稍狭，前端圆或截状，后端圆形；口触手明显，呈叶片状；口幕大，口球肌肉发达。以摄食海鞘、苔藓虫为生。

全球记载共154种，我国记录有14种，其中舟山海域分布1种。

133 巴氏脊突海牛
Okenia barnardi Baba, 1937

分类地位 腹足纲 Gastropoda，裸鳃目 Nudibranchia，隅海牛科 Goniodorididae

形态特征 动物小型，体长约10 mm，呈蛞蝓形。外套边缘有16个细长棍棒形的突起，在后端的一对突起2分叉；嗅角细长，柄部短小，大部分为褶叶部，没有嗅角鞘，不能收缩；鳃7叶，呈单羽状，围绕肛门排列，没有鳃腔；口触手一对，细长；身体背部、体侧几乎光滑，后端形成尾部；足非常大、扩张；生殖孔在身体右边、近嗅角的后端。齿舌无中央齿，内侧齿大，基部右角有钩状的小锯齿约15个；外侧齿小，简单，呈鳞片状。身体呈淡黄至白色，外套边缘内边有黑褐色带，向中部呈淡褐色；身体内边有同样的色带围绕；背部和边缘有淡白色斑点；嗅角和鳃褐色；足半透明，白色。

巴氏脊突海牛（依 www.reeflex.net）

生态习性 生活于潮下带4～19 m的海底。

地理分布 国外见于日本。原记载我国仅发现于香港。

(五十七)多角海牛科 Polyceridae Alder & Hancock, 1845

多角海牛科也称多角海蛞蝓科、多角海麒麟科。

口幕前缘有8个树枝状突起,形如麒麟,体背两侧有4对树枝状突起;鳃位于体背中央稍后,呈5叶状,又二分支。

全球记载共190种,我国尚未统计,舟山海域仅发现1种。

134 多枝卷发海牛
Kaloplocamus ramosus (Cantraine, 1835)

同物异名 *Doris ramosa* Cantraine, 1835

分类地位 腹足纲Gastropoda,裸鳃目Nudibranchia,多角海牛科Polyceridae

形态特征 动物中小型,体呈蛞蝓形,体长20～40 mm。口幕半圆形,前缘有8个树枝状突起;体背两侧缘有4对大型树枝状突起和一列小突起;嗅角柄部细长,上部具22～26个褶叶,末端呈乳头状,嗅角鞘隆起,鞘缘呈锯齿状;口触手小,呈叶片状;鳃5叶,二分歧式,位

多枝卷发海牛

于体背中央,在第2～3对背侧突起之间;无鳃腔,肛门为管状突起,位于鳃的直后方;生殖孔位于体右侧,在第1～2对背侧突起之间;足前端呈圆形,后端削尖呈尾状,足底平滑。

体呈淡黄白色至橙色,在体背面色较浓;体表散布有许多米红或橙色和白色斑点,有时这些白色斑点聚集成大型白斑;背侧小突起白色,树枝状突起末端朱红或橙黄色;嗅角有白色小点,褶叶部褐色,末端白色;足底淡黄色;颚板呈三角形,由许多小杆组成。

生态习性 生活于潮间带岩礁石头下。

地理分布 国外见于印度洋、地中海、澳大利亚及日本。我国分布于黄海、渤海。

（五十八）四枝海牛科 Scyllaeidae Alder & Hancock, 1855

主要特征是鳃呈4支分叉。

135 背苔鳃
Notobryon wardi Odhner, 1936

英 文 名 Ward's nudibranch

分类地位 腹足纲 Gastropoda，裸鳃目 Nudibranchia，四枝海牛科 Scyllaeidae

形态特征 动物中小型，伸长叶片形，体长30～50 mm。口幕小，呈半圆形略呈波状，颈部细长；嗅角小，上部具褶叶，嗅角鞘隆起宽而高，其后缘形成一个纵冠状物；体背侧有2对大的叶状突起，大小几乎相等，边缘完整，顶端稍卷转形成短水管状，每个叶状突起上面有4个树枝状分歧的鳃，对称排列，在体背后端也有一个树枝状分歧的鳃；体背面平滑，体侧面从头部到尾部有一列乳头状小突起；尾部侧扁，中央有一个隆起冠；足狭长形，前端圆形，前侧隅呈尖角状，后端削尖，有沟与口隔开。体呈橙黄色，体背面，侧面、嗅角鞘背侧突起和尾隆起冠略呈青蓝色；体背面散布有橙色小斑点，体侧小乳突起淡白色，嗅角褶叶部橙色；鳃无色，足底橙黄色。齿舌没有中央齿。

生态习性 生活于潮间带礁石间至水深60～70 m 泥沙质海底。

地理分布 国外见于日本、澳大利亚。我国分布于东海、南海，在舟山东极潮间带偶能采到。

背苔鳃

十、侧鳃目 Pleurobranchida

原为背楯目 Notaspidea 中的一个科。

动物小至大型，体呈椭圆形，头部前端扩张成头幕，两侧隅常卷曲，外侧有裂沟；嗅角小，外套不发达；背面常有小突起，含有骨针或光滑，无侧足及外套腔，外套与体侧界限不明显或形成一个短小水管，生殖孔在体左侧；足发达，常伸出外套缘；鳃位于体右侧；无贝壳；颚片发达，由许多小板组成；肛门位于近鳃轴的中部或后部。

下分3科。全球记载共90种，我国仅记载无壳侧鳃科 Pleurobranchidae 中的9种。

（五十九）无壳侧鳃科 Pleurobranchidae Gray, 1827

主要特征与目同。

136 蓝无壳侧鳃
Pleurobranchaea maculata (Quoy & Gaimard, 1832)

英文名	Grey side-grilled slug
地方名	蓝侧鳃海牛、斑纹无壳侧鳃
同物异名	*Pleurobranchaea novaezealandiae* Cheeseman, 1878
分类地位	腹足纲 Gastropoda，侧鳃目 Pleurobranchida，无壳侧鳃科 Pleurobranchidae
形态特征	体呈长卵圆形，肥厚，背部突起，表面有不规则的乳状突起；口幕呈扁状，前缘具小锯齿，两侧向前方延伸成角状；嗅觉器呈圆柱状，2个，位于口幕的基部；羽状鳃位于身体右侧中部，并向后伸张；外套被覆身体大部，足肥大，位于腹面；体背面蓝黄色，有紫色网纹；交接突起位于右侧鳃前方，呈膨大的叶状，常凸出于体外。
生态习性	生活于潮间带及浅海泥沙底。春季产卵，卵群为白色螺旋带状，外被胶质厚鞘，鞘下缘为1胶质膜，用于固着卵群。运动缓慢，常以软体动物为食，是贝类养殖的敌害。
地理分布	国外见于日本、新西兰、澳大利亚等地。我国分布于渤海、黄海、东海、西沙、香港。

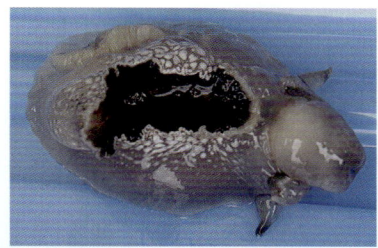

蓝无壳侧鳃

露齿螺总科 Ringiculoidea

露齿螺科 Ringiculidae 以上的分类系统目前尚不完善，至少"目"尚不明确。按现时主流学者意见，基本框架为露齿螺总目 Ringiculimorpha，露齿螺总科 Ringiculoidea，下辖仅露齿螺科，全球已记载82种。

（六十）露齿螺科 Ringiculidae R. A. Philippi, 1853

小型种类，体长不超过8 mm。壳呈卵圆球形，壳质厚，坚固，少数种类稍薄而易破碎。螺旋部小，3～4层，呈圆锥形，胚壳易磨损。乳白色，有光泽。体螺层膨胀，占壳长大部分。壳表平滑或雕刻有凹点状的螺旋纹。壳口小，呈耳状。外唇肥厚，外缘常有厚的反褶缘，中部具1瘤齿，或外唇薄、简单，无瘤齿，无厣。能完全伸入壳内，头楯宽而短，前端微凹，两侧隅触手状，后端分成两叶宽的叶片。舌齿无中央齿。

广泛分布于世界各海域，生活于潮间带、浅海，甚至深5000余米的海底。

我国发现2属，15种。舟山海域仅采到1种。

137 耳口露齿螺
Ringicula doliaris Gould, 1860

分类地位 腹足纲Gastropoda，露齿螺总目Ringiculimorpha，露齿螺总科Ringiculoidea，露齿螺科Ringiculidae

形态特征 贝壳小型，呈卵圆形，常见壳高4 mm，壳宽3 mm。体呈白色，壳质坚厚；螺旋部小，呈钝锥形，缝合线深凹，5～6螺层，各螺层膨胀，体螺层特大；壳表有螺旋沟，在体螺层有12～14条，在次体螺层有5～6条；壳顶小，光滑；壳口大，约占壳长的1/2，上部狭，底部稍宽，呈耳形；后沟浅而狭，前沟浅而宽，外唇厚，外侧向背面扭转形成强肋状隆起，内侧中部有1瘤结，内唇石灰层厚而宽，覆盖部分体螺层，上部有1褶齿；轴唇肥大，底部有2个强大的褶齿；头楯宽，前端微凹，各端自中部向后伸延，边缘后卷形成水管；足短，无厣。

生态习性 生活于潮间带至潮下带14～88 m深的泥沙质海底，最深可达173 m。

地理分布 国外见于日本、朝鲜、韩国等地。我国东南沿海均有分布，在黄海、渤海为常见种。

耳口露齿螺

十一、耳螺目 Ellobiida

原为基眼目 Basommatophora 的一个科。小型螺类,壳厚而坚固,头部有一对触角,眼位于触角基部外侧。头部呈翼状,吻短,齿舌带呈片状,类似于"唇齿"。无厣,壳口具齿或皱褶。雌雄同体,但生殖孔分离。

用肺呼吸,经常被归为陆贝,大多陆化程度中等偏下。主要生活于咸淡水环境,以海藻、腐烂植物为食,对干燥及低盐环境不耐受。

(六十一)耳螺科 Ellobiidae L. Pfeiffer, 1854 (1822)

主要特征与目同。广泛分布于世界各地的红树林区,一般壳长1~90 mm,能浮在水上。全球记载近200种,我国记载有15种,舟山海域分布1种。

138 中国耳螺
Ellobium chinense (L. Pfeiffer, 1854)

分类地位	腹足纲 Gastropoda,耳螺目 Ellobiida,耳螺科 Ellobiidae
形态特征	贝壳呈长卵圆形,一般壳长15~30 mm。质薄而结实,螺层约7层,缝合线浅而明显;壳顶钝,常被腐蚀,螺旋部短,体螺层高大,其高度约占壳高4/5,壳表被有易脱落的褐色壳皮;壳口长,上窄下宽,近耳状,外唇较薄,内唇下部厚,并向外延伸遮盖脐部。轴唇前端具有2个较强的褶襞(齿状物)。无厣、无脐孔。
生态习性	生活于有淡水流入的高潮线附近。
地理分布	国外见于日本。我国分布于浙江、台湾、广东等地。

中国耳螺

十二、缩眼目 Systellommatophora

有些资料中缩眼目也称收眼目，多数种类具发达的贝壳，但部分种类贝壳退化或消失。头部有2对可以翻转缩入的触角，前触角作嗅觉用，眼在后触角的顶端。本目种类发育时除石磺外，均不经过面盘幼虫阶段。

目下仅1科。全球记载共66种，我国仅发现1种。

（六十二）石磺科 Onchidiidae Rafinesque, 1815

体裸露无壳，长椭圆形或不规则卵形，外观似后鳃类的海牛。头部具触角，体表具隆起状树枝鳃及金黄色和黑色的背眼，肺腔退化，多见于潮间带高潮区的泥块之下。

139 石磺
Peronia verruculata (Cuvier, 1830)

同物异名	*Onchidium verruculatum* Cuvier, 1830
分类地位	腹足纲 Gastropoda，缩眼目 Systellommatophora，石磺科 Onchidiidae
形态特征	常见体长40～48 mm，体高15～20 mm，体宽30～35 mm。裸露无贝壳，呈长椭圆形；外套膜革质，微隆起，覆盖整个身体；背部被有许多突起及疏稀的分布不均匀的背眼；背眼突起11～20组，以12组的较多，每组顶端有1～4个眼点。肺螺特有的肺腔退化，呼吸孔在身体后端外套膜的下面，背部的后端长一些树枝状鳃。背部灰黄色，腹面淡褐色；足部长大而肥壮，头部具触角一对；雌雄同体，雌性生殖孔在身体后端的肛门附近，雄性生殖器官在右侧触角下面。

石磺

| 生态习性 | 生活于潮间带的高潮区，能长时间离开海水生活。 |
| 地理分布 | 国外见于印度洋、日本。我国分布于东海、南海，舟山海域常见。 |

十三、菊花螺目 Siphonariida

原为基眼目 Basommatophora 的一个科。壳呈笠帽状,鳃完全或部分被肺囊所代替;头扁平,触角萎缩,齿舌多数行列,齿很小,生活在潮间带,有两栖性质。

(六十三)菊花螺科 Siphonariidae Gray, 1827

主要特征与目同。

全球记载共 106 种,我国记载有 5 种,舟山海域发现 2 种。

140 日本菊花螺
Siphonaria japonica (Donovan, 1824)

分类地位 腹足纲 Gastropoda,菊花螺目 Siphonariida,菊花螺科 Siphonariidae

形态特征 小型个体,一般壳长 14～18 mm。贝壳呈笠状,与帽贝科种类相似,壳质较薄,壳顶尖,位稍后,近中央;自壳顶向四周发出粗细不等的放射肋,较隆起,壳内面有与壳表面放射肋相应的放射沟。壳面黄褐色,在壳顶周围呈黑灰色,壳内面周缘淡褐色,肋痕黑褐色,具瓷质光泽。

生态习性 营两栖生活,生活于潮间带高潮区,在岩石上吸附爬行,为高潮区的标志生物,常与嫁𫚭混杂。

地理分布 国外见于印度洋—太平洋。我国沿海均有分布。

日本菊花螺

141 蛛形菊花螺
Siphonaria sirius Pilsbry, 1894

同物异名	*Anthosiphonaria sirius* (Pilsbry, 1894)
分类地位	腹足纲 Gastropoda，菊花螺目 Siphonariida，菊花螺科 Siphonariidae
形态特征	壳呈星形笠状，壳顶尖锐，向壳缘延伸约7条粗放射肋，且突出于壳缘，肋间尚有2~3条小肋。壳表黑褐色，壳顶及放射肋一般呈白色。壳内深褐色，中心为白色，具光泽。
生态习性	生活于潮间带的岩礁上。
地理分布	国外见于日本、韩国。我国台湾和福建沿海较为常见，舟山海域也有。

蛛形菊花螺

十四、海兔目 Aplysiida

原为无楯目 Anaspidea 中的一个科,现单列为目。

贝壳多退化,小,一般不呈螺旋形,部分埋于外套膜中,或为内壳,或无壳;无头盘,头部有触角2对;侧足较大,或多或少反折于背方。

下分筒螺科 Akeridae 和海兔科 Aplysiidae 2科,全球记载共89种。

(六十四) 海兔科 Aplysiidae Lamarck, 1809

主要特征与目同。常见个体长约10 cm,体大多呈卵圆形,运动时可变形,裸露,常有许多突起。外壳退化成一层薄而透明、无螺旋的角质片,埋于背部外套膜下,头部触角2对,前触角稍短,后触角稍长。足宽大,足叶两侧发达,后侧向背部延伸,借以在海滩或水下匍匐,并可作短距离游泳。危急时释放黄色或紫色液体,估计与其御敌有关。

全球记载共83种,我国记载有21种,舟山海域分布5种。

142 网纹海兔
Aplysia argus Rüppell & Leuckart, 1830

分类地位 腹足纲 Gastropoda，海兔目 Aplysiida，海兔科 Aplysiidae

形态特征 动物大型，常见体长 70～150 mm。呈长圆形，头部宽而低平，颈部短而肥厚；头触角大，上外侧扭转成裂沟；嗅角短而钝，呈柱状，上侧有裂沟，眼小不见；侧足薄，前端分离，后端近于与尾部愈合，露出鳃腔底部，足宽，前端稍圆，中部宽，后端削尖；外套包被贝壳、遮盖本鳃，贝壳呈卵圆形，深黄色，有生长线，壳顶斜，向内卷转，边缘向背部反曲；外套孔小，呈乳头状，位于外套中部。外套水管短而狭。具有紫汁腺。鳃下腺有一主开口和许多小开口。生殖孔在本鳃前面、外套的直下方；卵精沟明显。

体呈灰绿-古铜色，背面和侧面布满黑色的网状纹；侧足内面和外套上面有黑、白相间的杂斑，外套孔周缘有黑色放射状线；头触角、嗅角、外套水管和侧足边缘黑色；足底灰黑色。

生态习性 生活于潮间带的礁石、海藻间。

地理分布 国外见于太平洋区的马绍尔群岛、萨摩亚群岛、夏威夷及澳大利亚等地。我国分布于浙江嵊山、福建东山等地。

网纹海兔（依 Nicola Davis）

143 黑斑海兔
Aplysia kurodai Baba, 1937

分类地位 腹足纲 Gastropoda，海兔目 Aplysiida，海兔科 Aplysiidae

形态特征 体长 70～200 mm。身体肥厚，头部和尾部稍狭，胴部膨胀；头颈部长，头触角大，上侧卷曲形成裂沟；嗅角小，上侧有裂沟，收缩时呈短柱形；侧足发达，宽而薄，遮盖外套，全长游离，形成开放式的背裂缝；足宽，前端截形，后端钝尖；外套小，包被贝壳，遮盖本鳃；外套孔闭锁，呈乳头状，位于外套中部的偏右上方，外套水管短；生殖孔呈新月形，位于本鳃的前面，卵精沟明显。贝壳呈卵圆形，小而薄，背面凸，顶部小，有弱小的喙状凸，向背部反曲缘小，上层角质，下层石灰质，后凹浅，壳表生长线明显。

体色有变化，呈淡褐–黑紫色，背面和侧面有不规则的淡白–青绿色斑点，有时密集成大斑纹；侧足内面有黑紫色和白色相间的大圆斑；外套上面有圆形斑，外套孔周围有黑色放射状线条。

生态习性 生活于潮间带礁石、海藻间。

地理分布 国外见于日本等地。我国分布于浙江舟山及台湾。

黑斑海兔

144 眼斑海兔
Aplysia oculifera A. Adams & Reeve, 1850

分类地位 腹足纲 Gastropoda，海兔目 Aplysiida，海兔科 Aplysiidae

形态特征 常见体长 70～130 mm。头颈部细长，头触角大，上侧有裂沟，嗅角稍小，细长，上半部有裂沟，眼位于嗅角基部外侧的前方，周围有形似眼睑的圆形环；侧足狭而薄，全长游离，背裂孔开放式；足稍宽，后端扩张，尾部略呈圆形；外套稍大，包被贝壳，遮盖本鳃，外套水管短而宽，外套孔小，闭锁或呈乳头状，位于外套中部的偏左下方；生殖孔大，在本鳃的前面、外套的右前方，卵精沟深；贝壳小，薄，呈长圆形，背面稍凸，壳顶小，有 1 喙状突起，外层角质，内层石灰质仅见于贝壳中部，后凹宽而深，壳表生长线明显。

体呈黄褐-橄榄色，头部和体侧面有许多大小相同的黑色眼形圈；外套上面、侧足内面和足均为黄绿色。

生态习性 生活于潮间带及浅海的礁石、海藻间。

地理分布 国外见于印度洋—太平洋。我国分布于东海。

眼斑海兔

145 黑边海兔
Aplysia parvula Mörch, 1863

分类地位 腹足纲 Gastropoda，海兔目 Aplysiida，海兔科 Aplysiidae

形态特征 体长 40～80 mm。颈部细长，头触角外侧有裂沟，嗅角呈长圆筒形，末端有裂沟，眼位于嗅角基部的直前方；侧足能遮盖外套，前端分离，后端联合成鳃腔后壁；足稍狭，前端截形，后端尖圆；外套包被贝壳，外套孔非常大，呈卵圆形，位于近中部；外套水管短而宽；生殖孔位于本鳃的前方，在外套的直下方；阴茎孔位于右头触角基部，卵精沟与生殖孔相联；贝壳大，呈卵圆形，壳顶小，呈三角形，边缘稍向背部反折，后凹短而深，生长线明显。

体呈淡茶褐色，散布有精细的、时而聚集成堆的白色小点；侧足边缘、足的前后端边缘、头触角和嗅角上部边缘、外套水管边缘和外套孔周缘均为黑色；足底淡褐色。

生态习性 生活于近海，生殖季节到沿岸潮间带的岩石、海藻间。

地理分布 广泛分布于世界暖海域。我国分布于东海。

黑边海兔（依 seaslugs-guadeloupe.com）

146 蓝斑背肛海兔
Bursatella leachii Blainville, 1817

分类地位 腹足纲 Gastropoda，海兔目 Aplysiida，海兔科 Aplysiidae

形态特征 体呈纺锤形，最大个体长可达120 mm。胴部膨胀，头触角大，外侧卷转呈管状，饰有树枝状突起，嗅角小，外侧有裂沟，呈短筒形，饰有小绒毛状突起；侧足小，前端自体中部开始，彼此靠近，后端联合形成背裂孔；足前端截形，向两侧隅扩张成角状，后端削尖没有贝壳；生殖孔在背裂孔内，刚好在本鳃前方，卵精沟明显；体背面被有大小不等的突起，在边缘这些突起较密集而小型，呈触手状，在胴部背侧的突起较大型，有树枝状分歧，在头触角和眼之间通常有1大型突起。

体呈黄褐 – 青绿色，背面有许多黑色细小点，有时聚集成大黑斑；背面、侧面有数个青绿或蓝色的大型眼斑，周缘有褐色线围绕，树枝状突起末端黄褐色，基部有黑色小点；足底黄色。

生态习性 生活于潮间带及浅海泥沙质海底。主要以泥沙、藻类及小型软体动物等为食。

地理分布 国外见于日本、菲律宾。我国分布于东海、南海，在舟山为常见种。

蓝斑背肛海兔及卵线

十五、头楯目 Cephalaspidea

头楯目贝壳发达，具外壳或内壳，或多或少呈螺旋形；外套腔较发达，内有本鳃；头部通常无触角，头部背面有掘泥沙的楯盘；眼无柄，侧足发达，随种类呈翼状或鳍状；外套膜后部成为大型的外套叶，凸出于外套孔下；胃中常具角质或石灰质的咀嚼板。生活方式各异，匍匐于泥沙或营浮游。

（六十五）泡螺科 Aplustridae

头楯目中特殊的一类。侧脏神经索在发育过程中仍保持着不对称而互相交叉呈"8"字形，即没有像其他后鳃类那样再经过逆转。具螺旋形的外壳，身体能完全缩入壳内，且具角质厣，由此保留着前鳃类的特征，故通常称它们为一群原始类型的后鳃类。现也有学者将其整合为捻螺总科 Actecnoidea，下设捻螺科 Acteonidae、泡螺科 Aplustridae。

大部分生活于泥砂质的潮间带及浅海，也有深至数百米的较深海域。

全球记载共169种，我国记载约有20种。

147　华贵红纹螺
Bullina nobilis Habe, 1950

地方名	华贵艳捻螺
分类地位	腹足纲 Gastropoda，头楯目 Cephalaspidea，泡螺科 Aplustridae
形态特征	贝壳中小型，近卵形或近纺锤形，常见最大壳长18 mm，壳宽13 mm。薄而脆。螺旋部低，近圆锥形。缝合线深沟状，各螺层膨胀。体螺层大，呈球形，壳表有由小方格深凹所组成的螺旋沟。壳表白色，饰有4条略呈波状的红色横线条，2条位于缝合线上，2条在体螺层上，把体螺层分成三个几乎相等的部分。壳表还具6条细而弯曲的红色纵条纹。壳口大，呈宽新月形，外唇薄，简单。壳内面白色，可透见壳表的螺旋沟和红色条纹。
生态习性	生活于潮下带10～100 m深的砂质海底。
地理分布	国外见于日本。我国分布于东海。

华贵红纹螺

（六十六）阿地螺科 Haminoeidae Pilsbry, 1895

微小型至中型螺类，螺体膨胀呈球形或卵圆形，或伸长呈筒柱形；壳质薄而脆，或稍厚而坚固，通常半透明、白色，壳表被有薄的壳皮；螺旋部小，2~4层，内卷入体螺层内；体螺层常为壳之全长，壳表平滑，或雕以细密的螺旋纹；壳口开口为贝壳之全长，上部狭，底部扩张，呈圆形，外唇薄，内唇平滑，没有厣。能或不能完全收缩进入壳内，头楯前端圆或微凹，通常有前侧触角，后端凹或分成2叶片；眼见于头楯中部或埋于皮下；足宽，前侧隅角状，侧足大，或小而不明显；栉状羽鳃位于鳃腔内，齿舌宽，有中央齿，侧齿数目很多。

生活于泥质底的潮间带中、低潮区，或海藻间。

全球记载共131种，我国记载有25种，舟山海域分布有3种。

148 泥螺
Bullacta caurina (W. H. Benson, 1842)

同物异名 *Bullacta exarata* (R. A. Philippi, 1849)

分类地位 腹足纲 Gastropoda，头楯目 Cephalaspidea，阿地螺科 Haminoeidae

形态特征 常见壳长25~41 mm，壳宽18~26 mm。壳薄脆，白色，呈卵圆形，无螺层及脐，壳口广阔，长度与壳长几乎相等；壳面被褐色外皮覆盖，贝壳不能完全包裹软体部，后端和两侧分别被头盘的后叶片、外套膜侧叶及侧足的一部分所遮盖，只有贝壳的中央部分裸露；足发达；齿舌具1中央齿，侧齿呈镰刀状。

泥螺
a. 捡泥螺；b. 收获；c. 市售泥螺；d. "泥螺蛋"

生态习性 生活于泥沙质海湾的潮间带，以底栖硅藻为食，不适宜在风浪大、潮流急的海区生活。在滩涂上匍匐时，会用头盘和足部掘起的泥沙和身体分泌的黏液混合包覆身体表面，起拟态作用。雌雄同体，异体受精，性成熟时在泥滩上交配，约在1天后产卵，卵包被在胶质囊内，俗称"泥螺蛋"，每次产一卵群，卵囊呈球形，有一胶质柄固着于海滩表面。受精卵在卵囊中孵化，发育至面盘幼虫后从卵囊中逸出，浮游约4天后，变态下沉，幼螺开始底栖匍匐生活。

地理分布 国外见于日本。我国沿海广泛分布。

149 日本月华螺
Haloa japonica (Pilsbry, 1895)

同物异名	*Haminea flavescens* (A. Adams, 1850)
分类地位	腹足纲 Gastropoda，头楯目 Cephalaspidea，阿地螺科 Haminoeidae
形态特征	贝壳呈球卵形，小型，一般壳长 11 mm，宽 8 mm；壳薄而脆，半透明，淡黄褐色，螺旋部内卷，体螺层膨胀，占贝壳之全长，上部稍狭，底部稍扩张，壳顶浅凹，但不形成洞穴；壳表面有细密的波状螺旋沟，生长线明显；壳口稍广，大于体螺层，外唇薄，上部狭圆，凸出壳顶部，底部扩张呈半圆形，内唇石灰质层狭而薄，轴唇厚，强弯曲，无褶襞。
生态习性	生活于潮间带礁石、海藻间。
地理分布	国外见于菲律宾、日本、朝鲜、韩国。原记载我国分布于黄海，为青岛常见种，但在舟山海域也偶有采到。

日本月华螺

150 空杯丽葡萄螺
Lamprohaminoea cymbalum (Quoy & Gaimard, 1833)

分类地位 腹足纲 Gastropoda，头楯目 Cephalaspidea，阿地螺科 Haminoeidae

形态特征 贝壳小型，呈卵球形，常见壳长7.8 mm，宽6 mm。白色，半透明，薄而脆，具光泽；螺旋部卷旋入体螺层内，壳顶中央凹陷，但不形成深洞，呈截形；体螺层膨胀，为贝壳之全长，壳表光滑，被有淡绿色壳皮，生长线明显；壳口宽，上部稍狭，底部稍扩张，外唇薄，上部圆，稍凸出壳顶部，中部弯曲，底部圆形，内唇石灰质层狭；轴唇弯曲，底部有1反褶缘覆盖脐区；动物不能完全缩入壳内；头楯大，前端钝圆，后端分为两叶，侧足小，仅遮盖部分贝壳，足宽，前端钝圆，后端截形。
体呈淡绿色，遍体散布有红色斑点。

生态习性 生活于潮间带海藻间。

地理分布 国外见于日本。我国分布于东海、南海。

空杯丽葡萄螺（依 Meerwasser-Lexikon Team 等）

（六十七）壳蛞蝓科 Philinidae Gray, 1850

小型至中型螺类。外壳退化为内壳，壳质薄而脆。白色或淡黄色，半透明，螺旋部小，体螺层膨胀，壳口非常大。肉质部分扁平，呈长方形，头楯约占体长之半，外套楯包被贝壳，侧足肥厚，腹足宽大；眼埋于头楯皮肤中；鳃位于外套腔中。通常生活于潮间带及浅海，但在5000余米水深区也有发现；以头楯挖掘泥沙，吞食小型无脊椎动物及同类，为浅海滩涂贝类养殖的敌害，同时本身也是底栖鱼类的饵料。卵群呈长圆形，有一胶质柄附于泥沙质海底。

全球记载共96种，广泛分布于世界各海域。

151 东方壳蛞蝓
Philine orientalis A. Adams, 1855

同物异名 日本壳蛞蝓 *Philine japonica* Lischke, 1872

分类地位 腹足纲 Gastropoda，头楯目 Cephalaspidea，壳蛞蝓科 Philinidae

形态特征 常见壳长14～16 mm，壳宽10～11 mm。贝壳略呈卵圆形，薄而脆，白色，有珍珠光泽；具2螺层，螺旋部向内卷入体螺层内，向壳顶削细，呈斜截断状，体螺层非常膨胀，底部特别扩大，近壳顶有4～5条精细的螺旋沟，中下部平滑，生长线明显；壳口宽广，外唇薄而宽，平滑；动物肥厚，头楯大，略呈三角形，中央有1浅纵凹；外套板楯后端分为2叶，伸出身体后方较远；侧足肥厚，竖立于身体两侧；足宽，前、后端呈截断状。

生态习性 生活于潮间带至潮下带浅水区。

地理分布 国外见于日本、朝鲜、菲律宾等地。我国沿海均有分布。

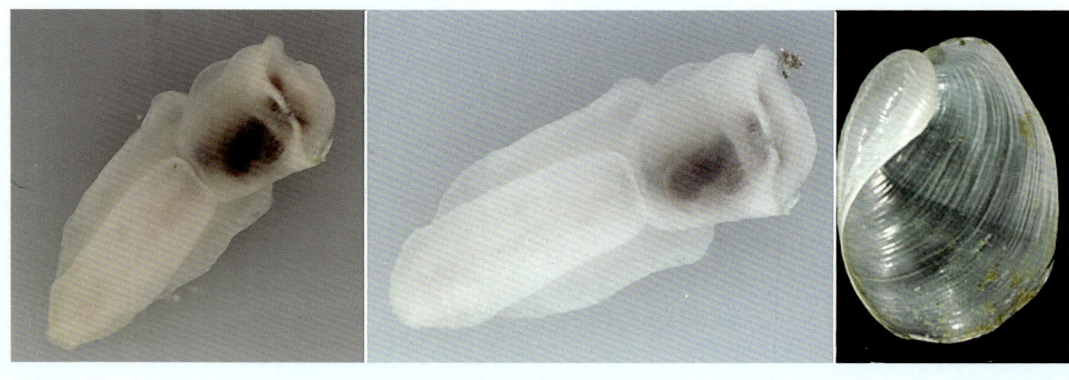

东方壳蛞蝓

（六十八）囊螺科 Retusidae Thiele, 1925

小型螺类，壳长 2～4 mm，最大个体可达 10 mm。壳呈长柱形、梨形或梭形，壳质薄而脆，白色，或半透明，壳表常有壳皮，具螺旋纹；螺旋部 3～4 层；体螺层膨胀，为壳之全长，壳口狭，呈弓形，底部扩张，外唇薄，简单，内唇狭而薄，无厣。动物能收入壳内，头楯平扁，前端圆或微凹，后端常分为 2 叶，生活时覆盖部分贝壳；没有齿舌及颚片，进食时，口吻能外翻，并吞食小型动物。

152 婆罗囊螺
Semiretusa borneensis (A. Adams, 1850)

地方名　涂贴、吐铁

同物异名　*Retusa borneensis* (A. Adams, 1850)

分类地位　腹足纲 Gastropoda，头楯目 Cephalaspidea，囊螺科 Retusidae

形态特征　贝壳小型，呈短圆柱形，壳长 7～8 mm，壳宽 3.4～4 mm。壳质薄而稍坚固，有光泽；螺旋部小，占 3 螺层，稍沉入壳顶部，仅露出次体螺层，或与体螺层同在水平线上，呈截断状，胚壳小，呈乳头状突起，沉入壳顶中央，宛如核；壳表被覆有铁锈色的壳皮，常部分脱落，可透见内脏囊；缝合线清楚，呈波浪沟状，体螺层膨胀，占贝壳之绝大部分，壳表平滑，没有螺旋沟，生长线精细，

婆罗囊螺

常集聚形成细弱的褶襞，次体螺层小，稍凸出或不超出壳顶部；壳口狭长，几乎与贝壳同长，上部狭圆，底部扩张，呈半圆形，外唇简单，上部呈圆形弯曲，自体螺层肩部稍下方升起，中部直，稍向内弯曲，底部圆形；内唇石灰质层宽而薄、平滑，轴唇短、弯曲，基部有一个反褶缘覆盖脐区。

生态习性　生活于泥沙质底的潮间带中、低潮线，以及红树林区。

地理分布　国外见于印度洋—太平洋。我国分布于东海、南海。

十六、翼足目 Pteropoda

翼足目为异鳃亚纲下的一个目。本目种类的足背部发育成一对发达的"鳍",可借此营浮游生活,故称翼足类,但同时也具贝壳,以前也称被壳目 Thecosomata,或被壳翼足目。

多数种类生活在海洋表层至水深200 m处,仅少数种类生活在更深的水层,甚至出现在两极海域。全球现生种类分为龟螺科 Cavoliniidae、笔帽螺科 Creseidae、蜓螺科 Limacinidae、海若螺科 Clionidae、背鳃螺科 Notobranchaeidae、皮鳃科 Pneumodermatidae等20余个科,148种。我国记载近30种。舟山海域记载有4种。

(六十九)龟螺科 Cavoliniidae Gray, 1850

种类呈世界性分布,是俗称"海蝴蝶"的主要群体。大多体型微小,贝壳薄而透明,呈椭圆形或瓶状、锥状,后半部分呈截形,腹壳膨胀,凸出,具三角形的侧棘,背壳前部成狭窄的突起,在背部有5条纵肋,中央肋发达,顶端通常有刺。无厣,外套腔在腹面。大个体多为白色,小个体多为淡褐色、淡红紫色或淡青蓝色,中央肋基部常有褐斑。

分布于温暖带,尤其受外海水影响的近海区,生活水深100~2000 m,借助"双翼"在水流中漂浮,而覆盖在"翼"上的纤毛,也随着运动产生微小的水流,并在其他器官的配合下,大大提高捕食效果。主要食物为浮游植物,但偶食桡足类及其他浮游翼足类幼体。一般在初次成熟时呈雄性,接着为雌雄同体,最后阶段变成雌性。

153 宽弯龟螺
Cavolinia inflexa (Lesueur, 1813)

分类地位 腹足纲Gastropoda，翼足目Pteropoda，龟螺科Cavoliniidae

形态特征 壳长6～7 mm，壳宽4.5 mm。壳微显青紫色。贝壳略平扁，尾棘甚发达，向背方弯曲，末端呈钩状，侧棘粗壮，伸向侧后方，壳最大宽处位于侧棘部位；背壳略均匀膨凸，表面具明显的生长纹，前缘不向腹方弯折，而向正前方挺出，最前端微仰起；背纵肋不明显，仅在壳前缘部分有1中央肋，向前终结成1尖端，尖端两侧的壳缘上形成一列小棘；腹壳横纹不明显，前方借1横沟与前缘部分割开，前缘部略呈三角形，向腹方弯折，与背壳前缘部相互映对，形似张开的两片唇；侧缝仅后半部露出。

生态习性 生活于近海区，在温暖的、100～2000 m深的海水中数量庞大。

地理分布 国外见于印度洋—西太平洋及大西洋的中南部。我国分布于东海、南海。

宽弯龟螺（仿idscaro.net等）

154 长吻龟螺
Diacavolinia longirostris (Blainville, 1821)

分类地位 腹足纲 Gastropoda，翼足目 Pteropoda，龟螺科 Cavoliniidae

形态特征 常见壳长约 9.5 mm，背面观贝壳近似三角形。背壳前缘向前腹方伸出呈长吻状，腹壳略均匀膨凸，侧面观作半圆形；背纵肋 5 条，中央肋发达，直伸向吻前端，内侧肋及外侧肋较接近，其间被一条不太发达的纵沟隔开，后者小于前者；侧突起为腹壳边缘凸出伸展而成，近三角形，位于贝壳最宽处，向背外方伸出，腹壳具很多规则的同心细纹（特别是前半部）。

较大个体多为灰白色，较小者多为淡褐、淡红紫或淡青蓝色；背壳侧缘中部的凹窦处及中央肋基部常具褐斑。

生态习性 生活于近海区，在温暖的、100～2000 m 深的海水中数量庞大。

地理分布 国外见于大西洋、印度洋、太平洋及地中海。我国分布于东海、南海。

长吻龟螺（仿 gastropods.com 等）

（七十）笔帽螺科 Creseidae Rampal, 1973

贝壳简单，伸直，略呈针形，有时后部稍向左或右弯曲。

155 尖笔帽螺
Creseis acicula (Rang, 1828)

分类地位 腹足纲 Gastropoda，翼足目 Pteropoda，笔帽螺科 Creseidae

形态特征 小型，壳薄而脆，透明，壳长约 1.5 mm，宽约 1.1 mm。贝壳简单，伸直，略呈针形，有时后部稍向左或右弯曲；壳表平滑，横断面呈圆形，壳顶呈圆形，无侧脊，壳口呈圆形，为壳长的最宽处，无厣。

生态习性 营浮游生活的大洋暖水种。

地理分布 国外见于大西洋、印度洋、太平洋。我国沿海均有分布，尤其是南海、东海的常见种类。

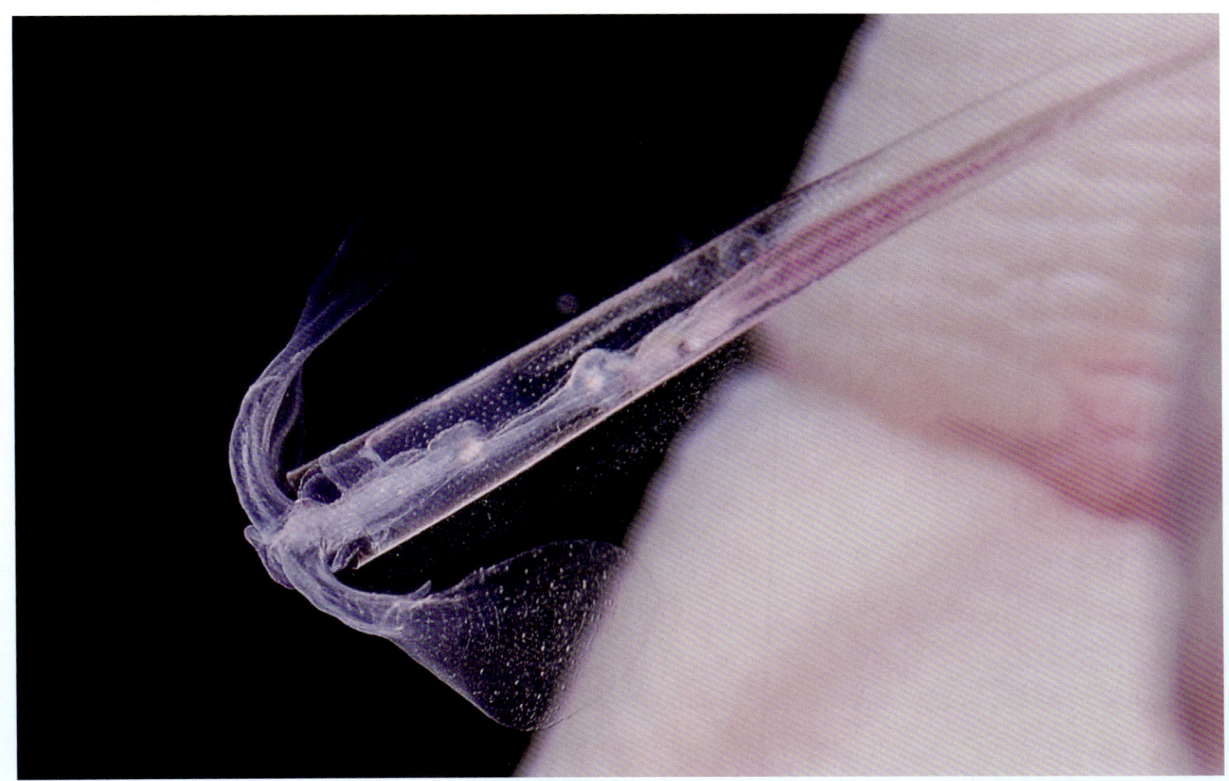

尖笔帽螺（仿 opistobranquis.org）

（七十一）螔螺科 Limacinidae Gray, 1840

小型浮游腹足类，俗称为海蝴蝶，是北极、南极中上层生态系统中浮游动物的重要物种。它们具有从原始腹足类足部进化而来的翼状副足，软体部分的颜色是深紫色或紫罗兰色，但副足颜色较浅，呈透明至半透明。贝壳呈陀螺形，左旋，近球形、盘状，透明且非常薄，在成年后，它们通常会失去口盖。

156 马蹄螔螺
Limacina trochiformis (d'Orbigny, 1835)

分类地位	腹足纲 Gastropoda，翼足目 Pteropoda，螔螺科 Limacinidae
形态特征	小型，壳呈陀螺形，壳长约1.3 mm，宽约1.1 mm，相当薄，略透明；5螺层，各螺层稍膨胀，壳顶钝尖，缝合线浅，体螺层膨大，约占壳长的2/3；生长纹细，与一些螺旋纹相交织；壳口略呈圆形，内、外唇弯曲，脐狭而深。
生态习性	营浮游生活，可作为暖流指标种。
地理分布	广泛分布于世界各海域。我国沿海均有分布，为南海、东海的习见种类。

马蹄螔螺（仿 molluscsoftasmania.org.au）

双壳纲 Bivalvia

双壳纲也称瓣鳃类、斧足类、双壳类及无头类，皆因其鳃呈瓣状、足呈斧状以及具双壳和无明显的头部。本纲为软体动物门中的第二大纲，包括各类贝类、牡蛎等。海产中占绝大多数，淡水种类数量少，仅有无齿蚌（河蚌）等少数种类。大多雌雄异体，海产类个体发育经历担轮幼虫、面盘幼虫时期。

十七、心蛤目 Carditoida

本目为真鳃亚纲 Autobranchia，异齿下纲 Heteroconchia 下的一个现生目。2010年由帘蛤目中独立而来，下分心蛤科 Carditidae、骨节心蛤科 Condylocardiidae、爱神蛤科 Astartidae 及厚壳蛤科 Crassatellidae 4科。截至目前，全球种类约405种，我国记录有10余种。

两壳大小相同，其铰合齿由主齿和侧齿组合，壳内无或有珠母层，鳃呈瓣状。本目在舟山海域已发现心蛤科 Carditidae 和厚壳蛤科 Crassatellidae 2科，各1种。两科区别除了外形外，厚壳蛤科无放射肋，而心蛤科具粗壮的放射肋。

（七十二）心蛤科 Carditidae Férussac, 1822

心蛤科为心蛤目 Carditoida 下最主要的一个科。贝壳呈圆形至近四边形或近菱形，壳质较坚厚，两壳相等，但前后不等；壳顶高而尖，通常前倾，有小而深的小月面，其边界有1浅沟；壳表放射肋强壮，壳内面外套线完整，无窦，前后闭壳肌近相等；左壳铰合部有主齿2枚，右壳有3枚，侧齿发育不全。

全球记载共217种，舟山海域仅发现1种。

157 东海胀心蛤
Cardita kyushuensis (Okutani, 1963)

同物异名 *Glans kyushuensis* Okutani, 1963；*Glans donghaiensis* Xu, 2012

分类地位 双壳纲Bivalvia，心蛤目Carditida，心蛤科Carditidae

形态特征 壳型较小，壳长10.0～13.2 mm，壳高7.9～10.3 mm，壳宽5.8～7.9 mm。壳体较厚，近卵圆形。两壳相等，前、后不等，壳顶凸出，前倾；小月面较长，楯面不明显；前背缘短，后背缘长，微凸，后端呈截形；壳表生长纹细密，放射肋强壮，约18条，其中位于前部的9条肋上密具结节，后部9条有稀疏、较高的鳞片，肋间沟较深，宽度有变化；壳内白色，内边缘具粗的锯齿状缺刻；前闭壳肌痕呈肾形，后闭壳肌痕呈铲形，外套线完整，无窦；铰合部左壳有主齿2枚，右侧有3枚，侧齿弱；外韧带细长。

生态习性 生活于水深约100 m的细沙质海底，平时罕见。

地理分布 原记载的采集地位于渔山列岛及舟山群岛海域。

东海胀心蛤（依徐凤山）

(七十三)厚壳蛤科 Crassatellidae Férussac, 1822

贝壳具四边形至三角形的轮廓,壳质特别坚硬;两壳相等,前后极不等,前端圆,后端截形;壳顶低平,或前倾、后倾或正相对;小月面和楯面明显;壳皮发达,多呈褐色;壳表无放射肋,生长纹明显,壳内面外套线完整,无窦;铰合齿右壳3枚,前侧齿2枚,后侧齿1枚,左壳主齿2枚,前侧齿1枚,后侧齿2枚,但侧齿常呈片状或发育不全。

全球记载共88种,舟山海域仅发现1种。

158 矮厚壳蛤
Nipponocrassatella nana (A. Adams & Reeve, 1850)

地 方 名	矮坚壳蛤、小真厚壳蛤
同物异名	*Crassatella nana* A. Adams & Reeve, 1850
分类地位	双壳纲 Bivalvia,心蛤目 Carditida,厚壳蛤科 Crassatellidae

形态特征 壳型较大,壳长25.5～37.3 mm,壳高21.8～31.5 mm,壳宽11.8～15.9 mm。壳质厚重,左右侧扁;壳顶较尖而低,前倾,位于背部中央之前;小月面细长,楯面较宽;前背缘直,后背缘直或微下陷;前缘略尖,壳的后部延长,呈喙状,末端截形;腹缘呈弓形,后腹缘微收缩,形成1浅窦;壳顶到后腹角有1放射脊;壳皮褐色,通常无深褐色花纹;无放射肋,生长纹较粗壮。

矮厚壳蛤

壳内面白色或浅褐色,前肌痕呈肾形,后肌痕略呈长方形;外套线直接连接前、后肌痕,无外套窦;部分壳内缘具细齿状缺刻;铰合部较厚,内韧带为三角形,较粗壮,位于2主齿之间,呈褐色。左壳有2个主齿,后主齿较小,在内韧带之后有1长的韧带后脊,前、后侧齿较长,均较低矮;右壳的2个主齿中,前主齿较细弱,并依附于前背缘,前侧齿短,距壳顶较远,后侧齿细长。

生态习性 生活于水深26～100 m的沙质海底。

地理分布 国外见于日本房总半岛以南。我国分布于东海、南海。

异韧带总目 Anomalodesmata

铰合部退化，一般呈匙状突出的韧带槽，或外鳃瓣或多或少退化，或鳃变成一个肌肉横隔膜；铰合齿缺乏或比较弱；韧带常在壳顶内方的匙状槽中，常常具有灰质小片。下有鸭嘴蛤科 Laternulidae、帮斗蛤科 Pandoridae、色雷西蛤科 Thraciidae 等。

（七十四）鸭嘴蛤科 Laternulidae Hedley, 1918

本科所在目未定，通常直接隶属异韧带亚纲 Anomalodesmata。贝壳近似鸭嘴状，壳质脆薄，半透明，具云母光泽；两壳较膨胀，微不等，不能闭合；壳顶有一裂缝，多数种类壳表有粒状突起，外韧带弱或消失，内韧带位于一个具有支撑肋的着带板上，石灰质韧带片有或无。

种类较少，但分布广。

159 剖刀鸭嘴蛤
Laternula boschasina (Reeve, 1860)

分类地位 双壳纲 Bivalvia，异韧带总目 Anomalodesmata，鸭嘴蛤科 Laternulidae

形态特征 贝壳呈长卵圆形，壳长 49 mm。前端钝圆，后端尖斜上翘，如剖刀状；两壳近相等，两端开口较小，壳顶凸出，位于背缘中部或稍前；两壳壳顶紧密接近，各具 1 横裂；壳薄脆，半透明，具云母光泽；同心生长纹细密，壳面有粒状突起；铰合槽前无石灰质壳板，外套窦近半圆形。

生态习性 生活于潮间带至水深 93 m 的泥沙质海底。

地理分布 国外见于日本、菲律宾等地。我国南北沿海均有分布。

剖刀鸭嘴蛤

(七十五)帮斗蛤科 Pandoridae Rafinesque, 1815

两壳不等,前后也不等,且两壳极扁平,左壳微凸,右壳平;内韧带上附有石灰质韧带片;左壳前主齿和中主齿为1横向的隔板相联结,具前后侧齿,右壳中主齿发达,后主齿短小。

全球记载共45种,舟山海域分布1种。

160 中华帮斗蛤
Pandora sinica F. -S. Xu, 1992

分类地位 双壳纲 Bivalvia,异韧带总目 Anomalodesmata,帮斗蛤科 Pandoridae

形态特征 壳长仅14 mm。壳质脆薄,两壳侧扁、不等,左壳大而微凸,右壳小而平;壳顶低,位于前端1/6处,前背缘短,微凸,前端较尖;后背缘较长,略直,后端稍尖;左壳自壳顶到后部有2条放射肋,右壳无放射肋;壳内面具珍珠光泽;左壳铰合部的前主齿和中主齿为1隔板所覆盖,形成空腔,后主齿长,沿后背缘延伸;右壳中主齿发达,后主齿短小,前主齿最弱;右壳后背缘有1长沟,同左壳的后主齿相对应;内韧带位于前、中主齿之间,有石灰质韧带片。

生态习性 生活于水深9~43 m的泥质软泥。

地理分布 我国特有种,标本采集于温州至长江口之间。

中华帮斗蛤(依徐凤山等)

（七十六）色雷西蛤科 Thraciidae Stoliczka, 1870

两壳不等，壳之前后也不等；右壳较大，稍凸；表面常满被粒状突起；铰合部无齿；石灰质韧带片有或无。

本科在舟山海域有细巧色雷西蛤 Thracia concinna 和金星蝶铰蛤 Trigonothracia jinxingae 2种。前者个体小，生长纹细弱，壳顶之下未见有1伸向前端的着带板；后者个体大，生长纹粗壮，壳顶之下有1伸向前端的着带板。

161 细巧色雷西蛤
Thracia concinna Reeve, 1859

分类地位 双壳纲 Bivalvia，异韧带总目 Anomalodesmata，色雷西蛤科 Thraciidae

形态特征 小型双壳类，体长仅约 8 mm；壳极薄，近透明；壳顶尖细，微前倾，壳顶偏离中线；右壳稍大，有一条放射肋从壳顶延伸至后腹角，壳表生长纹细弱，并伴有小的颗粒状突起；内韧带依附于后背缘，具新月形石灰质韧带片。

生态习性 生活于水深 23～43 m 的沙质海底。

地理分布 本种为沙栖种，在长江口细沙底质中有发现。

细巧色雷西蛤（依徐凤山等）

162 金星蝶铰蛤
Trigonothracia jinxingae F. -S. Xu, 1980

分类地位 双壳纲Bivalvia,异韧带总目Anomalodesmata,色雷西蛤科Thraciidae

形态特征 壳中等大,壳长16.8 mm,高11.2 mm,宽7.0 mm。壳白色,呈长圆形。壳顶位于后端约1/4处,从壳顶到后腹缘有1隆起的放射脊。壳的前部大,前端圆,后部短,末端截形,并开口。两壳不等,右壳更凸一些。壳表的周缘和后部被以淡褐色的壳皮,在壳顶和其他部分,壳皮常脱落。铰合部无齿,在壳顶之下有1伸向前端的着带板。内韧带上附1蝶形韧带片。外套窦深,但不能到达壳的中部。前肌痕延长,后肌痕呈肾脏形。

生态习性 生活于5～33 m的软泥质海底。

地理分布 我国特有种,分布于香港以北的海域。

金星蝶铰蛤

十八、贫齿目 Adapedonta

贫齿目是真鳃亚纲 Autobranchia，不等齿总目 Imparidentia 下的一个原始类群。本目的主要特征是铰合齿远较其他目的少，或缺如，或发育不全。该目下分缝栖蛤科 Hiatellidae、毛蛏科 Pharidae 及竹蛏科 Solenidae 3 科。

全球现生种类记载约 155 种，舟山海域仅发现 6 种。

（七十七）缝栖蛤科 Hiatellidae Gray, 1824

细小的海洋生活蛤类动物。壳形由小到大，呈方形或长方形；壳顶位于壳前端的背侧，前后端开口；铰合部有 1～2 枚不发达的主齿，无侧齿；外韧带位于齿丘上；外套线不连续或不规则，多数种类的外套窦发达；营巢居或掘孔生活。

163 东方缝栖蛤
Hiatella arctica (Linnaeus, 1767)

同物异名	*Hiatella orientalis*（Yokoyama, 1920）
分类地位	双壳纲 Bivalvia，贫齿目 Adapedonta，缝栖蛤科 Hiatellidae
形态特征	壳长 15 mm。体近长方形，常扭曲；壳顶位于壳的前端背侧，壳前缘、后缘均近圆形；自壳顶到后部有一脊，其上生有 2 列小齿。外韧带黄褐色。壳表被褐色壳皮，生长线明显。壳前后端呈褶襞状，无放射肋；无铰合齿，但在幼小时铰合齿发达；壳内面白色，具珍珠光泽。
生态习性	生活于潮间带，常附着于岩石缝中，或海藻基部，甚至养殖海带的浮缆上。
地理分布	国外见于日本、朝鲜、韩国。我国沿海均有分布。

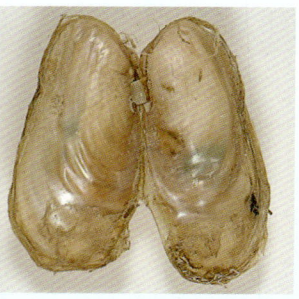

东方缝栖蛤

（七十八）毛蛏科 Pharidae H. Adams & A. Adams, 1856

壳形长而侧扁，两壳相等，前、后不等；壳顶低平，位于前部，但不在前端；两端开口，铰合部齿1~3枚。刀蛏属 *Cultellus* 个体较大，右壳具一枚主齿；荚蛏属 *Siliqua* 个体较小，右壳具2枚主齿。

164 小刀蛏
Cultellus attenuatus Dunker, 1862

地方名　刀蛏、蛏子

分类地位　双壳纲 Bivalvia，贫齿目 Adapedonta，毛蛏科 Pharidae

形态特征　壳长68 mm。壳质脆薄，左、右侧扁，前部比后部稍宽，略似刀形；两壳大小相等；壳顶位于背缘靠前方，自壳顶至贝壳前端的距离占壳长1/5~1/4。背、腹缘略平行，腹缘中部微凹，前、后缘呈圆形；韧带短小，黑褐色，稍凸出壳面；壳表面稍凸而光滑，被有很薄的淡黄褐色外皮，外皮向壳缘内侧卷曲；自壳顶至腹缘后端有一不明显的斜线，斜线上面颜色较淡；生长纹极细密，腹侧较明显，有时形成褶纹，无放射肋。

小刀蛏

壳内面灰白色。铰合部狭小。左壳有主齿3枚，右壳有2枚，排列成"八"字形；前闭壳肌痕小，呈卵圆形；后闭壳肌痕大，略呈刀形；外套痕明显，外套窦浅而宽大，先端中部凹陷，呈"凹"形或近方形；足部肌肉极发达，侧扁，先端呈截状，成为1长卵形的蹠面；外套膜腹缘愈合，前、后缘均具有疣状突起；两个水管粗短而愈合，水管管口周围均具有触手。

生态习性　生活于数米至数十米水深的浅海泥沙海底。

地理分布　国外见于日本、菲律宾和马尔加什等地。我国沿海均有分布。

165 小荚蛏
Siliqua minima (Gmelin, 1791)

分类地位 双壳纲 Bivalvia，贫齿目 Adapedonta，毛蛏科 Pharidae

形态特征 壳长 24 mm。贝壳呈长椭圆形，质薄脆，壳顶偏前方，壳前、后端均为圆形，腹缘中部微凹。后韧带短而凸出。壳表面为黄白色，有光泽。生长线细密，被一层很薄的黄色外皮。铰合部小，左壳有主齿 2 枚，右壳有主齿 3 枚。在两壳主齿的下方，各有一条伸到腹缘的强大的肋。前、后闭壳肌痕和外套痕清楚，外套窦钝圆。

生态习性 生活于水深 0～31 m 的泥沙质海底。

地理分布 国外见于马来西亚、菲律宾等地。我国沿海均有分布。

小荚蛏

（七十九）竹蛏科 Solenidae Lamarck, 1809

两壳侧扁或为圆柱形，前后两端开口；壳顶低平，其位置有变化；外套线有1短的近方形或长方形的外套窦；铰合部弱，有1～3枚主齿，通常右壳有2枚，左壳有3枚，无侧齿，若有也是一个弱的片状；水管愈合。

本科在舟山有大竹蛏 Solen grandis、长竹蛏 Solen strictus 2种，其中长竹蛏体相对细长，壳长为壳高的6～7倍，而大竹蛏壳长均为壳高的4～5倍。

166 大竹蛏
Solen grandis Dunker, 1862

地方名 竹蛏、蛏子

分类地位 双壳纲 Bivalvia，贫齿目 Adapedonta，竹蛏科 Solenidae

形态特征 壳长 120 mm。贝壳延长形，两壳合抱呈竹筒状，壳顶位于壳的最前端，壳前缘截形，后端圆，壳背腹缘平行，唯腹缘中部稍向内凹；壳长为壳高的4～5倍。外韧带黑色，壳表被有一层发亮的黄褐色外皮，生长线明显，沿后缘及腹缘方向排列，有时有淡红色的彩色带。壳内面白色或可看到淡红色的彩带；两壳各有主齿一枚，前闭壳肌痕长形，后闭壳肌痕呈三角形。

大竹蛏

生态习性 生活于潮间带中、下区和浅海泥沙质海底，潜入深度30～40 cm。

地理分布 国外见于菲律宾、朝鲜、日本。我国南北沿海均有分布，舟山嵊泗列岛也有发现。

167 长竹蛏
Solen strictus Gould, 1861

英 文 名	Gould's razor clam
地 方 名	竹节蛏、直竹蛏、细竹蛏
分类地位	双壳纲 Bivalvia，贫齿目 Adapedonta，竹蛏科 Solenidae
形态特征	贝壳极延长，呈细圆柱状，壳长为壳高的6～7倍；壳质薄，壳顶位于壳的前端，不凸出。两壳相等，背腹缘几乎平行，仅腹缘中部微凹，壳前端呈截形，后端圆，前端较后端略粗大；贝壳表面光滑，被有黄褐色外皮，壳顶周围壳皮常脱落。生长线明显，呈弧形，后端有时形成褶襞，外韧带黄褐色。壳内面白色或淡黄色，各肌痕明显；铰合部小，两壳各具主齿一枚。
生态习性	生活于潮间带中区至浅海的泥沙质下，仅捕食时露出地面。
地理分布	国外见于西北太平洋沿岸。我国沿海均有分布。

长竹蛏

十九、鸟蛤目 Cardiida

鸟蛤目是由原帘蛤目中独立而来,大多为小型种类。贝壳常呈三角形或斧形,壳质坚厚,两壳相等,能密闭;壳表面由平滑到具有放射肋,有时还有棘刺,壳质坚厚,两壳相等,能密闭。

下分2总科,6科,1223种。

(八十)斧蛤科 Donacidae J. Fleming, 1828

小型个体。贝壳呈三角形或斧形,壳质坚厚,两壳相等,能密闭;壳顶偏后方,壳面平滑有光泽,外韧带短;内腹缘常具细齿,铰合部发达,两壳各有2枚主齿,侧齿有变化;外套窦深,两水管发达。

全球现生种类记载共105种,舟山海域仅分布1种。

168 紫藤斧蛤
Latona semisulcata semigranosa (Dunker, 1877)

同物异名	*Donax semigranosus* Dunker, 1877
分类地位	双壳纲 Bivalvia,鸟蛤目 Cardiida,斧蛤科 Donacidae
形态特征	个体小,壳略呈三角形,后部短,截形;壳长一般约15 mm,壳质坚厚,两壳相等,能密闭;壳顶偏后方,壳面平滑有光泽,具极细的放射肋和生长纹,二者相互交错成格状;壳内面近壳顶部有紫色斑块,腹面边缘有与放射肋相似的锯齿。
生态习性	舟山沿海沙相潮间常见种类,营浅埋生活。
地理分布	国外见于日本等地。我国分布于浙江以南至海南岛沿海。

紫藤斧蛤

（八十一）双带蛤科 Semelidae Stoliczka, 1870

贝壳较薄，两壳相等，壳顶后倾，前端圆，后端呈截形或喙状，微开口；壳表具较厚的壳皮及生长纹，少数还具放射线；外套窦深，末端圆；前肌痕为半月形，后肌痕近圆形；铰合部通常有1～2枚主齿，前、后侧齿右壳较明显，具内外韧带，或外韧带弱。

全球现生种类记载共163种，舟山海域仅分布1种。

169 理蛤
Theora lata (Hinds, 1843)

同物异名	*Theora nitida* Gould, 1861
地方名	侧理蛤、侧底理蛤
分类地位	双壳纲 Bivalvia，鸟蛤目 Cardiida，双带蛤科 Semelidae
形态特征	壳体薄脆，呈椭圆形，壳顶中位，略前位，后倾，微凸出，不尖锐；壳面乳白色，光滑，有光泽及浅色环带，边缘颜色加深至浅黄色。两壳相似，前缘钝圆，后缘收缩呈锐圆，壳后端开口。壳内面白色，有与壳面相同的浅色环带。铰合齿弱，右壳具主齿、侧齿各2枚；外套窦大。
生态习性	多生活于10～63 m的浅海及以下。
地理分布	我国沿海均有分布，以渤海为多，舟山海域丰度不高。

理蛤（依 WoRMS）

(八十二)截蛏科 Solecurtidae d'Orbigny, 1846

壳形较细长，前、后端截形，均形口；两壳相等，前、后不等；壳顶低平；壳表刻纹独特，除生长纹外，还有与其相交的斜行线，壳皮发达；外套线具窦；两壳各有2枚放射状主齿。

全球海生种类记载共163种，舟山海域仅分布1种。

170 总角截蛏
Solecurtus divaricatus (Lischke, 1869)

同物异名	*Solecurtus dunkeri* Kira, 1959
分类地位	双壳纲 Bivalvia，鸟蛤目 Cardiida，截蛏科 Solecurtidae
形态特征	壳长71.5 mm。壳体坚硬，近方形。壳面乳白色，有粉色斑块；两壳相等，上有明显的条片状放射肋，后端的放射肋呈突起状，与其他部分不统一，生长纹细密；壳内面粉色，自壳顶到腹缘有2条白色的放射状色带；外套窦极深，呈钝圆锥形，向前伸展达壳长2/3处；韧带发达，铰合齿弱，有2枚。
生态习性	生活于潮间带下区及浅海沙质海底。
地理分布	国外见于西太平洋南部海域。我国沿海均有分布，舟山地区罕见。

总角截蛏

（八十三）樱蛤科 Tellinidae Blainville, 1814

小型蛤类。由于种类繁多，体形、生活方式都有较大差异。总体特征是小型、壳近长椭圆形、三角形，两壳多相等，壳顶多不凸出；壳薄；两壳各有主齿2枚，其中1枚分叉，左壳侧齿常退化；营浅埋生活，水管很发达；壳多呈玉色、粉红色。

全球现生种类记载有530余种。

171 彩虹明樱蛤
Iridona iridescens (W. H. Benson, 1842)

地方名	海瓜子
分类地位	双壳纲 Bivalvia，鸟蛤目 Cardiida，樱蛤科 Tellinidae
形态特征	一般壳长12～20.5 mm，高7～13 mm，宽3.1～6 mm。贝壳呈长卵圆形，前端边缘圆，后端背缘斜向后腹方延伸，呈截形；两壳大小近相等，两侧稍不等，前端较后端略长，贝壳后端微向右侧弯曲；外韧带较凸，黄褐色；贝壳壳表平滑，呈白色而略带粉红色，具光泽，同心生长纹细密、较规则，无放射肋，仅壳后端略有小纵褶。贝壳内面颜色与壳表略相同，铰合部较窄，两壳各具主齿2枚，呈"∧"形，右壳前方有一个不发达的前侧齿，左壳侧齿不明显；前闭壳肌痕呈梨形，后闭壳肌痕呈马蹄形，外套窦深，前端与前闭壳肌痕相连，全部与外套线汇合。

彩虹明樱蛤

生态习性	生活于泥质潮间带的中、上潮区，营浅埋生活。
地理分布	国外见于日本、韩国、菲律宾、泰国湾等地。我国南北沿海均有分布，浙江沿海数量最多。

172 红明樱蛤
Jitlada culter (Hanley, 1844)

地方名 细樱蛤

分类地位 双壳纲 Bivalvia，鸟蛤目 Cardiida，樱蛤科 Tellinidae

形态特征 大者壳长24 mm，高17 mm，宽8 mm。贝壳薄，有时半透明，近椭圆形或三角形，两壳略相等，两侧不等；壳顶约居中央，较长的个体壳顶稍靠后方，壳前缘较圆，腹缘呈弧形、后缘较细；外韧带短、褐色，较明显；壳色有变化，有白、黄、红等色，壳表光滑具光泽，生长纹细密，较规则；壳内面呈白色或淡红色；铰合部较窄，左右两壳各具主齿2枚，左壳的前主齿和右壳的后主齿皆较大，且分叉，右壳的前侧齿约靠近中央齿，但变化较大，有的为一个小突起，有的形较长，后侧齿小，有的退化；肌痕略显，前闭壳肌痕呈卵圆形，后闭壳肌痕上部较尖细，外套窦大，呈三角形，较明显。

生态习性 生活于泥沙质潮间带。

地理分布 国外见于日本、朝鲜等地。我国沿海均有分布。

红明樱蛤（依www.inaturalist.org）

173 江户明樱蛤
Moerella hilaris (Hanley, 1844)

同物异名 *Moerella jedoensis*（Lischke, 1872）

分类地位 双壳纲 Bivalvia，鸟蛤目 Cardiida，樱蛤科 Tellinidae

形态特征 壳长 17.4 mm。贝壳薄，半透明，略呈三角形；两壳相等，壳面突，两侧近相等，前端边缘圆，后端边缘略呈钝角；具棕黄色外韧带；壳表光滑，呈玫瑰色或淡红色，具光泽；生长线细密，明显；铰合部狭，两壳各具主齿2枚，右壳前侧齿较突，略呈三角形，后侧齿狭长，左壳侧齿不明显，右壳前侧齿离主齿较其他种为远；前闭壳肌痕比后闭壳肌痕稍大，外套痕宽而深。

江户明樱蛤（依 WoRMS）

生态习性 多生活于 30 m 以内浅水区，最深为 50 m 的海底，最高密度可达 2950 个/m^2。

地理分布 国外见于日本。我国分布于渤海、黄海及东海近岸浅水区。

174 西村明樱蛤
Moerella nishimurai Kuroda & Habe, 1958

分类地位 双壳纲 Bivalvia，鸟蛤目 Cardiida，樱蛤科 Tellinidae

形态特征 壳长 7.5 mm。壳体略带红色、浅粉色，有光泽，壳质较厚，呈三角卵圆形；左右壳相似，上有生长纹。壳顶尖，后倾，位于后端约 1/3 处；无小月面和楯面；壳表具生长线和年轮状刻纹，右壳前侧齿特别长，外套窦深，未达前肌痕，腹缘外套线愈合。壳内面灰白色。

西村明樱蛤

生态习性 生活于水深 30~185 m 的沙质海底。

地理分布 国外见于日本。我国分布于长江口外，最高密度达 1000 个/m^2。

175 小亮樱蛤
Nitidotellina lischkei M. Huber, Langleit & Kreipl, 2015

同物异名 *Nitidotellina minuta* (Lischke, 1872)

分类地位 双壳纲 Bivalvia，鸟蛤目 Cardiida，樱蛤科 Tellinidae

形态特征 较大个体的壳长 15 mm，高 9 mm，宽 3.2 mm。壳小，壳质极薄、半透明，呈三角或椭圆形，壳顶略偏背缘后端；外韧带极短，较凸，呈黄褐色；壳前端呈圆形，腹缘略直，后缘常呈截形；壳面呈白色，略显浅虹光彩，生长纹及生长轮脉较明显，多于贝壳中部成锐角相交，无放射肋，壳后端有一条由壳顶斜向后缘较宽而略凹的放射沟；贝壳内面颜色略与壳表相似，呈白色，具虹光，肌痕不明显，外套窦较深，全部与外套线汇合；铰合部较窄，左右两壳各具中央齿2枚，皆呈"八"字形，侧齿形状靠近中央齿。

生态习性 生活于软泥和细泥沙质的低潮线下至 30 m 内的浅海底，浅埋穴居。

地理分布 国外见于日本、朝鲜等地。我国沿海均有分布。

小亮樱蛤（依 WoRMS）

176 虹光亮樱蛤
Nitidotellina valtonis (Hanley, 1844)

同物异名 *Nitidotellina iridella* (E. von Martens, 1865)

分类地位 双壳纲 Bivalvia，鸟蛤目 Cardiida，樱蛤科 Tellinidae

形态特征 较大个体的壳长 27.2 mm，高 16.2 mm，宽 6 mm。壳形扁平，半透明，呈长椭圆形，壳顶略偏向壳后；外韧带较短而凸，呈浅褐色；壳前缘及腹缘略呈圆形，后缘呈截形；壳面光滑具虹彩，呈白色或粉红色，壳前端和中部除有生长轮脉外还有细同心纹，细同心纹在壳中部与生长轮脉成锐角相交，壳后端具有放射褶；壳内面颜色与壳表相似，肌痕较明显，外套窦靠近前闭壳肌痕，与外套线汇合；铰合部窄，两壳中央齿明显，皆呈"八"字形，左壳的前主齿和右壳的后主齿较大而分叉，左壳无侧齿，右壳前侧齿细长，较明显，后侧齿常不清楚。

生态习性 生活于水深 40 m 以内的潮间及浅泥沙质海底，埋栖穴居。

地理分布 国外见于日本、朝鲜等地。我国沿海均有分布。

虹光亮樱蛤

二十、海螂目 Myida

海螂目多为小型个体。两壳通常不等，前、后相等或极不相等；铰合部无齿，或两壳各具一主齿，内韧带位于一个匙状着带板上；外套窦同外套线愈合。

下分6个科，全球记载共350种。

（八十四）篮蛤科 Corbulidae Lamarck, 1818

壳质坚厚，两壳不等，左壳小于右壳；壳的后部长，末端尖，呈喙状；外套窦很浅，不明显；右壳铰合部有1主齿，左壳有1齿槽与其相对，个别种有侧齿痕迹；左壳上的着带板大。

177 黑龙江河篮蛤
Potamocorbula amurensis (Schrenk, 1862)

地 方 名	白瓜子、沙蛤、白海瓜子
分类地位	双壳纲 Bivalvia，海螂目 Myida，蓝蛤科 Corbulidae
形态特征	壳呈卵圆形至长卵圆形，质薄而轻。壳表具黄褐色的外皮，两壳不等，右壳腹缘的中、后部明显卷包在左壳缘之上；左壳壳顶后端高度小于前端高度；腹缘稍圆，后端略作截状；壳顶位于背缘中央稍偏前方；壳内呈灰白色，右壳具1三角形主齿，齿后为韧带槽；左壳后主齿与韧带槽突起相愈合，内韧带呈黑褐色；前闭壳肌痕呈长梨形，后闭壳肌痕近圆形。

黑龙江河篮蛤

生态习性　生活于江河口潮间带的软泥质底，肉可食用。
地理分布　国外见于朝鲜、韩国、日本。我国沿海均有分布，舟山海域有一定产量。

178 光滑河篮蛤
Potamocorbula laevis (Hinds, 1843)

地方名 白瓜子、沙蛤、白海瓜子

分类地位 双壳纲 Bivalvia，海螂目 Myida，蓝蛤科 Corbulidae

形态特征 壳小，呈三角形或长卵圆形，表面被有黄褐色外皮；左壳小，右壳大而膨胀，壳顶位于背缘中央偏前；壳表光滑，无放射肋，生长纹细密，壳内面白色；铰合部狭，两壳各具1主齿，左壳主齿凸出成匙状，右壳主齿略似钩状；内韧带黄褐色，前闭壳肌痕呈长卵圆形，后闭壳肌痕近圆形。

生态习性 生活于潮间带或浅海泥沙质海底。喜群居，栖息密度大。

地理分布 国外见于日本、朝鲜等地。我国南北沿海均有分布，舟山海域常见。

光滑河篮蛤

179 焦河篮蛤
Potamocorbula ustulata (Reeve, 1844)

地方名 白瓜子、沙蛤、白海瓜子

分类地位 双壳纲 Bivalvia，海螂目 Myida，篮蛤科 Corbulidae

形态特征 贝壳近似等腰三角形，质厚而坚硬，壳表具黄褐色的外皮，两壳不等；右壳腹缘的中、后部明显卷包在左壳缘之上，左壳腹缘平直，壳顶位于背缘中央稍偏前方；壳内面呈灰白色，右壳具1主齿，齿后为韧带槽，左壳后主齿与韧带槽突起相连，内韧带黑褐色，前闭壳肌痕呈长梨形，后闭壳肌痕近圆形；外套痕清楚。

生态习性 生活于浅海及河口。

地理分布 国外见于新加坡。我国主要分布于山东、江苏和浙江，舟山海域少见。

焦河篮蛤

（八十五）海笋科 Pholadidae Lamarck, 1809

壳呈长圆形或球形，有裂缝状或圆形足孔，成年后可能为钙质所封闭；壳表的前部有覆瓦状棘和小齿组成的同心脊和放射肋及1~2条腹沟，腹沟将壳分为前部和中部，但后部与中部没有清晰的界线；原板、中板、后板、腹板或水管板等副板，在有些种类中出现，或部分出现；壳顶内窝有1壳内柱；外套窦深，水管不能全部缩入壳内；幼体时足发达，呈截形，成体时由于被胼胝所封闭而萎缩；除前后闭壳肌外，还有腹闭壳肌。

180 吉村马特海笋
Aspidopholas yoshimurai Kuroda & Teramachi, 1930

分类地位 双壳纲 Bivalvia，海螂目 Myida，海笋科 Pholadidae

形态特征 左右两壳抱合呈长卵形，前端膨胀呈球形，后端渐消瘦，壳高与壳宽略相等，壳顶靠近前方；壳表由壳顶至腹面有一斜行横纹，将壳面分为前、后两部分，前部具细的波状纹，后部平滑，仅有环形生长纹；壳内面有与壳面横纹相当的轻微的肋，壳内柱细长；原板大，呈鞍状，无中板，后板呈披针形，腹板呈箭头状。肉可食用，但对港湾的岩石建筑有危害。

生态习性 凿穴生活，栖息于潮间带下区及低潮线附近的石灰质或牡蛎贝壳中。

地理分布 国外见于日本。我国南北沿海均有分布。

吉村马特海笋

181 大沽全海笋
Barnea davidi (Deshayes, 1874)

分类地位 双壳纲Bivalvia，海螂目Myida，海笋科Pholadidae

形态特征 贝壳大，常见壳长96 mm。两壳抱合呈长卵形，前、后端开口，背腹缘相接；壳高与壳宽近等，壳顶向前，背缘向外卷曲，壳面凸；表面具25～27条自壳顶至腹面相距疏远的同心波形纵肋，和27～30条自壳顶至腹面呈放射状排列的肋，纵肋与放射肋互相交织形成四角形的网目状花纹，贝壳前面放射肋不明显，但在纵肋上有发达的棘；原板呈椭圆形，前、后端尖。

生态习性 生活于潮间带下区及浅海泥沙底。

地理分布 本种为我国地方性种类，主要分布于黄海、渤海和东海。

大沽全海笋（依《中国水生贝类原色图鉴》）

182 脆壳全海笋
Barnea fragilis (G. B. Sowerby II, 1849)

同物异名	*Pholas fragilis* G. B. Sowerby II, 1849
分类地位	双壳纲 Bivalvia，海螂目 Myida，海笋科 Pholadidae
形态特征	常见壳长 53.4 mm。贝壳较小，略呈椭圆形，前、后端均开口；壳前端膨大，后端渐尖瘦，壳高与壳宽约相等；壳顶前方背缘向外卷曲，腹缘前端凹入，原板呈长卵形；壳表面白色，具排列较密的纵肋，前部具放射肋，放射肋与纵肋相交处形成突起或波纹；壳内柱细长，约伸展至壳高的 1/2 处；外套窦极大而深。
生态习性	营凿石穴居生活，栖息于潮间带下区及浅海的风化岩石中。
地理分布	国外见于菲律宾、日本。我国南北沿海均有分布。

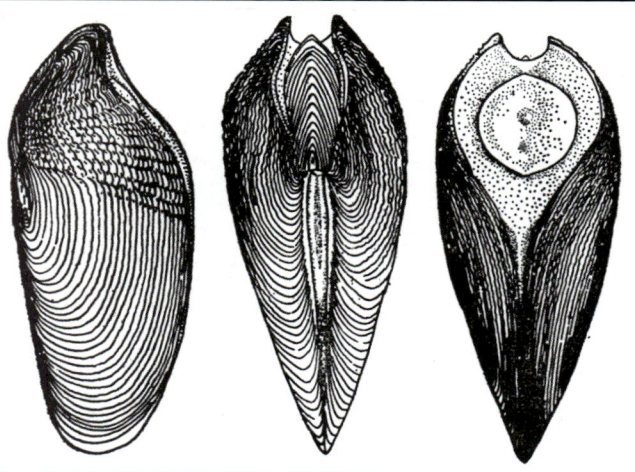

脆壳全海笋（仿 www.naturalista.mx 等）

183 波纹沟海笋
Zirfaea crispata (Linnaeus, 1758)

同物异名 小沟海笋 *Pholas crispata* (Linnaeus, 1758)

分类地位 双壳纲 Bivalvia，海螂目 Myida，海笋科 Pholadidae

形态特征 壳长 46 mm。贝壳高而短，高度与宽度略相等，约为长度的 1/2；壳顶位于近前方，贝壳的前段极膨胀，后端渐尖瘦；壳表有由壳顶至腹面延伸的一条斜行的深沟，将壳面分为前、后两部分；贝壳内面有与壳表斜行的深沟相当的一条突起的肋；壳内柱长，无原板，壳顶之后有 1 前端宽、后端尖的中板。

生态习性 生活于潮间带下区的风化岩石上，营凿穴生活。

地理分布 本种为世界北半球广布种。我国南北沿海均有分布。

波纹沟海笋（依 Natural History Collections）

（八十六）船蛆科 Teredinidae Rafinesque, 1815

体细长，呈蠕虫状。除前端被贝壳包被外，其余部分分居于长形石灰质管内；两壳相等，极退化仅能包被蠕虫状身体的前部，足小，前端截形，无足丝腺；水管细长，分离，水管基部呈领状，两侧各有1石灰质的铠，铠的基部具1长柄，先端为铠片，铠片由一个或多个石灰质片构成，当水管收缩时，用以封闭洞口。

本科种类都以凿木穴居，危害沿海木质建筑、渔船和渔具，为海洋主要污损生物。

全球记载共81种（不包括已单立的凿木蛤科 Xylophagaidae），舟山海域分布4种。

184 船蛆
Teredo navalis Linnaeus, 1758

分类地位 双壳纲 Bivalvia，海螂目 Myida，船蛆科 Teredinidae

形态特征 体细长，乳白色管虫状，常见体长200～450 mm。体最前端具2块小型贝壳，抱合时略呈球形，表面具众多刻肋，似锉状嵴，生活时通过壳肌的伸缩，此壳可发生旋转，借此锉木挖穴，并将木屑作为食料。体末端有2条细长水管，外露在洞外，分为进水孔和排水孔，排水孔兼作排泄孔，水管基部具铠（片），铠呈桨状，铠柄细长，危急时可收缩水管，代之用铠封闭开孔。整个身体外还有一个很薄的石灰质套管，可使身体在管内收缩、滑动。

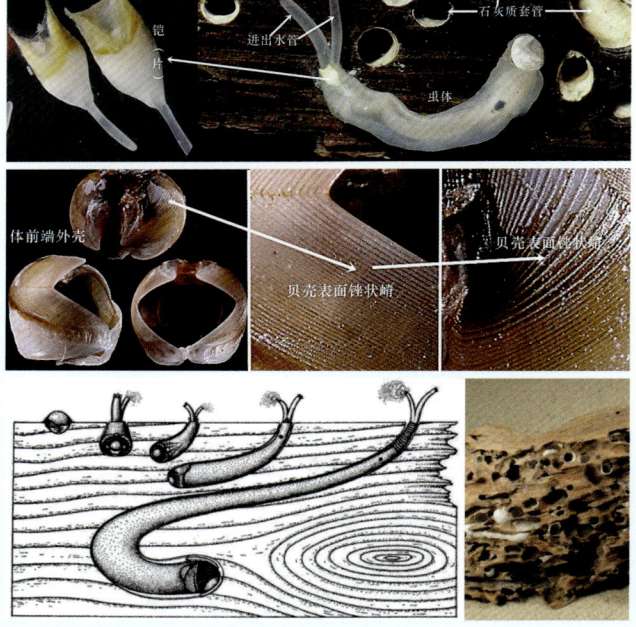

船蛆

生态习性 一般寿命1～3年，一年产卵3～4次，产卵量大，繁殖能力极强，在钢质船年代之前，是船舶及木质海岸建筑非常大的克星之一。

地理分布 世界性分布。我国沿海均有分布。

二十一、帘蛤目 Venerida

帘蛤目为不等齿总目 Imparidentia 种类数量最多的一个类群，下分9个总科，21个科。全球海生现生种类1431种，个体大小及形态差异很大。

（八十七）蛤蜊科 Mactridae Lamarck, 1809

贝壳近卵圆形、椭圆形或钝三角形；两壳相等，壳质薄；壳面光滑或具生长线，具壳皮，壳皮薄、易剥蚀；外韧带小或无；内韧带发达，位于铰合部中央的三角形槽带中；铰合部宽大，左壳韧带槽前具1分叉主齿，呈"人"字形，其后端具1附属片；右壳韧带槽的前方有2枚主齿，一般呈"八"字形，有时上端愈合，侧齿不固定，但大多数有前、后侧齿，通常为片状；外套膜边缘两点愈合，足孔甚大或很小；水管长，两水管全部愈合。

全球记载共178种。

185 西施舌
Mactra antiquata Spengler, 1802

分类地位 双壳纲 Bivalvia, 帘蛤目 Venerida, 蛤蜊科 Mactridae

形态特征 壳大而薄，略呈三角形，壳顶位于贝壳中央稍靠前方；壳顶前方略凹，后方较为凸出，腹缘呈圆形；壳表具黄褐色发亮的外皮，壳顶部淡紫色，无放射肋，生长纹细密明显；壳内面淡紫色，铰合部宽大，左壳有主齿1枚，右壳有主齿2枚，前后侧齿发达；外韧带小，内韧带大。

西施舌

生态习性 生活于沙质潮间带下区及浅海。营浅埋生活，成体埋栖深度为7～10 cm，索饵和呼吸时升至表层，退潮时潜居沙中。

地理分布 国外见于日本、东南亚等地。我国沿海均有分布。

186 中国蛤蜊
Mactra chinensis R. A. Philippi, 1846

分类地位 双壳纲 Bivalvia，帘蛤目 Venerida，蛤蜊科 Mactridae

形态特征 贝壳较坚厚，略呈椭圆形，左右壳相等；壳面无放射肋，生长线明显，呈凹线形，在壳顶处细致，至边缘逐渐加粗，壳面光滑，顶部呈淡蓝色，腹面为黄褐色，并具放射状黄色带；内韧带黄褐色；左右壳各具主齿2枚，左壳前后各有一枚片状侧齿，右壳前后各有一枚双片状侧齿；外套痕明显，外套窦深而钝。

生态习性 生活于泥沙质潮间带中下区及浅海，营浅埋生活。

地理分布 国外见于日本、朝鲜、韩国等地。我国主要分布在黄海、渤海，舟山海域少见。

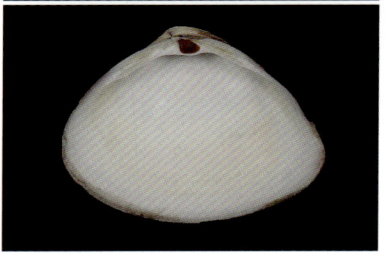

中国蛤蜊

187 四角蛤蜊
Mactra quadrangularis Reeve, 1854

同物异名 *Mactra veneriformis* Reeve, 1854

分类地位 双壳纲 Bivalvia，帘蛤目 Venerida，蛤蜊科 Mactridae

形态特征 贝壳薄，略呈四角形，两壳极膨胀，贝壳具壳皮；顶部白色，近腹缘为黄褐色，腹面边缘常有1很窄的黑色边；生长线明显，形成凹凸不平的同心环纹；左壳有1分叉主齿，右壳具2枚主齿，两壳前后侧齿发达；外韧带小，内韧带大，陷于主齿后的韧带槽中；外套痕清楚，外套窦不深。

生态习性 生活于泥沙质潮间带中下区及浅海，营浅埋生活。

地理分布 国外见于日本。我国沿海均有分布，舟山海域少见。

四角蛤蜊

188 斧光蛤蜊
Mactrinula dolabrata (Reeve, 1854)

分类地位 双壳纲 Bivalvia，帘蛤目 Venerida，蛤蜊科 Mactridae

形态特征 贝壳呈三角形，壳质薄韧，一般壳长41 mm，高29.2 mm，宽15.6 mm。壳顶尖而扁，近壳后端，小月面凹，呈心脏形，较细长，壳前端圆而近方形，后端较细、尖，略具角；腹缘呈弧形；壳表呈浅黄色，壳顶附近颜色较浅，至壳缘逐渐加深呈浅褐色；无放射肋，生长线极细密；壳内面为白色或奶油色，略具光泽，肌痕较明显，外套窦较细浅；外韧带小而薄，不明显，内韧带强大，位于三角形的韧带槽中，呈红褐色；右壳前主齿呈"八"字形，前片较高，又与1小齿愈合，前、后各具2片侧齿，前侧齿短，后侧齿长；左壳主齿呈"八"字形，其前方有1高起的齿片，前、后侧齿皆较明显，呈片状。

生态习性 生活于水深40～90 m的潮下带，营浅埋生活。

地理分布 国外广泛见于印度洋—西太平洋。我国分布于黄海、东海、南海。

斧光蛤蜊

（八十八）棱蛤科 Trapezidae E. Lamy, 1920

贝壳略呈长方形，两壳相等，前、后不等；两壳能密闭，壳顶较凸出，位于近前端；壳表平，或具同心线（生长纹），少数种类有放射肋；壳皮薄，呈褐色；壳内面外套线通常完整，部分种类具后窦；铰合部狭窄，一般两壳各有2枚主齿，1枚长的后侧齿以及1枚小的前侧齿；外韧带处于壳顶后的沟中。

全球记载共12种，舟山海域分布1种。

189　纹斑棱蛤
Neotrapezium liratum (Reeve, 1843)

同物异名	*Trapezium liratum*（Reeve, 1843）
分类地位	双壳纲 Bivalvia，帘蛤目 Venerida，棱蛤科 Trapezidae
形态特征	贝壳略呈长方形，壳顶低，位于壳的近前端，壳顶至后腹缘稍隆起，腹缘中央微凹；壳表面生长轮脉粗糙；左右壳各具主齿2枚，侧齿1枚；壳表呈白色，夹杂紫色，无放射肋；壳内面呈白色、浅橙黄色或紫色。
生态习性	以足丝附着于岩石缝或石砾间。多见于低潮线附近。
地理分布	国外见于印度洋—西太平洋。我国主要分布于浙江及以北海域，台湾也有发现。

纹斑棱蛤

（八十九）帘蛤科 Veneridae Rafinesque, 1815

贝类规则，两壳大小相等；壳质坚厚，壳面常见花纹，生长线和放射肋变化很大；小月面及楯面均清晰；具外韧带；铰合部具3枚主齿，有一些属具有前侧齿；外套痕弯曲，外套窦钝或呈三角形；外套膜前方张开，唇瓣小，呈三角形；水管短，大部分愈合；足小，扁平，呈舌状，有些属具足丝。

全球现生种类记载共758种，我国记载100多种。

190 青蛤
Cyclina sinensis (Gmelin, 1791)

地方名	蛤蜊
分类地位	双壳纲 Bivalvia，帘蛤目 Venerida，帘蛤科 Veneridae
形态特征	常见壳长20～40 mm。壳质较坚厚，近圆形，壳面极凸出，宽度较大；壳顶凸出，尖端弯向前方，无小月面，楯面狭长；外韧带黄褐色，不凸出壳面；壳表生长纹明显，无放射肋，淡黄色或棕红色，或青黑色，壳缘为白色；贝壳内面边缘具整齐的小齿，靠近背缘的小齿稀而大；左右两壳各具主齿3枚。
生态习性	生活于泥质潮间带的中高潮区，营埋栖生活。
地理分布	国外见于朝鲜、韩国、日本等地。我国南北沿海均有分布。

青蛤

191 日本镜蛤
Dosinia japonica (Reeve, 1850)

分类地位 双壳纲 Bivalvia，帘蛤目 Venerida，帘蛤科 Veneridae

形态特征 壳长可达74 mm。近圆形，较青蛤扁薄；壳体坚厚，壳面浅黄色，近壳顶处颜色较深；左右壳相似，壳面密布生长纹，凸起较明显，无放射肋；壳顶位于中前方；小月面心脏形，楯面呈披针形，外韧带黄褐色；壳内乳白色至浅黄色，铰合齿强壮，各具3枚主齿，左壳中央主齿最强，右壳后主齿距中央主齿远且细长。

生态习性 生活于泥沙质潮间带及水深0～73 m的泥沙质海底。

地理分布 国外见于韩国、日本。我国沿海均有分布。

日本镜蛤

192 翘鳞蛤
Irus irus (Linnaeus, 1758)

分类地位 双壳纲 Bivalvia，帘蛤目 Venerida，帘蛤科 Veneridae

形态特征 贝壳呈长方形，拱凸，壳顶位于贝壳前1/3处，小月面和楯面均不清楚；壳表面灰褐色，同心生长轮宽，在壳后端翘起呈鳞片状，另外有密的放射条纹与鳞状同心轮；铰合部小，左右壳各具3枚主齿，右壳中、后主齿和左壳中央主齿分裂；闭壳肌痕、外套痕明显，外套窦呈长舌状。

生态习性 生活于岩相潮间带岩缝中或潮下带浅海区域。

地理分布 国外见于日本等地。我国沿海均有分布，但舟山海域极罕见稀少。

翘鳞蛤（依 Worldwide Seashells Collection）

193 江户布目蛤
Leukoma jedoensis (Lischke, 1874)

同物异名 *Protothaca jedoensis*（Lischke, 1874）

分类地位 双壳纲 Bivalvia，帘蛤目 Venerida，帘蛤科 Veneridae

形态特征 常见壳长 20～40 mm。贝壳坚硬，略呈卵圆形，长度略大于高度；小月面呈心脏形，楯面呈披针形，外韧带铁锈色，不突出壳面；壳表有许多粗的放射肋及深陷的生长纹交织成布目状；壳表面灰褐色，常带褐色斑点或条纹；贝壳内面周缘具细齿列，左右壳各具主齿3枚，两齿均无侧齿。

生态习性 栖息于潮间带上、中区有石砾的泥沙中，营浅埋生活。

地理分布 国外见于新西兰、日本、韩国。我国南北沿海均有分布。

江户布目蛤

194 等边浅蛤
Macridiscus aequilatera (G. B. Sowerby I, 1825)

地方名 沙蛤、半布目浅蛤

分类地位 双壳纲 Bivalvia，帘蛤目 Venerida，帘蛤科 Veneridae

形态特征 常见壳长 24～38 mm。贝壳略呈等边三角形，前缘稍钝，后缘较尖，腹缘呈弧形。壳顶位于贝壳背缘的中央，小月面狭长，呈披针状；楯面不明显，外韧带短而粗；贝壳表面无放射肋，生长线明显；壳表淡黄色或棕黄色，具锯齿状或斑点状花纹，通常具放射状色带 3～4 条；两壳各具主齿 3 枚。

生态习性 生活于潮间带中、下区至浅海的沙质中。

地理分布 国外见于日本、澳大利亚。我国沿海均有分布，舟山海域为常见种。

等边浅蛤

195 斧文蛤
Meretrix lamarckii Deshayes, 1853

同物异名 *Cytherea fusca* Koch, 1845；*Meretrix compressa* Römer, 1866

分类地位 双壳纲 Bivalvia，帘蛤目 Venerida，帘蛤科 Veneridae

形态特征 贝壳大，三角卵圆形或斧状，两侧略膨胀，壳长大于壳高，常见壳长可达 80 mm。壳顶部很宽、钝圆，顶尖很小，略向内弯曲。壳顶位于背部中央之前；壳的前部短，后部长，前缘和后缘均较尖；壳面颜色、花纹有变化，上有一层光亮油漆状的壳皮，有许多粗细不一横的棕黄色色带，同心生长纹细，排列不规则，勉强可见。

贝壳内面白色，铰合部长，略呈弧形，左壳前侧齿大而尖，突出壳面高，距前主齿远；前主齿大，突出壳面高，中央主齿略斜向后方；后主齿长，沿韧带脊斜行；右壳有两枚前侧齿，当中的齿窝较深，前主齿很小，中尖主齿大、较薄，后主齿斜长。前、后闭壳肌痕大，外套痕明显，外套窦弯入浅、先端钝圆。

生态习性 生活于潮下带水深约 20 m 的沙质海底。

地理分布 国外见于日本。我国分布于广东、海南等地，舟山偶有发现。

斧文蛤

196 文蛤
Meretrix meretrix (Linnaeus, 1758)

分类地位 双壳纲 Bivalvia，帘蛤目 Venerida，帘蛤科 Veneridae

形态特征 常见壳长49～72 mm。背缘略呈三角形，腹缘呈圆形，两壳相等，壳长略大于壳高；壳顶凸出，位于背面稍靠前方，壳体坚厚，两壳壳顶紧接，并微向腹面弯曲；贝壳表面膨胀，小月面狭长呈矛头状，楯面宽大，呈卵圆形；外韧带黑色，粗短，凸出表面；壳表光滑，被有一层黄褐色似漆的壳皮，生长纹清晰，左右壳相似，由壳顶开始常有环形的褐色带，壳面花纹随个体差异甚大，小型个体贝壳花纹丰富，变化多端，大型个体则较为恒定，通常在贝壳近背缘部分有锯齿或波纹状的褐色花纹；壳皮在贝壳中部及边缘部分常磨损脱落，而呈白色；贝壳内面呈白色，前、后壳缘有时略呈紫色；铰合部宽，右壳具3枚主齿及2枚前侧齿，前2枚主齿短而高，呈"∧"形排列，后主齿强大，斜长；左壳具主齿3枚，前侧齿1枚，前2枚主齿略呈三角形；前闭壳肌痕小，略呈半圆形，后闭壳肌痕大，呈卵圆形；外套痕明显，外套窦短，呈半圆形。

生态习性 生活于潮间带以及水深20 m以内的浅海。

地理分布 国外见于韩国、日本。我国南北沿海均有分布。

文蛤

197 三角凸卵蛤
Pelecyora nana (Reeve, 1850)

- **地 方 名** 凸镜蛤
- **同物异名** *Dosinia gibba* A. Adams, 1869
- **分类地位** 双壳纲 Bivalvia，帘蛤目 Venerida，帘蛤科 Veneridae
- **形态特征** 常见壳长约20 mm。贝壳凸出，壳高略大于壳长，壳宽约为壳长的2/3；壳顶凸出，其尖端略向前弯曲，小月面呈心脏形，楯面狭长，外韧带稍下沉；壳表面黄白色，无放射肋，生长纹明显并凸出壳面；壳内面白色；铰合部宽，左右壳各具3枚主齿，右壳有2个前侧齿，左壳有1个前侧齿；前、后闭壳肌痕及外套痕明显，外套窦深。
- **生态习性** 埋栖于泥沙质潮间带及水深约69 m的浅海。
- **地理分布** 国外见于日本。我国南北沿海均有分布，但数量极少。

三角凸卵蛤

198 菲律宾蛤仔
Ruditapes philippinarum (A. Adams & Reeve, 1850)

地方名 花蛤、蛤仔、杂色蛤仔

分类地位 双壳纲 Bivalvia，帘蛤目 Venerida，帘蛤科 Veneridae

形态特征 常见壳长38~49 mm。贝壳呈卵圆形，壳质坚厚，膨胀，前端近椭圆，后端近截形；壳顶位于壳长的1/3处，小月面宽，椭圆或略呈梭形，楯面呈梭形，韧带长，凸出；贝壳表面灰黄色或灰白色，有的具带状花纹或褐色斑点。壳面有细密的放射肋，此肋与自壳顶同心排列的生长纹交错形成布纹状。贝壳内面淡灰色或肉红色，铰合部各具3枚主齿，无侧齿，左壳中央主齿与右壳前主齿分叉；前闭壳肌痕半圆形，后闭壳肌痕呈圆形，外套痕明显，外套窦深，前端呈圆形。

生态习性 生活于靠近河口沿岸的泥沙质潮间带，以及水深30 m以内的浅海。

地理分布 国外见于日本、菲律宾。我国南北沿海均有广泛分布，也是滩涂养殖的主要贝类之一。

菲律宾蛤仔

199 白帘蛤
Venus cassinaeformis (Yokoyama, 1926)

同物异名 *Venus foveolatus* (Sowerby, 1853); *Venus foveolata* G. B. Sowerby II, 1853

分类地位 双壳纲 Bivalvia，帘蛤目 Venerida，帘蛤科 Veneridae

形态特征 壳长27～51 mm，高23～44 mm，宽15～26 mm。贝壳呈横卵圆形，白色、扁平，壳质坚厚。壳顶近中位，顶尖略偏前方；从壳顶部向下1/3处的贝壳前、后缘均圆，腹缘亦圆；壳面无放射肋，同心生长纹凸起；小月面大、呈楔状，上有薄而平的鳞片状突起，楯面呈长披针形，外韧带黄棕色，略沉于壳内；壳内面白色，铰合部大而宽，左壳前侧齿很小，略为凸起，前主齿斜而尖，中央主齿宽大，两分叉，后主齿斜长；右壳铰合部的前方有1浅的前侧齿窝，前主齿较小，呈薄片状，中央主齿两分叉，后主齿强大、斜长、两分叉；前、后闭壳肌痕呈马蹄形，外套痕清楚，外套窦浅，贝壳内缘具齿状突起。

生态习性 生活于潮下带至水深17～91 m的泥沙质底浅海。

地理分布 国外见于日本。我国东南沿海均有分布，舟山海域也有发现。

白帘蛤

二十二、蚶目 Arcida

蚶目原与吻状蛤科 Nuculanidae、蚶蜊科 Glycymeridae 等共属列齿目 Taxodonta，现独立成目。本目种类大多贝壳呈卵圆形或近圆形，壳质坚厚，较膨胀，壳表放射肋明显，被壳皮，尤其铰合齿数目多，排一列。

下分7个科，共619种。

（九十）蚶科 Arcidae Lamarck, 1809

贝壳较厚，呈卵圆形、三角形或不等四边形，壳面凸，被有放射肋或褐色绒毛壳皮；贝壳内面缺少珍珠层，白色；韧带面一般较宽，呈菱形；铰合部直或略呈弧形，具有许多片状小齿；前后闭壳肌痕相距较远，一般前肌痕小而后肌痕大；无水管，足发达，能挖掘泥沙或做短距离爬行。

多数栖息于泥沙滩中，有些也用足丝附着于石缝中生活。自潮间带至潮下带 100 m 以内的浅海均有分布，少数种能在数百米甚至数千米的深海中生活。

200 魁蚶

Anadara broughtonii (Schrenck, 1867)

地 方 名	大毛蚶、大毛蛤、赤贝
同物异名	*Scapharca broughtoni* (Schrenk, 1867)
分类地位	双壳纲 Bivalvia，蚶目 Arcida，蚶科 Arcidae
形态特征	壳形大，较鼓胀，左壳稍大于右壳。常见壳长约50 mm或在50 mm以上。壳体厚实，呈卵圆形，前端圆，后端呈斜截形。壳上具放射肋约42条，放射肋宽，平滑，无明显结节；各肋之间的宽度大致相等。壳表具棕色壳皮，尤以边缘壳皮发达，呈黑棕色。壳内面具强壮的齿状突起。
生态习性	生活于浅海 10～30 m 的软泥或泥沙质海底。
地理分布	国外见于日本、朝鲜等地。我国沿海均有分布，舟山海域少见。

魁蚶

201 毛蚶
Anadara kagoshimensis (Tokunaga, 1906)

- **地方名** 毛蚶、蚶子、血蚶
- **同物异名** *Scapharca kagoshimensis* (Tokunaga, 1906)
- **分类地位** 双壳纲 Bivalvia，蚶目 Arcida，蚶科 Arcidae
- **形态特征** 成体壳长40～50 mm。壳呈长卵圆形，中等大小，质坚厚；壳顶凸出，位于中央之前，壳前部短圆，后部大，呈斜截形，左壳稍大于右壳。壳面白色，被有褐色绒毛状壳皮，在边缘处的肋沟间更为明显；自壳顶向壳缘的放射肋有31～34条，放射肋平坦。壳内白色，壳缘具齿。铰合部直，齿细密，1列。前闭壳肌痕近菱形，后闭壳肌痕前端尖，略呈扇形。

毛蚶

- **生态习性** 通常浅埋于低潮线以下至水深20 m处稍有淡水注入的泥或泥沙质海底。
- **地理分布** 国外见于日本、越南、朝鲜等地。我国沿海均有分布，舟山海域自然分布较少，但有养殖，产量较高。

202 棕蚶
Barbatia amygdalumtostum (Röding, 1798)

- **分类地位** 双壳纲 Bivalvia，蚶目 Arcida，蚶科 Arcidae
- **形态特征** 壳呈长卵圆形，壳面中央稍压缩，背、腹缘略平行，前、后端圆；韧带面前方短而宽，后方呈披针状；壳表棕红色，具绒毛；壳顶部有2条白色放射状条纹；壳表放射肋细密，与生长纹相交呈念珠状；足丝孔狭，足丝呈片状；壳内深紫色。铰合部弯，铰合齿短而密。

棕蚶

- **生态习性** 生活于潮间带至浅海，以足丝附着于其他物上。
- **地理分布** 国外见于印度洋—太平洋。原记载我国仅分布于福建东山以南，但在舟山也有发现。

203 青蚶
Barbatia virescens (Reeve, 1844)

分类地位 双壳纲 Bivalvia，蚶目 Arcida，蚶科 Arcidae

形态特征 常见壳长30～46 mm。贝壳近长卵形或长方形，中部稍压扁，壳顶部稍凸出，位于贝壳前方，约为壳长的1/4处，两壳顶距离近；韧带面极窄，向内倾斜，具韧带沟；贝壳前端短小，后端延长较宽大，并膨胀，末缘为不规则的斜截状；腹缘近前方有1狭长裂孔，向内凹，为足丝孔，足丝为片状；壳表放射肋细密，贝壳后部肋强壮但不规则，同心生长线较稀疏、微弱；壳面略显绿色，壳皮粗糙，贝壳后端壳皮翘起，呈黑棕色片状；壳内面淡蓝色，具光泽；铰合部中央狭窄，后端宽大，铰合齿中央者细小，密集，后部者粗大、稀疏；外套痕、闭壳肌痕均明显，前闭壳肌痕小，后闭壳肌痕较大，均近圆形。

生态习性 生活于潮间带至浅海，以足丝附着于岩礁间。

地理分布 国外见于菲律宾、日本。我国自浙江至广东沿海均有分布，舟山海域为常见种。

青蚶

204 榛蚶
Lamarcka avellana (Lamarck, 1819)

地方名 椿蚶

同物异名 *Arca avellana* Lamarck, 1819

分类地位 双壳纲Bivalvia，蚶目Arcida，蚶科Arcidae

形态特征 常见壳高14.2 mm，长23.9 mm，宽12.8 mm。贝壳近长方形或长卵形，相当膨胀，壳顶部凸，两壳顶距离远；韧带面宽，光滑、淡棕色，有数条棕色、角质的正、倒排列的"A"形凸出条纹；贝壳前端短圆，后端稍长，末缘为截形，自壳顶斜向后腹缘有1龙骨状突起，将壳面分为两部分，在后端形成1斜面，其上有4～8条较强壮的放射肋；壳面为灰白色或黄白色，放射肋较细密，与同心生长线的交点为明显的小结节，有的个体在中、下部沿同心生长线生有薄而近透明的一层层覆盖的片状物表皮；贝壳内面颜色与外部相近，后端边缘有与壳表斜面上的肋相对应的强壮锯齿状突起，铰合部宽，铰合齿长而直立。

生态习性 生活于潮间带至浅水区，以足丝附着于岩石缝隙里或其他物上。

地理分布 国外见于印度洋—西太平洋。我国沿海均有分布。

榛蚶

205 双纹须蚶
Mesocibota bistrigata (Dunker, 1866)

同物异名	*Barbatia bistrigata* (Dunker, 1866)
分类地位	双壳纲 Bivalvia，蚶目 Arcida，蚶科 Arcidae
形态特征	壳小，近平行四边形，背、腹边缘均直，平行；壳表白色，被有棕色壳皮，放射肋约26条，每条由2或4条细肋组成，肋间具棕色细毛；壳内面白色，具与壳面放射肋相应的细肋；铰合齿约50枚；前闭壳肌痕呈卵圆形，后闭壳肌痕近长方形。
生态习性	以足丝附着于潮间带至浅海的泥沙、石砾底。
地理分布	国外见于印度、日本、韩国。我国沿海均有分布。

双纹须蚶

206 泥蚶
Tegillarca granosa (Linnaeus, 1758)

地方名	血蚶、蚶子、银蚶、血蛤
分类地位	双壳纲 Bivalvia，蚶目 Arcida，蚶科 Arcidae
形态特征	成体壳长20～40 mm。壳呈卵圆形，质坚厚，两壳相等；壳面白色，被褐色壳皮，自壳顶向壳缘的放射肋有18～22条，肋上具明显的结节；壳内面灰白色，边缘具齿；铰合部直，齿细密，1列。
生态习性	浅埋于潮间带泥质海涂。
地理分布	国外见于印度洋—西太平洋。我国沿海均有分布，舟山海域自然分布较少，常与虾、蟹混养，产量较高，四季均有上市。

泥蚶

207 布氏蚶
Tetrarca boucardi (Jousseaume, 1894)

同物异名 *Arca boucardia* Jousseaume, 1894

分类地位 双壳纲 Bivalvia，蚶目 Arcida，蚶科 Arcidae

形态特征 常见壳高14.4 mm，长25.9 mm，宽13.1 mm。贝壳近长方形或平行四边形。贝壳前端短圆，后端延伸，末缘呈斜截状。壳顶部略凸，位于壳长的1/3处。两壳顶距离远，由壳顶斜向后腹缘有1较尖锐的龙骨状突起；韧带面宽大，棕色，平坦或略凹，上面有密集的菱形韧带沟；腹缘近中央稍凹，为足丝裂孔；壳表被棕色壳皮，边缘密生棕色毛，放射肋较细密，同心生长线不显著；贝壳内面为白色或淡紫色，后端多为紫色；铰合部直、狭长，两侧齿较大、倾斜，中间齿小而直立。

生态习性 生活于潮间带至数十米深的浅海区，以足丝附着于岩礁缝隙里或其他基质。

地理分布 国外见于日本、韩国。我国主要分布于渤海、黄海，舟山海域也有记载。

布氏蚶

（九十一）细饰蚶科 Noetiidae R. B. Stewart, 1930

细饰蚶科也称细纹蚶科。本科的主要特征是没有足丝孔，成年个体大多非附着生活；贝壳呈长方形至卵圆形，两壳相等，前、后不等，有细的放射肋；铰合齿与蚶科相同，壳型较小，壳质较坚厚，韧带面常为长菱形。

全球记载共38种。

208 褐蚶
Didimacar tenebrica (Reeve, 1844)

分类地位 双壳纲 Bivalvia，蚶目 Arcida，细饰蚶科 Noetiidae

形态特征 壳小型，两壳相等，背、腹缘稍直，前缘圆，后缘稍向后倾斜；韧带面极狭，呈线状；壳表白色，被褐色绒毛壳皮；放射肋细密，生长纹明显；壳内面灰白色，具与壳表相对应的放射肋纹，边缘厚；铰合部呈弓形，具齿约40枚；前、后闭壳肌痕均近卵圆形，大小相似。

生态习性 生活于潮间带至浅海泥沙底，用足丝附着于石砾上。

地理分布 国外见于东南亚。我国沿海均有分布。

褐蚶

209 橄榄蚶
Estellacar olivacea (Reeve, 1844)

分类地位 双壳纲 Bivalvia，蚶目 Arcida，细饰蚶科 Noetiidae

形态特征 壳小，呈长卵圆形，两壳相等，壳表极凸，壳高与壳宽略相等；韧带面呈梭状，壳表白色，被橄榄色外皮，生长线明显，放射肋细而密，放射线与生长线相交呈细布纹状；壳内灰白色，有与壳表放射肋相当的细纹。铰合部微弯；具齿35枚。前、后闭壳肌痕均呈四方形。

橄榄蚶

生态习性 生活于泥沙质潮间带及浅海。

地理分布 国外见于菲律宾、日本。我国东南沿海均有分布。

210 对称拟蚶
Striarca symmetrica (Reeve, 1844)

分类地位 双壳纲 Bivalvia，蚶目 Arcida，细饰蚶科 Noetiidae

形态特征 贝壳小型，壳长约25 mm，呈长方形，膨胀；两壳顶距离较远，自壳顶斜向后腹缘有1龙骨状突起；放射状约50条；壳面黄白色，被淡棕色壳皮；韧带面宽，黑棕色，呈菱形，其上生有横列角质条纹；壳内面白色，外缘加厚；铰合部弯曲，约有30个齿，两侧的齿较中央的大。

对称拟蚶

生态习性 生活于潮间带及100 m以内海区，以足丝附着于岩石或石砾上。

地理分布 国外见于韩国、日本、新加坡、印度尼西亚、菲律宾等地。我国南北沿海均有分布。

二十三、锉蛤目 Limida

锉蛤目原隶属于翼形次纲 Pteriomorphia，原为珍珠贝目 Pterioida 下的一个科，现独立成目。本目下仅有锉蛤总科 Limoidea，锉蛤科 Limidae，全球记载共210种，我国记载20余种。

(九十二) 锉蛤科 Limidae Rafinesque, 1815

贝壳呈卵圆形或近三角形，背缘较短，腹缘呈圆形；通常具前、后耳；两壳顶分离，内侧有狭长的开孔；壳面有细密的放射肋，肋上常有棘状或鳞片状突起；韧带呈三角形，铰合部通常无齿，以足丝附着于岩石或其他基质上，也能在海水中游泳或以足在海底移动。

舟山海域仅分布1种。

211　函馆雪锉蛤
Limaria hakodatensis (Tokunaga, 1906)

分类地位　双壳纲 Bivalvia，锉蛤目 Limida，锉蛤科 Limidae

形态特征　一般壳长 17 mm，高 26 mm，宽 13 mm。贝壳较小，壳质薄，略呈椭圆形，两壳相等，两侧不等；壳背缘斜，前缘略直，后缘较弯，腹缘呈圆形；壳顶略凸，位于背缘中部，两壳顶分离，前后方均具小耳，前耳极小，后耳大而较明显；壳面较凸，呈白色，略显光泽，生长纹细密，不规则，具有许多细放射肋，粗细不等；韧带面较大，呈三角形，位于背缘中部，呈褐色或黄褐色；贝壳内面呈白色，肌痕不明显，有与壳面相应的肋和沟，壳缘具锯齿；外套缘较厚，具有细长而极发达的外套触手；足呈棒状，具足丝腺，足丝孔不明显，足丝细、发达。

函馆雪锉蛤

生态习性　以足丝营附着生活，但能脱落足丝在海水中自由游泳；少数较小的个体可在潮间带低潮线附近生活外，绝大多数个体栖息于潮下带水深 50 m 以内的浅海底。

地理分布　国外见于日本、朝鲜、韩国。我国分布于黄海、渤海、东海。

二十四、贻贝目 Mytilida

贻贝目隶属于翼形次纲 Pteriomorphia，旧时也称异柱目 Anisomyaria。

大多壳呈楔形、三角形或长椭圆形，两壳相等，两侧不等，可以密闭；壳内铰合齿退化成小结节，或消失，前闭壳肌也变小或完全消失，无内韧带。

下仅贻贝科 Mytilidae。全球记载共412种。

（九十三）贻贝科 Mytilidae Rafinesque, 1815

贝壳呈楔形、三角形或长椭圆形，两壳相等，两侧不等，壳表被有角质的壳皮或壳毛，壳面光滑或具放射肋；铰合部窄，无齿或具数个退化的齿状突起；两闭壳肌不等，足丝发达。主要栖息于潮间带至浅海，以足丝附着于岩礁，或其他基质上。

212 大杏蛤
Amygdalum watsoni (E. A. Smith, 1885)

分类地位 双壳纲 Bivalvia，贻贝目 Mytilida，贻贝科 Mytilidae

形态特征 个体中等，一般壳长40.6 mm，高18.7 mm，宽12.3 mm。贝壳扁，略呈长卵圆形。壳质脆薄，略透明；壳表呈乳白色，较大个体呈金黄色，光滑具光泽；壳顶偏向后缘；自壳顶至后腹缘隆起将壳面分为膨胀程度不一的两部分，腹侧较凹，背侧较凸，后端较前端微扩张；无铰合齿；韧带细长，后闭壳肌较小，位于体后端，呈圆形；后缩足肌具有小的前分枝；外套薄，边缘无触手，具有小褶。

生态习性 以足丝与泥沙混合筑巢而穴居，多生活于70～100 m深海域。

地理分布 国外见于大西洋东西岸、印度洋及太平洋西岸。我国东南沿海均有分布。

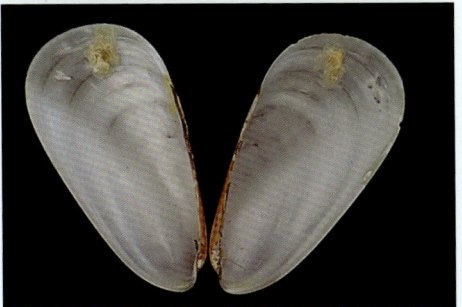

大杏蛤

213 凸壳肌蛤
Arcuatula senhousia (W. H. Benson, 1842)

分类地位 双壳纲 Bivalvia，贻贝目 Mytilida，贻贝科 Mytilidae

形态特征 贝壳小而薄脆，呈宽头的楔形，两壳相等；壳顶近壳的前端，壳面自壳顶至后端腹缘具有隆起，壳表具褐色或淡紫色的波状花纹以及黄褐色或淡绿褐色壳皮；贝壳内面为灰白色，具珍珠光泽，壳表的放射纹及波状花纹均可明显透过；铰合部全部或末端部具有一排细密的齿状突起。

生态习性 生活于泥质潮间带及水深20 m以内的浅海，常群栖。

地理分布 国外见于新加坡等地。我国沿海均有分布，舟山地区少见。

凸壳肌蛤

214 短石蛏
Leiosolenus lischkei M. Huber, 2010

地方名 石蛏

分类地位 双壳纲Bivalvia，贻贝目Mytilida，贻贝科Mytilidae

形态特征 常见壳长32～51 mm，贝壳略呈圆柱形，壳薄，前端较粗圆，后端较尖细，壳顶位于背前端，腹缘略呈弧形；铰合部长。壳表为浅褐色，被覆石灰质外膜，此外膜略超出壳缘，但较光滑无花纹。壳内面为灰白色，具彩色珍珠光泽；肌痕不明显，铰合部无齿。足丝细软，呈黄褐色。

生态习性 穴居于石灰石、珊瑚礁、牡蛎或珍珠贝的壳中。

地理分布 国外见于日本。我国东南沿海均有分布。

短石蛏

215 带偏顶蛤
Modiolus comptus (G. B. Sowerby III, 1915)

分类地位 双壳纲Bivalvia，贻贝目Mytilida，贻贝科Mytilidae

形态特征 常见壳长20～33 mm。贝壳短小，呈三角形；壳前端细，后端宽圆，壳顶近贝壳的最前端，腹缘较直，仅中部稍向内凹；背缘铰合部直，至贝壳中后部则弯向腹缘，后缘圆；壳面自壳顶至后端具1龙骨状隆起，由此向背面宽度逐渐狭缩，向腹面宽度骤减；壳表被红褐色表皮，生长纹细密明显，全壳除前端近腹缘外均具细长栉状黄毛；壳内面呈紫色或具紫色环纹，且具有彩色珍珠光泽；肌痕不明显，铰合部无齿。足丝淡黄色，细软。

生态习性 多生活于低潮线附近至水深6m处的浅海，以足丝附着于岩石上。

地理分布 国外见于日本、印度洋、红海、地中海及法国西部沿海。我国分布于黄海、东海和南海。

带偏顶蛤（依WoRMS）

216 角偏顶蛤
Modiolus modulaides (Röding, 1798)

同物异名 *Modiolus metcalfei* (Hanley, 1843)

分类地位 双壳纲Bivalvia，贻贝目Mytilida，贻贝科Mytilidae

形态特征 贝壳中等，常见壳长51～72 mm，薄而短。壳顶偏近前端，腹缘前方较凸而中部略凹，背缘自前端至韧带末端向后上方延伸，约在壳中部形成140°向后下方倾斜，后缘圆但较细；壳面自壳顶至后端有1极凸的龙骨状隆起，隆起的背侧形成1较平的面，此面一般呈褐色或杂有紫色带，全部被以细长的黄色毛；隆起的腹侧成斜面，表面光滑呈黄褐色。生长纹细密。贝壳内面为淡紫色，后背部色较深，前腹部较淡；韧带下方具1脊突，肌痕不明显，外套薄，边缘无触手；足丝极细软，呈淡黄色。

生态习性 多以足丝附着于泥沙中生活，多见于低潮线附近，通常完全埋入泥沙中，有时仅有1/3体长露在外面。

地理分布 国外见于菲律宾、日本。我国沿海均有分布。

角偏顶蛤（依WoRMS）

217 条纹隔贻贝
Mytilisepta virgata (Wiegmann, 1837)

地方名	毛娘
分类地位	双壳纲Bivalvia，贻贝目Mytilida，贻贝科Mytilidae
形态特征	壳长28～45 mm。壳较薄，呈楔形；壳顶尖，顶位于贝壳最前端，腹缘直或略凹，背缘呈弓形，后缘圆；壳面在前端近腹缘处凸，向背缘逐渐狭缩；壳顶常呈淡紫色，壳面为紫褐色，密布放射状细刻纹；贝壳内面呈灰蓝色，有时略带粉红色，具光泽；壳顶下方有1三角形的小隔板，后闭壳肌呈弯月形；铰合部窄，有1～3个小突起；外套缘薄，具有小褶。
生态习性	生活于潮间带中、低潮区以及水深8 m内的浅海，以足丝附着于岩石或贝壳等基质上。
地理分布	国外见于日本。我国分布于浙江以南海域，舟山海域常见。

条纹隔贻贝

218 紫贻贝
Mytilus galloprovincialis Lamarck, 1819

地方名 贻贝、淡菜、养殖贻贝、养殖淡菜

分类地位 双壳纲 Bivalvia,贻贝目 Mytilida,贻贝科 Mytilidae

形态特征 贝壳中等大,壳呈楔形,薄而短,前端尖细,后端宽广;壳顶尖,位于贝壳的最前端,腹缘直,贝壳后缘宽而圆,壳面在前端近腹缘处凸,向背缘渐狭缩;壳表生长纹细、明显,壳表呈黑紫色,具光泽,有时脱落而呈淡白色或灰白色;贝壳内面呈灰白色或淡蓝色,具珍珠光泽。

生态习性 生活于低潮带至潮下带浅海,成体以足丝附着于基质上。

地理分布 国外见于白令海、鄂霍次克海、日本海、地中海、大西洋北部等地。我国自然分布主要在长江口以北,20世纪70年代南移至福建。现为舟山主要养殖种类之一。

紫贻贝

219 厚壳贻贝
Mytilus unguiculatus Valenciennes, 1858

地方名 野生淡菜、淡菜、海虹（山东、辽宁）

同物异名 *Mytilus coruscus* Gould, 1861

分类地位 双壳纲 Bivalvia，贻贝目 Mytilida，贻贝科 Mytilidae

形态特征 贝壳大，壳长 116～152 mm，呈楔形，壳质厚；壳顶尖细，位于贝壳之最前端，稍向腹面弯曲，后缘圆；壳面生长纹明显，但不规则；足丝孔狭隘；壳皮厚，壳表呈深棕色或黑褐色，顶部常被磨损而显露灰白色；壳内面呈天蓝色，具珍珠光泽；外套痕极清晰；壳顶具 4 个不发达的主齿，有些个体在主齿的前方又有 2～5 个小锯齿；韧带呈褐色，约为壳长的 1/2；外套缘具有分枝状触手，生殖腺成熟时充满外套壁；足微扁，呈棒状；足丝为淡褐色，较粗硬。

生态习性 生活于低潮线以下至 20 m 水深的浅海中，借足丝营附着生活。

地理分布 国外见于日本、韩国。我国分布于黄海、渤海和东海，主要在浙江海域，尤以舟山海域产量最高。

厚壳贻贝

220 翡翠股贻贝
Perna viridis (Linnaeus, 1758)

地方名 翡翠贻贝

分类地位 双壳纲Bivalvia，贻贝目Mytilida，贻贝科Mytilidae

形态特征 壳长约100 mm，壳形与紫贻贝相近，但壳质相对较薄；壳顶尖，多弯向腹缘；壳面光滑，通常呈翠绿色，前半部常呈绿褐色，幼体色彩较为鲜艳，壳表生长纹细密；贝壳内面呈瓷白色，铰合齿左壳具2枚，右壳具1枚；无前闭壳肌痕，后闭壳肌痕大，位于壳后端背缘。

生态习性 营足丝附着生活，多栖息于水流畅通的干潮线至水深5～6 m处岩石上。

地理分布 国外见于印度洋—西太平洋。我国分布于东海以南，舟山海域偶有发现。

翡翠股贻贝

221 毛贻贝
Trichomya hirsuta (Lamarck, 1819)

分类地位 双壳纲 Bivalvia，贻贝目 Mytilida，贻贝科 Mytilidae

形态特征 壳顶尖，位于贝壳的最前端。壳面由壳顶至腹缘形成1隆起，将壳面分为上下2部；上部较宽大，斜向背缘，下部小，弯向腹缘；壳表呈褐色，除腹面外，全壳被以极发达的栉状毛；贝壳内面呈淡红蓝色，具珍珠光泽；铰合部有1~3个不明显的小齿，肌痕明显。

生态习性 以足丝附着于中低潮区的岩石、贝壳或碎石等物体上。

地理分布 国外见于日本、南太平洋和澳大利亚等地。我国分布于东海和南海，舟山海域常见。

毛贻贝

222 黑荞麦蛤
Vignadula atrata (Lischke, 1871)

同物异名 *Xenostrobus atratus* (Lischke, 1871)

分类地位 双壳纲Bivalvia，贻贝目Mytilida，贻贝科Mytilidae

形态特征 贝壳小型，略近楔形，常见壳长13～14 mm；壳顶近前端，但不位于贝壳的最前端，壳腹缘向背方弯曲，后缘呈圆形。壳前部及中部膨胀；壳表为黑色，老个体顶部壳皮易脱落，常呈白色或淡粉色，生长纹明显，无放射肋；壳内面为蓝黑色，略具珍珠光泽；铰合部无齿，肌痕不明显，外套薄，足丝为淡黄色，极细软。

生态习性 以足丝附着于潮间带中上区的岩石上，通常为群栖。

地理分布 国外见于日本、韩国。我国南北沿海均有分布。

黑荞麦蛤

二十五、牡蛎目 Ostreida

牡蛎目隶属于翼形下纲 Pteriomorphia。原为珍珠贝目 Pterioida 下的一个亚目，下设缘曲牡蛎科 Gryphaeidae、牡蛎科 Ostreidae 2 个科，两科共同的特征是两壳不等，左壳较大，并用来固着于岩石上，铰合齿和前闭壳肌退化，足和足丝也均消失。现独立为牡蛎目后，除了原来的 2 科（合并为总科）外，又将原珍珠贝目下的珍珠贝科 Pteriidae 等多个科，以及原贻贝目下的江珧科 Pinnidae 等收入该目下，共计 3 总科，9 个科，233 种。

舟山海域仅分布 2 科。

（九十四）牡蛎科 Ostreidae Rafinesque, 1815

贝壳形态变化大，左右两壳不等，通常左壳（下壳）稍大，壳顶凸出，并弯曲，用以固着；右壳（上壳）稍小而平，盖在左壳之上；壳表生有鳞片，放射肋粗大，有些种类鳞片可卷曲成棘状；铰合部无齿，或具有结节状小齿，中央具 1 宽大的韧带槽；闭壳肌痕大而显著，位于壳之中央或稍后方，外套痕不明显；外套膜有 1 愈合点，将外套膜分为两个开口（双孔型），即入水孔和进水孔，边缘具突起；足退化，无足丝。

全球记载共 72 种，舟山海域分布 5 种。

223 太平洋牡蛎
Magallana gigas (Thunberg, 1793)

同物异名	*Crassostrea gigas* (Thunberg, 1793)
地方名	点头、大蛎黄、生蚝、长牡蛎
分类地位	双壳纲 Bivalvia，牡蛎目 Ostreida，牡蛎科 Ostreidae
形态特征	大个体，常见壳长100～140 mm。壳厚，呈长条形，背腹几乎平行，普通壳长比壳高大3倍，也有长卵圆形的个体，右壳较平如盖，自壳顶向后缘鳞片环生，呈波纹状，排列稀疏；壳表为淡紫色、灰白色或黄褐色，壳内面为瓷白色，闭壳肌痕大，呈马蹄形，棕黄色。
生态习性	生活于盐度较低的海区，自潮间带至低潮线以下数米的范围，在闸门口附近的咸淡水中较为常见。
地理分布	国外见于日本。我国主要分布在东海、黄海。

太平洋牡蛎

224 近江牡蛎
Magallana rivularis (Gould, 1861)

地方名 近江巨牡蛎、生蚝、大蛎黄

分类地位 双壳纲Bivalvia，牡蛎目Ostreida，牡蛎科Ostreidae

形态特征 常见壳长39～54 mm。壳体坚厚，形态因生长环境不同而变化，多为纵的卵圆形或细长形。两壳不等，左壳稍凹，右壳较平，较左壳小，表面环生薄而平直的黄褐色或暗紫色鳞片。1～2龄个体中，鳞片薄而脆，有时呈游离状；2龄以上个体的鳞片相对平坦，至多是后缘仅见弱小的水波状起伏，左壳的同心鳞片则通常处于"愈合"状态。韧带槽较宽，壳内面为白色，边缘常为紫色；韧带为紫黑色；闭壳肌痕很大，为浅黄色，形状不规则，大多为卵圆形或肾形，位于中部背侧。

生态习性 生活于潮间带及潮下带浅海区域。

地理分布 国外见于日本。我国沿海均有分布。

近江牡蛎

225 密鳞牡蛎
Ostrea denselamellosa Lischke, 1869

分类地位 双壳纲 Bivalvia，牡蛎目 Ostreida，牡蛎科 Ostreidae

形态特征 贝壳大而坚厚，近呈圆形、卵圆形。壳顶前后常有耳，右壳较平，左壳稍大而凹陷；右壳表面布有薄而细密的鳞片，表面颜色以灰色为基色，杂以紫、褐、青等色；左壳鳞片疏而粗，放射肋粗大，表面为紫红色、褐黄色或灰青色。铰合部狭窄；壳内面为白色，壳顶两侧各有单行小齿1列。

密鳞牡蛎

生态习性 生活于潮下带的浅海区域。

地理分布 国外见于日本。我国沿海均有分布。

226 僧帽囊牡蛎
Saccostrea cuccullata (Born, 1778)

同物异名 *Ostrea cuccullata* Born, 1778

分类地位 双壳纲 Bivalvia，牡蛎目 Ostreida，牡蛎科 Ostreidae

形态特征 贝壳小型，常见壳长27~44 mm。壳较脆薄，形态多变，多为三角形；右壳稍小于左壳，平坦，鳞片呈水波状，薄而脆，末端常延伸成舌状，无显著的放射肋；壳表面多变化，常为淡黄色、紫褐色等，并间有黑色条纹；左壳极凸，鳞片较少，具粗壮放射肋，常有棘状突起，固着面大；壳表颜色较淡；两壳内面为白色，左壳前凹陷极深；铰合部狭窄，韧带槽狭长，呈三角形；闭壳肌痕近圆形，位于背后方。

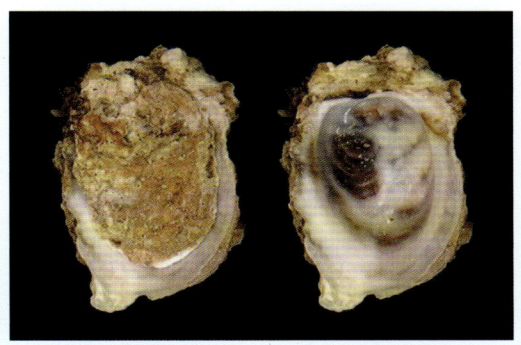
僧帽囊牡蛎（依 India Biodiversity Portal）

生态习性 多生活于潮间带中、上区的岩礁，常见于沿岸岩礁、闸门、码头。

地理分布 国外见于日本、韩国。我国南北沿海均有分布。

227 多刺牡蛎
Saccostrea echinata (Quoy & Gaimard, 1835)

同物异名 *Ostrea echinata* Quoy & Gaimard, 1835

分类地位 双壳纲Bivalvia，牡蛎目Ostreida，牡蛎科Ostreidae

形态特征 壳呈圆或卵圆形，扁平，右壳微凸；壳面鳞片愈合，鳞片边缘卷曲形成长棘；左壳平坦，常以整面固着于岩石上，有时在游离边缘也有棘刺发现；壳面为紫色，顶部为灰色，壳内面黄、黑、棕3色混杂，成为天蓝色，有光泽；铰合部两侧有数个至数十个单行小齿。前凹陷弱。

生态习性 生活于低盐度的河口及其附近，常成群固着于潮间带的岩石或红树树干上。

地理分布 国外见于日本、红海。我国分布于东海、南海。

多刺牡蛎

228 团聚牡蛎
Saccostrea glomerata (A. Gould, 1850)

分类地位 双壳纲 Bivalvia，牡蛎目 Ostreida，牡蛎科 Ostreidae

形态特征 壳型较小，常见壳高约 56 mm。壳形多变化，一般呈三角形或卵圆形。右壳较小，鳞片愈合，仅在后缘尚能分清层次，壳面无放射肋，边缘有缺刻，壳色灰色，边缘深紫色。左壳稍大而坚厚，鳞片完全愈合，具强大放射肋 6～10 条，壳面淡蓝或深紫色。壳内面黄白或淡蓝色。铰合部两侧常具小齿，齿列长，有时能绕壳缘 1 周。前凹陷很深。肉可食用。

团聚牡蛎

生态习性 以左壳固着于潮间带中部的岩石上生活。

地理分布 为太平洋西岸热带种。我国分布于东海、南海。

229 猫爪牡蛎
Talonostrea talonata Li & Qi, 1994

同物异名 *Crassostrea talonata* (Li & Qi, 1994)

分类地位 双壳纲 Bivalvia，牡蛎目 Ostreida，牡蛎科 Ostreidae

形态特征 壳型小而薄，呈长卵形，常见壳高约 40 mm，壳长 21 mm。质薄，侧扁，壳内面淡紫或白色，后缘有时为紫色；壳表黄色或紫色，具有墨紫或褐色的放射带。左壳具 5～8 条放射肋，肋的末端延伸出壳的边缘，形似爪状，肋状有少数棘；右壳小而平，表面光滑，无放射肋，鳞片宽稀而平伏，壳缘有较深的缺刻，形成数个不整齐的壳缘，或有壳片突出于壳缘；壳顶腔较深，内缘无嵌入体。铰合部和韧带槽均小，肌痕长卵形，位近上壳中央背侧。

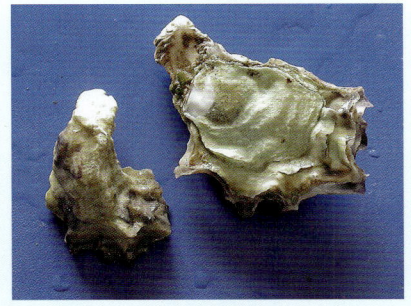

猫爪牡蛎

生态习性 生活于潮间带中、下区的沙滩或泥沙滩的小石块上。

地理分布 我国沿海均有分布。

（九十五）江珧科 Pinnidae Leach, 1819

贝壳大或特大，多呈三角形、楔形或扇形；壳质较薄，多数种类壳表具细放射肋，有的种类肋上平滑，有的则具小棘或小鳞片；贝壳颜色有黑褐色、黄褐色或透明的黄白色；壳内面色浅，具光泽；闭壳肌痕及外套痕清楚；铰合部长，通常占背缘全部；无齿，足丝孔位于腹缘；两壳不能完全闭合，后端常开口。

全球记载有50余种，舟山仅分布1种。

230　栉江珧
Atrina pectinata (Linnaeus, 1767)

地方名	带子、江珧柱
分类地位	双壳纲 Bivalvia，牡蛎目 Ostreida，江珧科 Pinnidae
形态特征	贝壳大，常见成年个体壳长170～230 mm。贝壳呈扇形或三角形、楔形，壳顶尖细，背缘直或略凹，腹缘前半部略直，后半部凸出，韧带发达，壳表一般有10余条放射肋，肋上具有三角形略斜向后方的小棘，此棘状突起在背缘最后一行多变成强大的锯齿状；壳表为褐色，壳内面具珍珠光泽；后闭壳肌痕位于贝壳中部。
生态习性	以足丝营附着生活，栖息于低潮线以下至水深20 m的浅海泥沙质海底。
地理分布	国外见于新加坡、马来西亚、韩国等地。我国沿海均有分布。

栉江珧

二十六、扇贝目 Pectinida

扇贝目隶属于翼形次纲 Pteriomorphia，原为珍珠贝目 Pterioida 下的一个科，独立成目后，现分5个总科，9个科，共619种。本目种类的闭壳肌很大，有1个，位于壳的中央，俗称"单柱"。其干制品即为"干贝"，是我国传统的海产"八珍"之一。

舟山海域仅分布3科。

（九十六）扇贝科 Pectinidae Rafinesque, 1815

两壳呈圆盘或圆扇形，壳顶前后有耳状突起，称两"耳"，两耳或相等或不等。

231 栉孔扇贝
Chlamys farreri (K. H. Jones & Preston, 1904)

同物异名 *Azumapecten farreri*（K. H. Jones & Preston, 1904）

分类地位 双壳纲 Bivalvia，扇贝目 Pectinida，扇贝科 Pectinidae

形态特征 常见成年壳长约70 mm。贝壳呈圆扇形，壳高略大于壳长，右壳较平，左壳略凸。壳顶前后有耳状突起，前耳大于后耳；铰合部直，壳顶中位；左壳有粗肋约10条，右壳有20余条，两壳肋均有不规则的生长棘；壳表呈浅褐色、紫褐色、橙黄色、红色和灰白色；外韧带薄，内韧带发达；足丝孔位于右壳前耳腹面，并具6~10枚细栉状齿；闭壳肌痕大，较明显，呈圆形，位于贝壳中部之稍后方。

栉孔扇贝（依铃木雅大等）

生态习性 生活于自低潮线至60余米或更深的海底，以足丝附着于岩石或贝壳上。

地理分布 国外见于韩国、日本。我国主要分布于黄海、渤海，此以南的浙江海域也有少量分布，目前该种是我国主要的养殖贝类之一。

232 嵌条扇贝
Pecten albicans (Schröter, 1802)

分类地位 双壳纲Bivalvia，扇贝目Pectinida，扇贝科Pectinidae

形态特征 常见成年壳长约80 mm。壳呈扇形，大且薄，左右壳不等；右壳膨凸，左壳扁平，较小，前后耳略等，无足丝孔；左壳同心生长轮脉极细密，主要放射肋有8~12条，肋间沟比肋宽；右壳生长轮脉细密，放射肋有10~12条，肋间沟较窄；左壳表面为橘黄色或近紫色，右壳表面为白色，有与壳表相同的放射状凹凸纹路；铰合线直，铰合部无齿。

嵌条扇贝

生态习性 生活于水深约50 m的泥质浅海海底。

地理分布 国外见于太平洋东西两岸。我国主要分布于东海及黄海海域。

233 丽鳞奇异扇贝
Scaeochlamys squamata (Gmelin, 1791)

同物异名 *Chlamys squamata* (Gmelin, 1791)

分类地位 双壳纲Bivalvia，扇贝目Pectinida，扇贝科Pectinidae

形态特征 壳长32 mm，贝壳略呈圆扇形。足丝孔明显，有数枚细栉齿。左壳较凸，壳面除细的放射肋外，还有3~5条粗的肋，肋上有较发达的棘刺；右壳较

丽鳞奇异扇贝

平，具细的放射肋，其中还有几条稍宽肋，肋上有小鳞片。贝壳通常有红、紫、褐或白色等多种颜色，放射肋和棘有的呈粉红色。壳内色浅。

生活习性 生活于潮下带35~100 m，营附着生活。

地理分布 国外见于日本、菲律宾。我国分布于浙江、广东、海南等海域。

（九十七）海月科 Placunidae Rafinesque, 1815

贝壳通常较大，极扁平，壳质脆薄，有的半透明；壳表有光泽，放射纹与生长纹较明显，有些种类生长纹呈褶状或片状。

全球记载仅5种，舟山海域发现1种。

234 海月
Placuna placenta (Linnaeus, 1758)

- **地方名** 窗贝
- **分类地位** 双壳纲Bivalvia，扇贝目Pectinida，海月科Placunidae
- **形态特征** 常见个体壳长80～110 mm。贝壳呈圆形，壳长与壳高相近，极扁平，薄而透明，极易破碎；左壳稍凸起，右壳平；放射肋及同心生长线均细密，近腹缘的生长线略呈鳞片状；壳面为白色，壳顶为微紫色，贝壳内面也为白色，具云母光泽；铰合部大，右壳有2枚齿突，呈"∧"形排列，左壳相应部位形成2条凹陷；韧带位于铰合齿和凹陷上，呈紫黑色，闭壳肌痕呈圆形，位于壳中央。

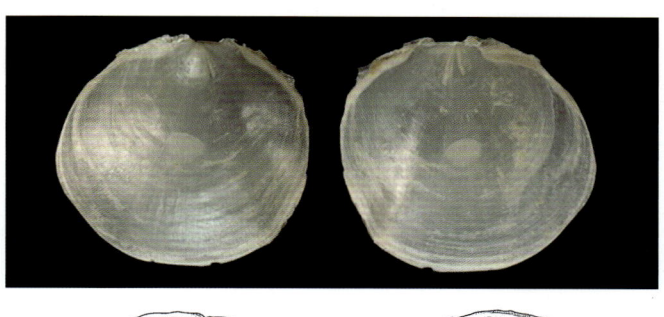

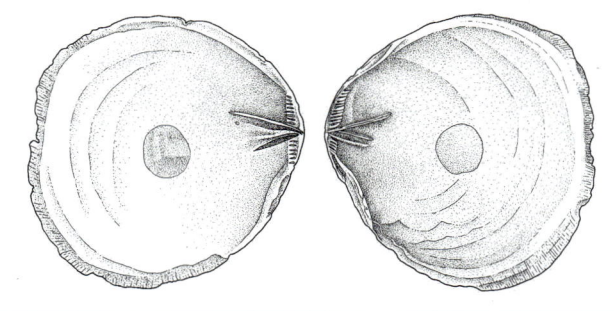

海月

- **生态习性** 生活于潮间带中下潮区以及泥沙质浅海，右壳朝下，左壳朝上，壳表常沾有泥沙或藤壶、牡蛎、苔藓虫等附着生物。
- **地理分布** 国外见于菲律宾、澳大利亚等地。我国分布于东海、南海，舟山海域常见。

(九十八)不等蛤科 Anomiidae Rafinesque, 1815

贝壳通常为圆形，左右两壳不等，右壳称下壳，扁平，左壳称上壳，凸起；壳质薄而脆，半透明，呈云母状；壳表生长纹细密，放射肋不明显；多数种类壳顶下部有1足丝孔；闭壳肌位于壳中央；足退化为指状，末端有1凹陷；多数种类有石灰质足丝，外套膜边缘具触手。

全球记载共26种，我国仅记载3种，舟山海域分布1种。

235 中国不等蛤
Anomia chinensis R. A. Philippi, 1849

分类地位 双壳纲Bivalvia，扇贝目Pectinida，不等蛤科Anomiidae

形态特征 常见个体壳长22～37 mm。贝壳近圆形或椭圆形，壳质薄而脆；左壳大，较凸，生活时位于上方，右壳小，较平，生活时位于下方；壳顶不凸出，位于背缘中央，壳缘为圆形，常有不规则的波状弯曲；铰合部狭窄，无齿的分化，右壳近壳顶有1卵圆形足丝孔；左壳表面为白色或金黄色，壳内面具珍珠光泽。

生态习性 以足丝附着于潮间带至水深20 m的浅海岩礁上或牡蛎等贝壳上。

地理分布 国外见于日本、韩国及美国沿岸。我国南北沿海均有分布。

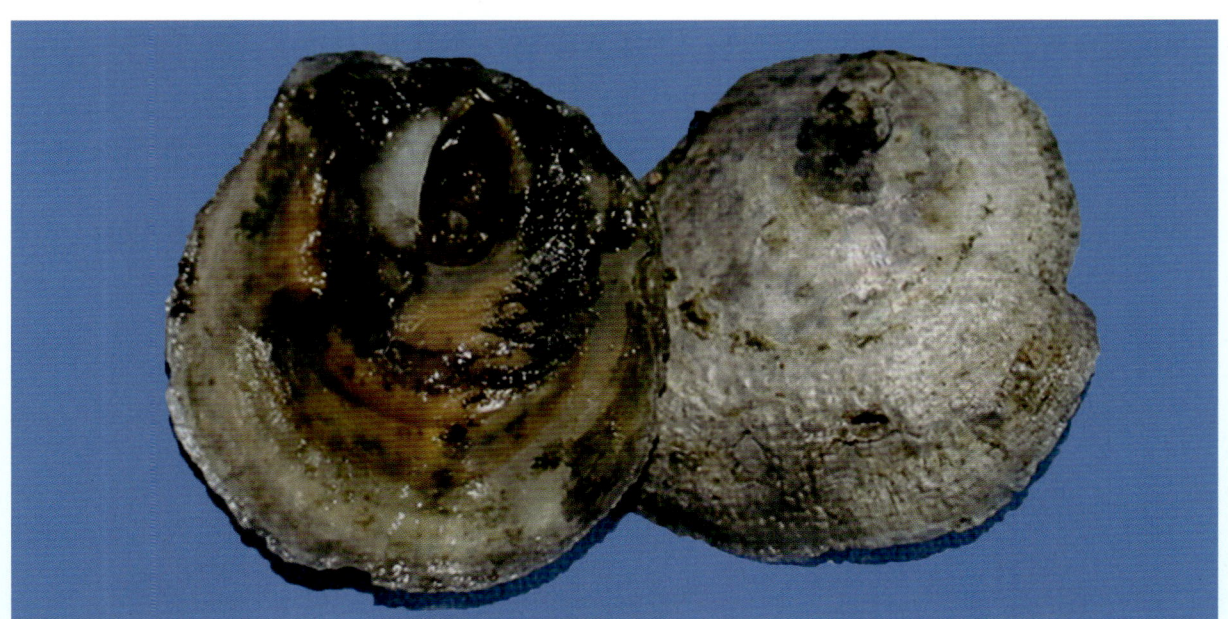

中国不等蛤

二十七、吻状蛤目 Nuculanida

吻状蛤目隶属于原鳃亚纲 Protobranchia，由胡桃蛤目 Nuculoida 下的一个科升格而来，现下分吻状蛤科 Nuculanidae、云母蛤科 Yoldiidae 等 11 科。大多为小型种类，两壳相等，前后不等，后部常呈喙状，末端开口。

全球记载共 510 种。

（九十九）云母蛤科 Yoldiidae Dall, 1908

贝壳中等大，侧扁；前端圆，末端尖，微上翘；壳表除生长纹外，有时还具斜行纹。
全球记载 140 余种，舟山海域仅分布 1 种。

236 薄云母蛤
Yoldia similis Kuroda & Habe, 1961

分类地位 双壳纲 Bivalvia，吻状蛤目 Nuculanida，云母蛤科 Yoldiidae

形态特征 壳型中等，壳长一般为 15.5 mm，高 7.5 mm，宽 4.2 mm。壳形细长，质较脆弱，半透明，壳顶位于中央之前，前端呈弧形，后部逐渐变细，末端尖，后背缘长而直；壳表除生长线外，也有斜行线与其相交，但不甚明显；铰合部弱，前齿列有齿约 23 个，后齿列有齿约 18 个；外套窦深，末端钝，未达到壳的中部。

生态习性 栖息于近岸浅水区，一般生活于水深在 30 m 以内的细颗粒的软泥沉积区。

地理分布 国外见于日本的本州、九州和四国水域。我国分布于浙江以北沿岸。

薄云母蛤（依 nmr-pics.nl）

二十八、胡桃蛤目 Nuculida

胡桃蛤目隶属于原鳃亚纲 Protobranchia。两壳相等，但前、后不等；外套线完整无窦，铰合齿呈"V"字形，数量很多；内韧带将其分为前列和内列，无真正的外韧带，内韧带位于壳顶之内，凸出于铰合部的着带板上。

本目仅有胡桃蛤科 Nuculidae，全球记载共171种。

（一〇〇）胡桃蛤科 Nuculidae Gray, 1824

主要特征与目同。

237 奇异指纹蛤
Acila mirabilis (A. Adams & Reeve, 1850)

分类地位 双壳纲 Bivalvia，胡桃蛤目 Nuculoida，胡桃蛤科 Nuculidae

形态特征 成体壳长25 mm。呈三角卵圆形，前端圆，后端截形，壳质坚厚；无小月面，楯面呈心脏形，其周缘下陷，中部隆起，腹缘呈弓形；在后部有1内陷的浅窦，自壳顶到后腹角有1浅沟，呈现出自壳顶到后腹角的放射脊；壳皮厚，为绿褐色，壳面布自壳顶向两侧放射出呈"人"字形细密的肋多条；前齿列有齿25枚，后齿列有齿约12枚；壳内缘的前后部有齿状缺刻。

生态习性 生活于水深37～94 m的泥质海域，最深可达200 m。

地理分布 国外见于日本。我国分布于黄海、渤海、东海。

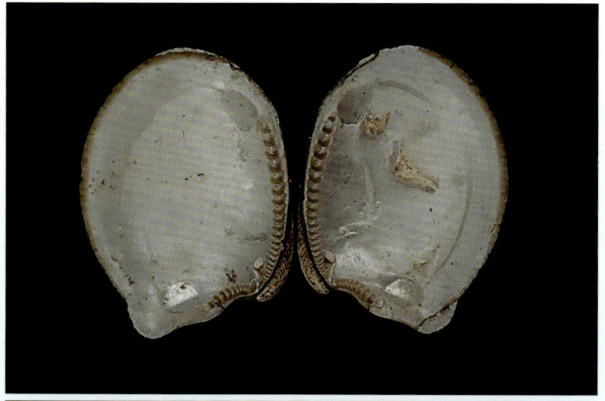

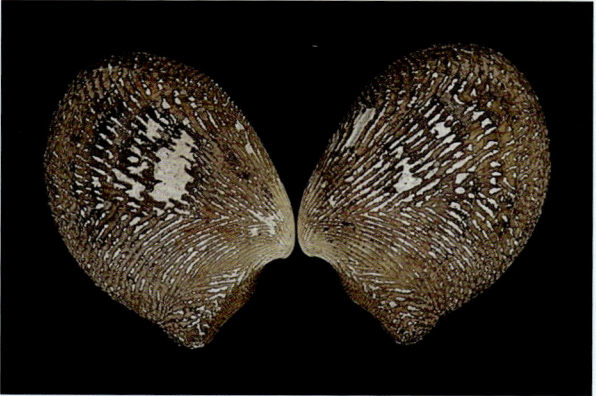

奇异指纹蛤

头足纲 Cephalopoda

头足纲是软体动物门中最高等的一类。绝大多数种类都脱去了"沉重"的外壳，取而代之的是轻盈的内壳，甚至无壳；头部也极其发达，神经系统高度集中，特别是以"眼睛"为标志的发达感官，加上口腔中具有角质喙和齿舌，堪称是无脊椎动物中绝无仅有的最完美的"头"。足，也与双壳类的"斧足"、螺类的"腹足"不同，而是演化成"头足"，即附着于头部的前面，特化成了趾状的腕和漏斗。漏斗是一种强有力的运动器官，可以通过喷水，开启"倒"游模式。同时，漏斗是许多排泄物的通道，如喷墨。而腕，既有足又有手的功能，对于雄性个体，个别腕还是交接器官，称茎化腕。

头足纲种类不多，全球已记载的现生种类共843种。依据有无外壳、腕的数量、内壳的形态与质地等，头足纲分为蛸亚纲 Coleoidea 和鹦鹉螺亚纲 Nautiloidea 2个亚纲，除了7种鹦鹉螺具外壳属鹦鹉螺亚纲外，其余均为无外壳的蛸亚纲种类。根据腕的数量，蛸亚纲又分十腕总目和八腕总目。前者具10条腕，有5个目；后者只有8条腕，分2个目。

二十九、闭眼目 Myopsida

闭眼目隶属于蛸亚纲 Coleoidea，十腕总目 Decapodiformes。具腕10条，内壳角质，呈羽状；眼眶外具膜。

本目下分2个科，仅枪乌贼科 Loliginidae 在我国有分布。

（一〇一）枪乌贼科 Loliginidae Lesueur, 1821

胴部呈圆锥形，类似红缨枪的枪头，故有枪乌贼之称。肉鳍较长，位于胴体后端两侧，两鳍相接近似菱形，称"端鳍型"（除莱氏拟乌贼 *Sepioteuthis lessoniana* 为"周鳍型"）；腕吸盘2行，触腕吸盘4行，不特化呈钩状；左侧第4腕为茎化腕，即生殖腕；内壳角质，似羽毛状。

全球记载共47种，舟山海域分布8种。

238 长枪乌贼
Heterololigo bleekeri (W. Keferstein, 1866)

地方名 鱿鱼、句公

分类地位 头足纲Cephalopoda，闭眼目Myopsida，枪乌贼科Loliginidae

形态特征 体呈枪形，常见胴长220～240 mm，最大个体可达400 mm；胴长约为胴宽的7倍，胴腹中央具1筋肉隆起，体表具大小相间的近圆形小型色素斑；鳍长超过胴长的1/2，后部略向内弯，两鳍相接略呈纵菱形；无柄腕吸盘2行，各腕吸盘大小相近，腕式一般为3＞2＞4＞1；雄体左侧第4腕茎化，从顶端向后约占全腕1/4处的吸盘特化为2行尖形突起；触腕穗具4行小吸盘；内壳角质，披针叶形，较瘦狭，中轴粗壮，边肋细弱，叶脉细密。

生态习性 生活于浅海。一生产卵一次，产卵后即死亡，寿命为一年。

地理分布 国外主要分布于日本群岛，年产量达数千吨。我国沿海偶有采获。

内骨骼

长枪乌贼

239 火枪乌贼
Loliolus beka (Sasaki, 1929)

地方名 小鱿鱼、小句公、鬼拱

分类地位 头足纲Cephalopoda，闭眼目Myopsida，枪乌贼科Loliginidae

形态特征 体呈枪形，胴部呈圆锥形，后部削直。常见胴长50 mm，最大个体可达70 mm，胴长约为胴宽的4倍；体表具大小相间的近圆形小型色素斑，鳍长超过胴长的1/2，后部较平，两鳍相接略呈纵菱形；无柄腕吸盘2行，腕式一般为3＞4＞2＞1，雄性左侧第4腕茎化，从顶端向后约占全腕2/3处的吸盘特化为2行尖形突起；触腕穗具吸盘4行；内壳角质，披针叶形，后部略圆，中轴粗壮，边肋细弱，叶脉细密。

生态习性 生活于浅海。主要捕食小虾类，本身为鱼类经常捕食的对象，常见于经济鱼类的胃中。

地理分布 国外见于日本。我国分布于渤海、黄海和东海。

火枪乌贼

240 日本枪乌贼
Loliolus japonica (Hoyle, 1885)

地方名 小鱿鱼、小句公、鬼拱

分类地位 头足纲 Cephalopoda，闭眼目 Myopsida，枪乌贼科 Loliginidae

形态特征 体型较小，最大个体的胴体长仅 120 mm。体呈枪形，胴部呈圆锥形，后部削直，胴部长约为胴宽的 4 倍，体表具大小相间的近圆形色素斑，在胴背尤为浓密明显，鳍长超过胴长的 1/2，后部内弯，两鳍相接略呈纵菱形；无柄腕吸盘 2 行，腕式一般为 3＞4＞2＞1，雄性左侧第 4 腕茎化，从顶端向后约占全腕 1/2 处的吸盘特化为 2 行尖形突起；触腕穗具吸盘 4 行；内壳角质，披针叶形，后部略狭，中轴粗壮，边肋细弱，叶脉细密。

生态习性 生活于浅海。春季从黄海中部的深水越冬区集群向浅水区进行生殖洄游。主要产卵场在海州湾、山东半岛东南和辽东半岛南部沿岸。肉食性，性凶猛，主要捕食小虾和小鱼，本身为经济鱼类的重要食饵。当年性成熟，产卵后即死亡，生命周期为一年。

地理分布 国外见于日本、朝鲜。我国主要分布于黄海、东海，仅偶见于舟山群岛附近。

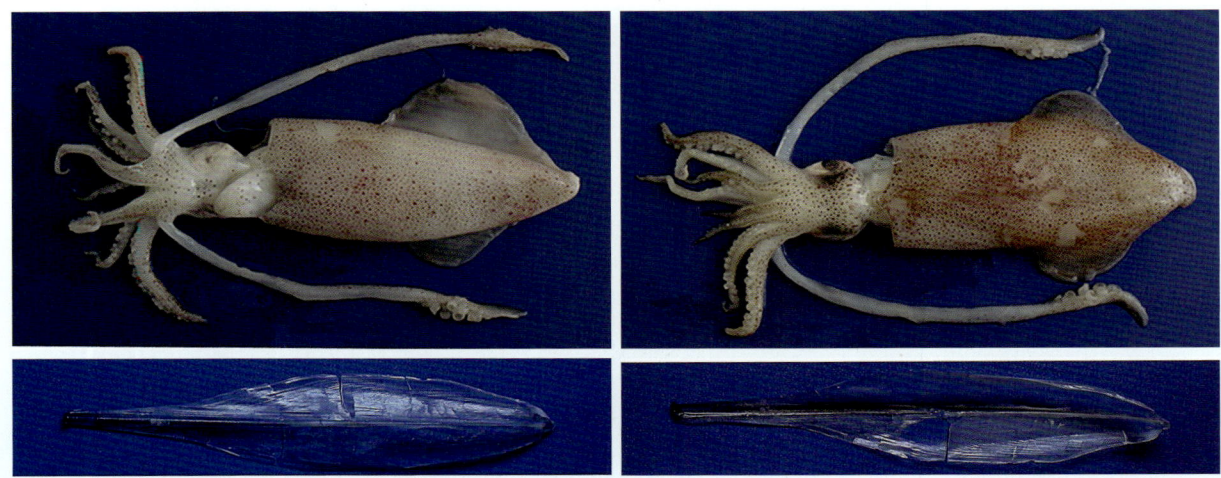

日本枪乌贼

241 苏岛枪乌贼
Loliolus sumatrensis (d'Orbigny, 1835)

地方名 小鱿鱼、小句公、鬼拱

同物异名 *Loligo kobiensis* Hoyle, 1885

分类地位 头足纲Cephalopoda，闭眼目Myopsida，枪乌贼科Loliginidae

形态特征 常见个体胴长约70 mm，最大个体胴长达110 mm。体呈枪形，胴部呈圆锥形，后部削直，胴长约为胴宽的4倍；体表具大小相间的小型近圆形色素斑，肉鳍长为胴长的1/2，两鳍相接略呈纵菱形；无柄腕吸盘2行，腕式一般为3＞4＞2＞1；雄性左侧第4腕茎化，从顶端向后约占全腕1/2处的吸盘特化为2行尖形突起；触腕穗具吸盘4行；内壳角质，披针叶形，中轴粗壮，边肋细弱，叶脉细密。

生态习性 生活于浅海，在底拖网中常见。

地理分布 国外见于日本。我国分布于东海、南海。

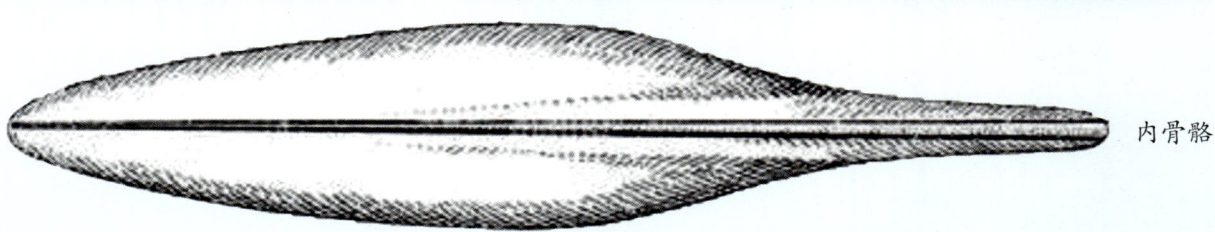

内骨骼

苏岛枪乌贼

242 伍氏枪乌贼
Loliolus uyii (Wakiya & Ishikawa, 1921)

地方名 小鱿鱼、小句公、鬼拱

同物异名 *Loligo tagoi* Sasaki, 1929；*Loligo gotoi* Sasaki, 1929

分类地位 头足纲Cephalopoda，闭眼目Myopsida，枪乌贼科Loliginidae

形态特征 常见胴体长50～60 mm，最大个体胴长80 mm。体呈枪形，胴部呈圆锥形，后端钝，胴长约为胴宽的4倍；体表具大小相间的小型近圆形色素斑，肉鳍长为胴长的1/2，两鳍相接略呈纵菱形；无柄腕吸盘2行，腕式一般为3＞4＞2＞1；雄性左侧第4腕茎化，从顶端向后约占全腕1/2处的吸盘特化为2行尖形突起；触腕穗具吸盘4行，其上大吸盘全缘圆滑而无齿，边缘吸盘具20齿，前端者为尖锥形，后端者为低而钝；内壳角质，披针叶形，中轴粗壮，边肋细弱，叶脉细密。

生态习性 沿岸性生活，暖水性种。

地理分布 国外见于日本群岛南部海域。我国分布于东海、南海，为少见种类。

伍氏枪乌贼

243 莱氏拟乌贼
Sepioteuthis lessoniana d'Orbigny, 1826

地方名 白板

分类地位 头足纲 Cephalopoda，闭眼目 Myopsida，枪乌贼科 Loliginidae

形态特征 体大肉厚，最大体重达 5～6 kg，胴长可达 450 mm。胴部圆锥形，胴长约为胴宽的 3 倍；雌性体表具大小相间的近圆形小型色素斑，雄性胴背生有明显的断续式横条状斑，胴背两侧各生有近圆形的粗斑点 9～10 个；肉鳍宽大，几乎包被胴部全缘，前部较狭，向后渐宽，中部最宽处约为胴宽的 3 倍，再向后又渐狭，两鳍在后端相接，围成近椭圆形；无柄腕吸盘 2 行，腕式一般为 3＞4＞2＞1；雄性左侧第 4 腕茎化，从顶端向后约占全腕 1/4 处的吸盘特化为 2 行尖形突起；触腕穗具吸盘 4 行，中间者略大，边缘者略小，仅顶部者甚小，中部吸盘角质环具很多尖齿；内壳角质，披针叶形，后部略狭，中轴粗壮，边肋细弱，叶脉细密。

生态习性 有明显的喜暖性，洄游行动与暖流水系的消长有密切关系，多出现于暖水势盛之时，常与中国枪乌贼混居。春、夏之际，从深水区游向浅水海藻茂密处繁殖。

地理分布 国外见于日本群岛、夏威夷群岛、马来群岛、印度近海、红海等。我国沿海均有分布，在闽南、广东近海比较常见，舟山海域在外沿小岛的清水区也常有钓获。

莱氏拟乌贼

244 中国枪乌贼
Uroteuthis chinensis (Gray, 1849)

地 方 名 鱿鱼、句公、鬼拱

同物异名 *Loligo chinensis* Gray, 1849；*Loligo formosana* Sasaki, 1929

分类地位 头足纲Cephalopoda，闭眼目Myopsida，枪乌贼科Loliginidae

形态特征 常见个体胴体约300 mm，最大个体胴体记录为470 mm。胴部呈圆锥形，后部削直，胴部狭长，胴长约为胴宽的7倍；体表具大小相间的近圆形的小型色素斑；肉鳍甚长，约为胴长的2/3，中部较圆，前部和后部较平直，两鳍相接略呈纵菱形。无柄腕吸盘2行，各腕吸盘以第2～3对腕上者较大，吸盘角质环具尖齿8～9个，腕式一般为3＞4＞2＞1；雄性左侧第4腕茎化，从顶端向后约占全腕1/3处的吸盘特化为2行尖形突起；触腕穗具吸盘4行，中间2行大，边缘、顶部和基部者小，大吸盘角质环具大小相间尖齿；内壳角质，披针叶形，后部略尖，中轴粗壮，边肋细弱，叶脉细密；在直肠两侧，各具1纺锤形的发光器。

生态习性 浅海性生活，主要群体栖居于热带和亚热带海域。春季或夏季集群由越冬的深水区向浅水区进行生殖洄游，群体丰厚，形成渔场。繁殖场所主要位于外海岛屿周围，水清流缓，盐度较高，海底多凹窝，底质粗硬，珊瑚、海藻茂密，并有暖流水系与沿岸水系交汇。个性凶猛，以磷虾、沙丁鱼、鲹、鲐等中上层种类为食，也会种内互相残食，同时本身也是许多肉食性鱼类的捕食对象。

地理分布 国外见于日本、韩国、新西兰等地。我国主要分布于福建、广东沿海及南海，舟山海域有少量分布。

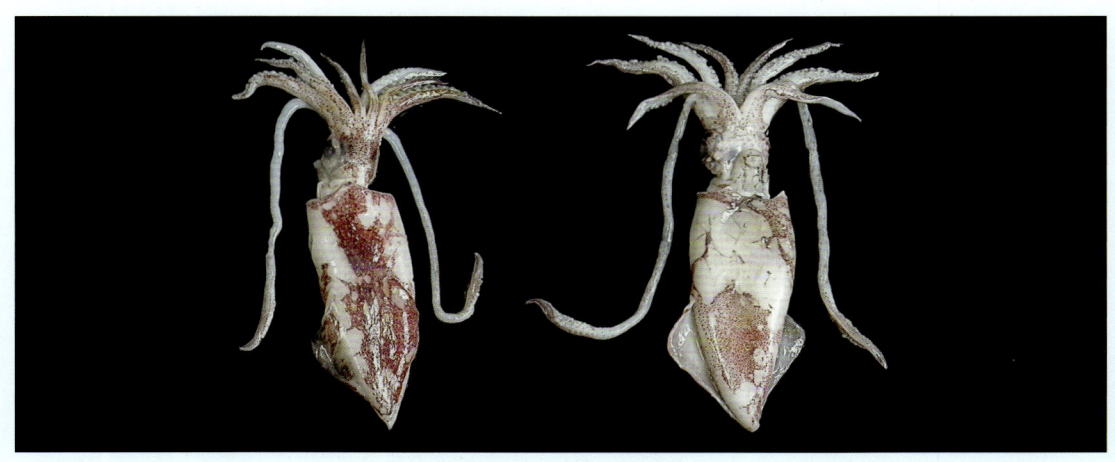
中国枪乌贼

内骨骼

245 剑尖枪乌贼
Uroteuthis edulis (Hoyle, 1885)

地 方 名 鱿鱼、句公、鬼拱

同物异名 *Loligo chinensis* Gray, 1849；*Loligo formosana* Sasaki, 1929

分类地位 头足纲 Cephalopoda，闭眼目 Myopsida，枪乌贼科 Loliginidae

形态特征 常见个体胴体长 300 mm 以下，最大个体胴长可达 500 mm，体重 600 g。胴部呈圆锥形，后部削直，胴长约为胴宽的 4 倍，雄体胴腹中央具 1 筋肉隆起；体表具大小相间的近圆形色素斑，均属小型。肉鳍较长，约为胴长的 3/5，后部略向内弯，两鳍相接略呈纵菱形。无柄腕吸盘 2 行，各腕吸盘以第 2~3 对腕上者较大，吸盘角质环具长板齿 8~9 个；腕式一般为 3＞4＞2＞1；雄性左侧第 4 腕茎化，从顶端向后约占全腕 2/3 处的吸盘特化为 2 行尖形突起；触腕穗具吸盘 4 行，中间 2 行大，边缘、顶部和基部者小，大吸盘角质环具大小相间的尖齿；内壳角质，披针叶形，后部略尖，中轴粗壮，边肋细弱，叶脉细密；直肠两侧，各具 1 纺锤形的发光器。

生态习性 浅海性种类，生活水深为 20~210 m。有春生群、夏生群和秋生群，在自然海区中周年都有繁殖活动，一年性成熟，交配后不久即产卵，产卵后亲体相继死去。孵化期约 30 天。刚孵出的稚仔胴长约 4 mm。春生群每月生长 18~20 mm，夏生群和秋生群每月平均生长约 18 mm。凶猛肉食性，胃含物中以鱼类的出现频率最高，也摄取大型浮游动物、虾类以及本种和太平洋褶柔鱼的幼年个体。

地理分布 国外见于日本青森县以南以及菲律宾群岛海域。我国主要分布于舟山嵊山东北的海礁附近，黄海也有少量分布。

剑尖枪乌贼（依日本《乌贼图鉴》）

三十、开眼目 Oegopsida

开眼目隶属于蛸亚纲 Coleoidea，十腕总目 Decapodiformes。具腕10条，内壳角质，通常呈针状；眼眶外不具膜，有些种类的吸盘特化成钩。

下分25个科。全球记载共235种，舟山海域仅分布2科，2种。

（一〇二）武装乌贼科 Enoploteuthidae Pfeffer, 1900

胴部呈圆锥形。发光器很多，眼孔和眼胞发光器多样型。肉鳍略呈横菱形或近圆形。腕吸盘2行，有些吸盘特化成钩，触腕穗上具吸盘4行，有的种类部分触腕穗吸盘特化成钩；右4腕茎化。闭锁槽呈卵形或披针叶形。

本科分布于太平洋和大西洋热带、亚热带和温带海区，印度洋也有发现。我国有1种。

246 多钩钩乌贼
Abralia multihamata Sasaki, 1929

| 地方名 | 多钩钩腕乌贼 |
| 分类地位 | 头足纲 Cephalopoda，开眼目 Oegopsida，武装乌贼科 Enoploteuthidae |
| 形态特征 | 胴部呈圆锥形，胴长约为胴宽的3倍，体表点状色素斑稀疏。胴腹发光器浓密，呈不规则排列，大小间杂。漏斗、眼孔、眼胞、头部和第4对腕腹面的发光器多；肉鳍呈横菱形，后端延伸短，约为胴长的2/3；无柄腕长度相近，前部1/4处为2行吸盘，角质环具钝齿，腕的2/3部分为2行钩，由半透明膜所包被；触腕约为无柄腕长度的2倍，触腕穗前端具4行小吸盘，角质环具钝齿，穗后部具6个钩，呈2行前后排列，有3个钩为半透明膜所包被，另外3个钩脱出，角质，甚细，钩的附近有10余个较大吸盘稀疏分布，钩柄为钩基部的肉托所代替。内壳略呈古剑形。

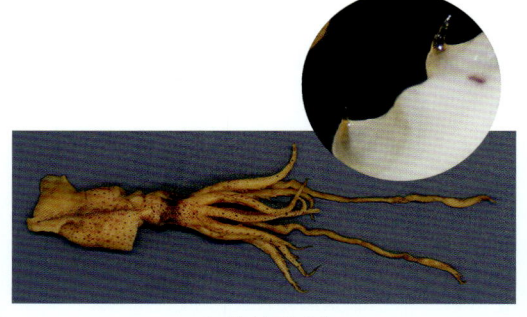

多钩钩乌贼

| 生态习性 | 生活于水深为200～700 m，甚至1000 m以上的海底。有从深水游向浅水产卵的特性。 |
| 地理分布 | 本种极为罕见，1978年7月，中国科学院海洋研究所曾从东海30°30′N，126°00′E水深80 m处采获过1个。编者曾在2022年的一次舟山航海调查中采获，已知雌体的最大胴长为32 mm。 |

（一〇三）柔鱼科 Ommastrephidae Steenstrup, 1857

胴部呈圆锥形，后部瘦凹；肉鳍短小，为端鳍型，位于胴后，两鳍相接多呈横菱形；腕吸盘2行，第3对腕侧扁，中部侧膜凸出，右侧、左侧或第4对腕茎化；触腕穗具吸盘4～8行，不特化成钩。有的种类具发光器，位于皮下或直肠附近。闭锁槽呈矮塔形，具"⊥"形沟；内壳角质，狭条形，末端形成中空的尾椎。

本科分布于太平洋、大西洋的热带、温带、寒带海区及印度洋。我国有1种。

247 太平洋褶柔鱼
Todarodes pacificus (Steenstrup, 1880)

地方名 鱿鱼、句公、鬼拱、东洋鱿鱼、北鱿、日本鱿

分类地位 头足纲 Cephalopoda，开眼目 Oegopsida，柔鱼科 Ommastrephidae

形态特征 胴部呈圆锥形，后部明显瘦凹，胴长为胴宽的4～5倍，体表具大小相间的近圆形色素斑，均属小型；胴背中央的褐黑色宽带延伸到肉鳍后端；鳍长约为胴长的1/3，

太平洋褶柔鱼

两鳍相接略呈横菱形。无柄腕具吸盘2行，腕式一般为3＞2＞4＞1，雄性右侧第4腕茎化，内面较平，顶部吸盘特化为2行肉突和肉片，外侧的一行为尖头小肉突，内侧的一行为纯头薄形肉片，特化部分约占全腕的1/3；触腕穗具吸盘4行，中间2行大，边缘、顶部和基部者小，大吸盘角质环具尖齿与半圆形相间的齿列，小吸盘角质环部分具尖齿，触腕柄顶部具2行稀疏的吸盘，交错排列；内壳角质，狭条形，中轴细，边肋粗，后端具1中空的狭纵菱形"尾椎"。

生态习性 生长迅速，孵化后3个月，胴长可达120 mm，6个月后，达190 mm，9个月后达250 mm，已知成体的最大胴长为300 mm。通常寿命约为一年，繁殖以后，亲体相继死去；肉食性，个性凶猛，主要猎取磷虾等大型浮游动物和沙丁鱼等中上层鱼类，也常见种内互相残食，本身也是金枪鱼等中上层大型鱼类的饵料。

地理分布 国外见于太平洋，在西太平洋，主要分布区域为21°～50°N，在东太平洋，也仅分布到阿拉斯加湾；在日本群岛周围海域，产量最高。我国主要分布于黄海北部和东海外海。

三十一、乌贼目 Sepiida

乌贼目体宽短，呈盾形或袋形，肉鳍多为周鳍型，也有中鳍型，少数为端鳍型；具腕10条，腕吸盘多为4行，触腕吸盘数行至数十行，吸盘有柄，角质环小齿较不发达，吸盘不特化呈钩状；少数种类具腺体发光器；内壳发达，有些种类内壳退化；输卵管1个。

本目下设4科，全球共208种，我国有乌贼科 Sepiidae 和耳乌贼科 Sepiolidae。

（一〇四）乌贼科 Sepiidae Leach, 1817

胴体多呈盾形，肉鳍狭窄，占胴部两侧全缘，即周鳍型，仅末端分离；腕吸盘4行，触腕吸盘数行至数十行，不特化呈钩状。雄性左侧第4腕茎化；不具发光器，闭锁槽略呈耳形；内壳发达，石灰质，近"船形"。

全球记载共119种，舟山海域分布3种。

248 金乌贼
Acanthosepion esculentum (Hoyle, 1885)

地方名	海底鞘
同物异名	*Sepia esculenta* Hoyle, 1885
分类地位	头足纲 Cephalopoda，乌贼目 Sepiida，乌贼科 Sepiidae
形态特征	胴部呈卵圆形，长度约为宽度的1.5倍；肉鳍较窄，位于胴部两侧全缘，仅后端分离；腕的长短相近，腕式为4＞1＞3＞2，具吸盘4行，各腕吸盘大小相近，其角质环外缘具不规则的钝形小齿；雄性左侧第4腕茎化，基部吸盘正常，在第9～15列吸盘极缩小，再向上正常；触腕较短，略超过胴长，触腕穗呈半月形，约为全腕长的1/5，吸盘小而密集，约10行，大小相近，其角质环外缘具不规则的钝形小齿；内壳发达，呈船形，长度约为宽度的2.5倍，背面有坚硬的石灰质粒状突起，自后端开始呈同心环状排列，腹面石灰质松软，中央具1纵沟，横纹面略呈菱形，壳的后端骨针粗壮。生活时，体表为黄褐色，胴背部具棕紫色和乳白相间的细斑。雄性个体胴背具横行波状条纹，条纹具金黄色光泽。
生态习性	近海种类，随季节变化进行生殖洄游，常在每年5月初至6月底由外海向沿岸洄游产卵。
地理分布	国外见于日本、朝鲜、韩国。我国南北沿海均有分布。

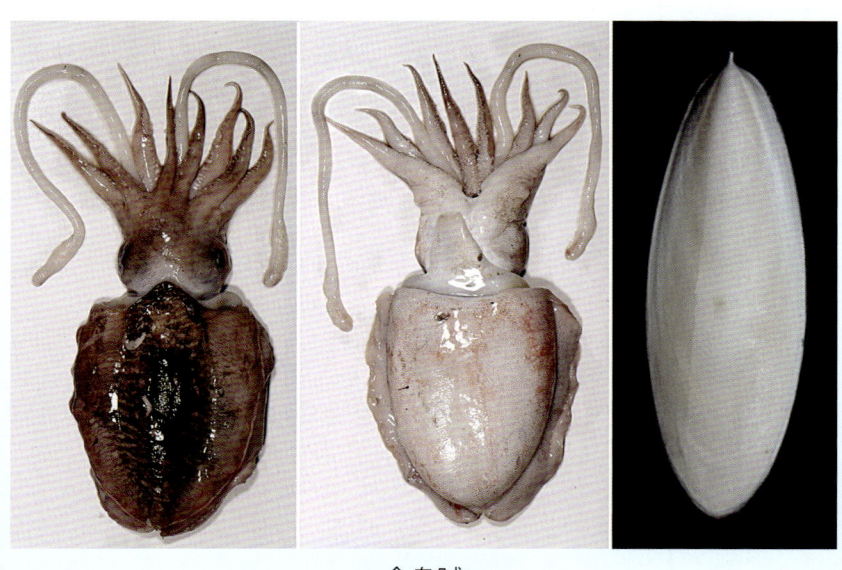

金乌贼

249 针乌贼
Doratosepion andreanum (Steenstrup, 1875)

地方名 海底鞘

同物异名 Sepia andreana Steenstrup, 1875

分类地位 头足纲Cephalopoda，乌贼目Sepiida，乌贼科Sepiidae

形态特征 常见胴长84 mm（腹面），79 mm（背面）。胴部呈卵圆形，后端稍细尖，长度约为宽度的2倍；肉鳍位于胴部两侧全缘，仅后端分离；雌雄异形显著，雄性胴部呈圆锥形，各腕长度不等，腕式为2＞4＞1＞3，第2对腕极长，约为其他腕的2倍，且粗壮，顶端圆，外侧有紫色

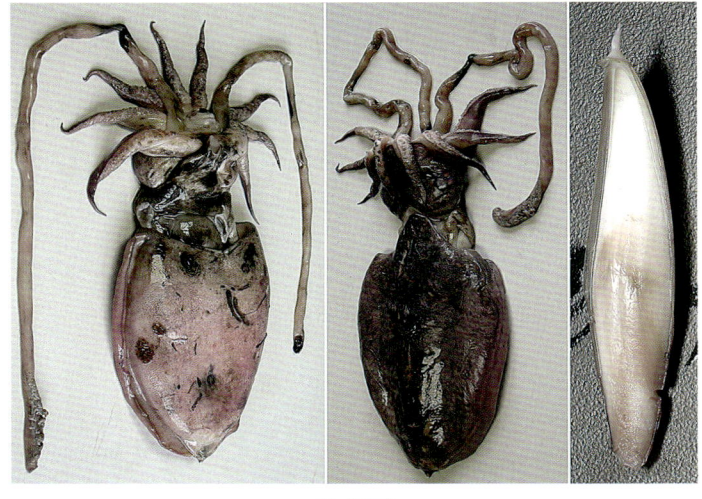

针乌贼

环纹，雌性各腕相差小，腕式为2＞1＞4＞3。两性腕的排列不同：雄性第2对腕从基部起至1/3～2/3处吸盘为4行，其余为2行，顶端吸盘极端萎缩，及其尖端成为极小的突起；雌性第2对及第3对腕相似，从基部起至3/5处吸盘为4行，其余为2行。两性的吸盘角质环外缘除尖端小吸盘具方形小齿外，其余均无齿；雄性左侧第4腕茎化，顶端吸盘极小；触腕细长，约等于头和胴长之和，触腕穗呈新月形，颇短小，约为全腕长的1/10，具吸盘7～8行，大小悬殊，中央4行最大，其角质环外缘一部分具不规则的尖形小齿。内壳细长，呈船形，雄性内壳长度约为宽度的6倍，雌性则为4倍，游离边缘很窄，背面有极细的突起，中央具1纵肋，壳后端骨针尖锐凸出。

生活时，背部有极细的黄褐色斑点。

生态习性 近海种类，随季节变化进行生殖洄游，常在每年4月向沿岸洄游产卵。

地理分布 国外见于日本北部。我国主要分布于浙江以北沿海。

250 无针乌贼
Sepiella inermis (Van Hasselt, 1835)

地方名 乌贼、墨鱼、正宗乌贼、曼氏无针乌贼、日本无针乌贼

同物异名 *Sepiella maindroni* Rochebrune, 1884

分类地位 头足纲Cephalopoda，乌贼目Sepiida，乌贼科Sepiidae

形态特征 常见个体胴长158 mm（背面），133 mm（腹面）。胴部呈卵圆形，稍瘦，长度约为宽度的2倍，胴后腹面有1明显的腺孔，常流出近红色带腥臭味的浓汁；肉鳍前端较窄，向后渐宽，位于胴部两侧全缘，左右两鳍在末端分离；腕的长短相近，腕式为4＞1＞3＞2，具吸盘4行，各腕吸盘大小相近，其角质环外缘具尖锥形小齿；雄性左侧第4腕茎化，基部约占全腕1/3处吸盘特别小，中部和顶部正常；触腕穗狭小，约为全腕长的1/4，吸盘小而密，约20行，大小相近，其角质环外缘具方圆形小齿；内壳呈长椭圆形，长度约为宽度的3倍，角质缘发达，末端形成1角质板，横纹面呈水波状，后端无骨针。

生活时，背面白花斑点甚明显，雄性斑大，雌性斑小。

生态习性 近海种类，每年春夏之际，由越冬的深水区向沿岸岛礁附近的浅水区洄游产卵。

地理分布 国外见于日本、朝鲜、韩国及东南亚。我国主要分布于舟山海域，产量之丰，曾列我国四大海产之一。

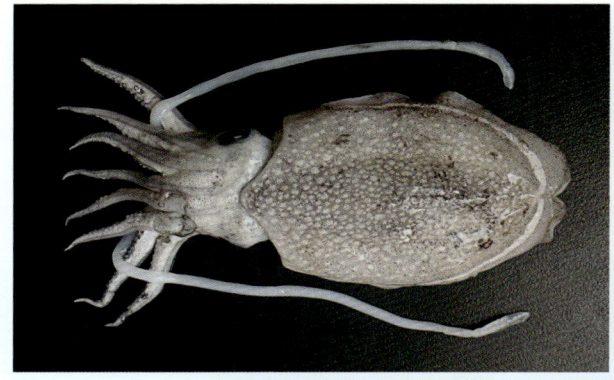
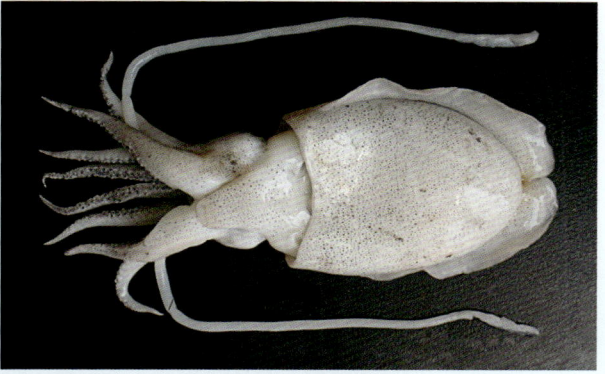

无针乌贼

（一〇五）耳乌贼科 Sepiolidae Leach, 1817

胴部短，后端圆，呈圆袋形；头部、胴部和漏斗基部或由软骨质的闭锁槽相连，或在背部愈合；肉鳍近球状，左、右两侧分列胴部两侧中部；雄性左侧第1腕或第4对腕茎化，内壳退化或不发达。

全球记载共79种，分布于太平洋和大西洋的热带、温带及寒带海区及印度洋。舟山海域分布3种。

251 柏氏四盘耳乌贼
Euprymna berryi Sasaki, 1929

分类地位 头足纲 Cephalopoda，乌贼目 Sepiida，耳乌贼科 Sepiolidae

形态特征 小型种类，一般胴长23 mm，胴宽18 mm。胴部呈袋形，长度与宽度之比通常为6∶5；胴背部与头部相连，肉鳍较小，相当于胴长的1/2左右，位于胴部中段两侧，状如两耳；腕的长度约相近，腕式一般为3＞2＞1＞4，具吸盘4行，雄性第2、4对腕吸盘两边大，雌性每腕吸盘大小相近，约100个；吸盘角质环外缘无齿；雄性左侧第1腕茎化，较右侧第1腕粗短，基部吸盘正常，顶端2/3处部分特化为2～4行的膨大突起，突起顶端又具小型吸盘；触腕粗壮，但甚长，约为胴长的2倍，穗不明显，约为全腕长的1/5，吸盘极小，大小相近，排列紧密，呈细绒状。生活时，体色淡；浸制后，体色深。背部布满紫褐色斑点，内壳退化。

柏氏四盘耳乌贼

生态习性 生活于浅海，在海底营潜居生活。游泳能力较弱，会随潮流浮游。

地理分布 国外见于日本、菲律宾等地。我国东南沿海均有分布，以舟山、宁波常见。

252 双喙耳乌贼
Lusepiola birostrata (Sasaki, 1918)

同物异名 *Sepiola birostrata* Sasaki, 1918

分类地位 头足纲 Cephalopoda，乌贼目 Sepiida，耳乌贼科 Sepiolidae

形态特征 小型种类，一般胴长 23 mm，胴宽 18 mm。胴部呈袋形，长度与宽度之比通常为 7∶5；胴背部与头部相连，肉鳍大，略呈圆形，状如两耳，相当于胴长的 2/3；腕的长度约相等，腕式一般为 2＝3＞1＝4，或 3＞2＞1＞4，具吸盘 2 行，角质环外缘无齿；雄性左侧第 1 腕茎化，粗短，约为右侧第 1 腕长度的 4/5，基部有 4～5 个小吸盘，向上靠外侧边缘生有大小不等的 2 个弯曲的喙状肉刺，其中上面一个较大，顶部 2/3 处密生 2 行三棱形的突起，突起尖端有小吸盘；触腕细长，约为胴长的 2 倍，穗小，约为全长的 1/6，吸盘极小，大小相近，基部 4 行，向上可达 16 行；触腕吸盘角质环外缘具尖形小齿；内壳退化。

生活时，体色浅；浸制后，体稍黄。除鳍及漏斗外，遍布紫褐色斑点，胴背部斑点最密。

生态习性 主要生活于浅海，常潜伏沙中，最深可达水深 200～400 m，平时也能凭借漏斗的射流作用游行于水中。有短距离的生殖洄游习性，早春常集群游近沿岸繁殖。

地理分布 国外见于日本、朝鲜。我国南北沿海均有分布，舟山海域常见。

双喙耳乌贼

253 后耳乌贼
Sepiadarium kochi Steenstrup, 1818

分类地位 头足纲 Cephalopoda，乌贼目 Sepiida，耳乌贼科 Sepiolidae

形态特征 小型种类，成体最大胴长为 26 mm。胴部呈圆袋形，长宽之比约为 10∶7；胴背色素点斑细小，胴腹的色素点斑已不明显，或不可见；肉鳍较狭，鳍宽仅为鳍长的 1/2，鳍长约为胴长的 1/2，位于胴部两侧中部，状如"两耳"；无柄腕长度略有差异，腕式一般为 3＞2＞4＞1，雄性第 3 对腕甚粗壮，约为其他腕的 2 倍；腕吸盘基部 2 行，顶部 4 行，角质环不具齿，雄性左侧第 4 腕茎化，较右侧对应腕粗短，基部吸盘正常，顶部吸盘特化成 20 个左右的横脊片，在内侧呈一行排列，外侧吸盘退化，茎化部分约占全腕长度的 1/2；触腕穗稍膨突，短小，约为全腕长度的 1/6，吸盘极小，10 余行，呈细绒状。内壳退化。

生态习性 生活于暖水性浅海，以热带海域更为常见，营底栖生活。

地理分布 国外见于日本、澳大利亚、安达曼群岛以及斯里兰卡等海域。我国分布于东海、南海。

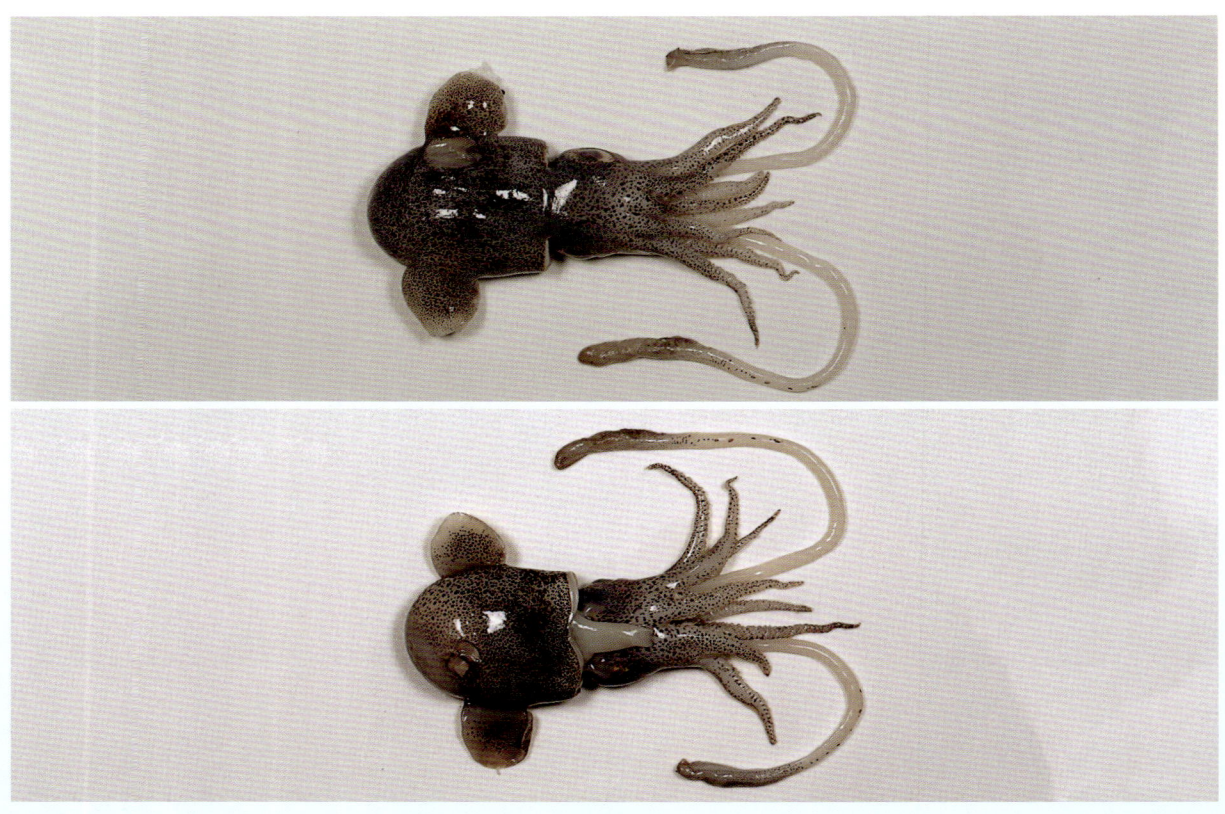

后耳乌贼

三十二、八腕目 Octopoda

腕长,头小,胴部近卵圆形,肉鳍多数退化,少数具耳状中鳍。具腕8条,腕吸盘为1~2行,无触腕;吸盘无柄和角质环,不特化成钩;一般不具发光器;内壳仅余痕迹或完全退化,有输卵管1条或1对。

全球记载共309种,分无须亚目Incirrata和有须亚目Cirrata。前者吸盘间无毛,后者吸盘间有毛。舟山海域仅分布无须亚目Incirrata的2科种类。

(一〇六)船蛸科 Argonautidae Cantraine, 1841

船蛸科种类属"特殊"的蛸类,雌雄异形且个体大小相差悬殊。胴部呈卵形,外套腔口宽,体表不具水孔;腕吸盘2行,腕间膜狭短;雌体的背腕顶部扩展成为翼状,并具螺旋形单室外壳;雄体右侧第3腕茎化,顶部特化为长鞭,不具外壳及翼状腕;闭锁槽呈卵形,闭锁突隆尖;漏斗器为"W"形,背面"∧"状,甚细,腹面为2个细杆,齿舌为少齿型齿。

254 船蛸
Argonauta argo Linnaeus, 1758

地方名 扁船蛸

分类地位 头足纲 Cephalopoda，八腕目 Octopoda，船蛸科 Argonautidae

形态特征 雌体个体大，且具次生性外壳，由背腕（即第1对腕）间的腺质膜分泌，故称次生性壳，呈螺旋形，类似于鹦鹉螺外壳，侧扁，左右对称，但单室，壳薄、脆，半透明；壳面两侧具很多排列较密的放射肋，每条放射肋自壳的旋转轴延伸到同侧顶端的疣突处，每条肋连接1疣突，有些肋有分叉，两排疣突相距近，疣突尖而小，约50个；壳面为乳白色，有光泽，仅疣突周围呈褐色，已知壳的最大长径为 270 mm。

雄体不具外壳和翼状腕，体型小，全长仅及雌体的 1/20。右侧第3腕茎化，形态殊异：全腕的基部为具2行吸盘的普通腕，但分成两段，前细后粗，顶部特化为长鞭，由后向前渐细，鞭长与基部的腕长相近，约为其他腕的3倍；性成熟前，发育于右侧第3、4腕间的囊袋之中，性成熟后，袋破，茎化腕伸出，在交配时茎化腕能自行脱落于雌体的外套腔内。已知雄体的最大全长为 15 mm。

生态习性 雌体船蛸属"浮游生物"，因它可借壳得到浮力，这种浮力一般超过它们的喷水推进力，同时雌体壳又是孵卵器（袋），从卵子发育到稚仔生成，均在壳中进行。雄体船蛸多营底栖生活，茎化腕的生态甚为特殊，当其脱落到雌体的外套腔中时，吸盘卷曲，顶鞭摆动，短时间内甚为活跃，有时数目不止一个，以致曾被误认为是"生活在雌船蛸外套腔中的寄生虫"。船蛸以浮游甲壳类和上层生活的小鱼为食，同时也是大洋中上层鱼类的饵料。

地理分布 国外见于日本、菲律宾、澳大利亚、新西兰等地。我国分布于东海、南海，舟山海域偶见。

船蛸

255 锦葵船蛸

Argonauta hians ［Lightfoot］, 1786

地方名 阔船蛸

分类地位 头足纲Cephalopoda，八腕目Octopoda，船蛸科Argonautidae

形态特征 雌体胴部呈卵形，外套腔口宽，头小，眼大凸出，漏斗前窄后宽，肌肉厚实；各腕长度不等，腕式为1＞2＞3＞4，第1对腕长而粗，腕径约为其他腕的2倍，顶部扩展成翼状，厚而宽；腕吸盘2行，腕间膜狭短；具螺旋形单室薄壳，壳膨厚，壳口宽度约为壳长径的1/2，壳短径约为壳长径的1/2；壳面两侧具放射肋，粗而疏，每条放射肋自壳的旋转轴延伸到同侧顶端的疣突附近，但有的肋仅通至两个疣突之间，肋无分叉，两排疣突的距离从反口端至壳口端渐宽，疣突钝而大，约20个；壳面大部为褐灰色，有光泽，疣突周围呈深褐色。已知壳的最大长径为90 mm。

雄体胴部呈卵形，体型比雌体小得多；各腕长度相近，腕吸盘2行，腕间膜狭短，不具翼状腕，右侧第3腕茎化，形态与船蛸相近。

生态习性 浮游于海洋的表层，常用腕足攀附于海面漂浮物或水母上随之漂流。

地理分布 国外见于日本、菲律宾、新几内亚以及澳大利亚、新西兰等地。我国分布于东海、南海。

锦葵船蛸

（一〇七）蛸科 Octopodidae d'Orbigny, 1840

蛸科也称章鱼科，隶属于八腕目 Octopoda，无须亚目 Incirrata，蛸总科 Octopodoidea

胴部呈卵圆形或卵形，外套腔口狭，体表一般不具水孔；腕吸盘2行或1行，腕间膜狭短；雄性右侧第3腕茎化，顶部特化为端器；闭锁器退化，漏斗器呈"W"形，或"∨∨"状；齿舌为多尖型齿或少尖型齿；内壳退化，背部仅余小壳针。

256 短蛸
Amphioctopus fangsiao (d'Orbigny, 1839—1841)

地方名	八爪鱼、望潮、老勿大
同物异名	*Octopus ocellatus* Gray, 1849
分类地位	头足纲 Cephalopoda，八腕目 Octopoda，蛸科 Octopodidae

形态特征 小型章鱼，最大个体胴长为80 mm。胴部呈卵圆形或球形，胴背表面颗粒状突起密集，在背部两眼的皮肤表面有明显近纺锤形的浅色斑，在眼前方，位于第2～4对腕之间，有一对近椭圆形的金圈；漏斗器"W"形；腕短，各腕长度相近，其中腹腕略长，侧腕略短，腕式为4＞3＞2＞1；吸盘2行；雄性右侧第3腕茎化，端器较小，呈圆锥形，由两边皮肤向腹面卷曲而成，有纵沟，腕侧膜较发达，形成输精沟。内壳退化。生活时，体背面为褐黄色，腹面为乳白色；浸制后，体变紫褐色，背面浓，腹面淡。

短蛸

生态习性 沿岸底栖生活。体小腕短，游泳能力较弱，靠漏斗射水的作用进行短距离游行，或以吸盘吸着其他物爬行。有钻沙隐蔽的习性。以蟹类或贝类为食物。

地理分布 国外见于日本。我国沿海均有分布，舟山海域有一定产量。

257 条纹蛸
Amphioctopus marginatus (Taki, 1964)

同物异名 *Octopus marginatus* Taki, 1964

分类地位 头足纲 Cephalopoda，八腕目 Octopoda，蛸科 Octopodidae

形态特征 胴部呈卵圆形，体表粗糙，密生许多小颗粒，胴侧特别是侧腕基部具明显的纵行条纹；短腕型，腕长为胴长的4～5倍，各腕长度相近，腕吸盘2行；雄性右侧第3腕茎化，较左侧对应腕短，端器呈锥形，甚小，约为全腕长度的1/50；阴茎部细长，胀部略呈椭圆形，具1分隔，约为阴茎部长度的1/4；漏斗器"W"形。鳃片数8～10个。中央齿为五尖型，第1侧齿甚狭长，齿尖偏向一侧，第2侧齿一端上翘，两端均略圆，齿尖偏向一侧，第3侧齿近似弯刀状；已知成体的最大胴长为60 mm。

生态习性 生活于泥质或沙质的近岸水域。有带巢移动习性。

地理分布 国外见于日本、澳大利亚、东南亚、非洲东部等地。我国分布于东海、南海、台湾。

条纹蛸

258 卵蛸
Amphioctopus ovulum (Sasaki, 1917)

同物异名 *Octopus ovulum* Sasaki, 1917

分类地位 头足纲 Cephalopoda，八腕目 Octopoda，蛸科 Octopodidae

形态特征 成体最大胴长为 40 mm。胴部呈卵圆形，体表密生许多圆形小颗粒，在每一眼的前方，位于第 2 对和第 3 对腕之间，各有 1 近椭圆形的褐黑斑块，其中生有 1 小银圈，背面两眼间无任何斑块。短腕型，腕长为胴长的 3~4 倍，各腕长度相近，腕吸盘 2 行；雄性右侧第 3 腕茎化，较左侧对应腕短，端器呈锥形，约为全腕长度的 1/15；阴茎略呈 "6" 字形，膨胀部近圆形，略短于阴茎部的长度；漏斗器 "W" 形；鳃片数 8~10 个。中央齿为三尖型，狭而长，第 1 侧齿较小，齿尖略居中，第 2 侧齿基部边缘较平，两端略等距，齿尖略居中，第 3 侧齿近似弯刀状。

生态习性 暖水性，多生活于数十米以内的浅海底部。

地理分布 国外见于日本群岛南部海域。我国主要分布于南海，东海也有少量发现。

卵蛸

259 长蛸
Octopus variabilis (Sasaki, 1929)

地方名 长脚、长脚望潮

分类地位 头足纲 Cephalopoda，八腕目 Octopoda，蛸科 Octopodidae

形态特征 成体最大胴长为140 mm。胴部呈长卵形，胴长约为胴宽的2倍；体表光滑，具极细的色素点斑；长腕型，腕长为胴长的6～7倍，各腕长度不等，第1对腕最长也最粗，其腕径约为其他腕径的2倍，腕式为1＞2＞3＞4，腕吸盘2行；雄性右侧第3腕茎化，甚短，仅约为左侧对应腕长度的1/2，端器呈匙形，大而明显，约为全腕长度的1/6；阴茎略呈"6"字形，膨胀部卷成螺旋状，阴茎部较短；漏斗器"⇊"形。鳃片数9～10个；中央齿为五尖型，第1侧齿甚小，齿尖居中，第2侧齿基部边缘较平，齿尖略偏一侧，第3侧齿近似弯刀状。

生态习性 沿岸底栖，营挖穴栖居生活。冬季在潮下带泥中深潜，春季向大潮低潮线以上的盐卤地中移动，夏秋之交可达潮间带中区，晚秋水温下降，复回潮下带潜伏越冬。食物以蟹类为主。

地理分布 国外见于日本群岛海域。我国南北沿海均有分布，舟山海域有相当的产量。

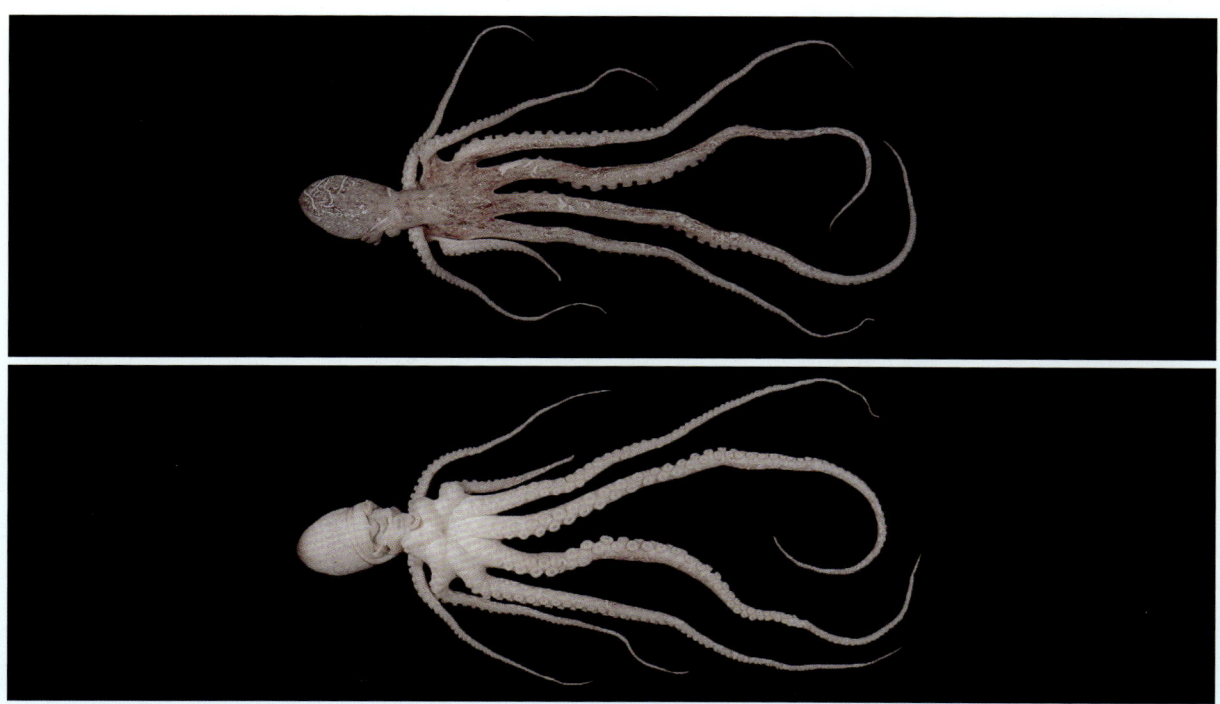

长蛸

260 真蛸
Octopus vulgaris Cuvier, 1797

地方名 石吸

分类地位 头足纲 Cephalopoda，八腕目 Octopoda，蛸科 Octopodidae

形态特征 成体最大胴长为220 mm。胴部呈卵圆形，稍长。体表光滑型，具极细的色素点斑，胴背具明显的白点斑；短腕型，稍长，腕长为胴长的4～5倍，各腕长度相近，腕吸盘2行；雄性右侧第3腕茎化，甚短于左侧对应腕，端器呈锥形，约为全腕长度的1/30；阴茎呈棒状，膨胀部与阴茎部已难分开；漏斗器"W"形。鳃片数9～10个；中央齿为五尖型，第1侧齿甚小，齿尖居中，第2侧齿较短，基部边缘较平，齿尖略偏一侧，第3侧齿近似弯刀状。

生态习性 沿岸底栖生活。白天常潜伏在沙泥海底或岩礁缝中，晚间出来猎食，以底栖蟹类、虾类和贝类为主要猎食对象。

地理分布 本种为世界性种类，在世界各大海域几乎均有分布记录。国外见于日本、朝鲜、马来西亚、印度、法国、英国、墨西哥等地。我国分布于东海、南海。

真蛸

参考文献

[1] 吴宝华.浙江舟山蛤类的初步调查[J].浙江师范学院学报(自然科学版),1956:297-322.

[2] 尤仲杰,王一农.舟山沿海软体动物的分布及其区系特点[J].动物学杂志,1989(6):1-7.

[3] 吴常文,王志铮.中街山列岛软体动物种类组成及资源开发利用建议[J].浙江海洋学院学报(自然科学版),1997(2):85-95.

[4] 浙江动物志编委会.浙江动物志·软体动物[M].杭州:浙江科学技术出版社,1991.

[5] 毛锡林,蒋文波.舟山海域海洋生物志[M].杭州:浙江人民出版社.1994.

[6] 尤仲杰,王一农.舟山朱家尖岛的海滨底栖无脊椎动物[J].浙江水产学院学报,1993(1):40-52.

[7] 王一农,尤仲杰,陈清建.舟山朱家尖岛潮间带软体动物生态初步调查[J].东海海洋,1990(1):67-73.

[8] 王一农,王旭华,魏月芬.舟山沿海单齿螺(*Monodonta labio*)种群的年龄结构、生物量与生长特征[J].海洋湖沼通报,1995(1):54-60.

[9] 王健鑫,赵盛龙,陈健.舟山海域海洋生物野外实习指导手册[M].北京:海洋出版社,2016.

[10] 尤仲杰.浙江近海后鳃类软体动物的分布及其区系[J].动物学杂志,2004(4):11-15.

[11] 浙江省海岸带和海涂资源综合调查报告编写委员会.浙江省海岸带和海涂资源综合调查报告[M].北京:海洋出版社,1988.

[12] 尤仲杰,王一农.舟山朱家尖岛潮间带软体动物生态学研究Ⅱ、软相生态[J].浙江水产学院学报,1988(1):47-52.

[13] 尤仲杰,王一农.舟山朱家尖岛潮间带软体动物的群落生态Ⅰ、岩相生态学的研究[J].海洋湖沼通报,1989(3):38-45.

[14] 尤仲杰,王一农,邱晓红,等.普陀山岩礁相潮间带生物优势种的分布[J].浙江水产学院学报,1991(1):30-39.

[15] 尤仲杰, 李建伟, 洪君超. 浙江沿海的双壳类[J]. 浙江水产学院学报, 1985 (2): 133-144.

[16] 蔡如星, 郑锋, 陈永寿, 等. 舟山潮间带生态学研究——Ⅰ. 种类组成及分布[J]. 东海海洋, 1990 (1): 51-60.

[17] 朱四喜, 郑盼男. 浙江东极岛夏季岩礁潮间带大型底栖动物的群落格局[J]. 安徽农业科学, 2010 (26): 14470-14473.

[18] 杨万喜, 陈永寿. 嵊泗列岛潮间带群落生态学研究 Ⅲ. 岩相潮间带底栖生物的种类分布[J]. 东海海洋, 1999 (1): 61-66.

[19] 蔡如星, 郑锋, 王彝豪, 等. 舟山潮间带生态学研究 Ⅱ. 数量及其分布[J]. 东海海洋, 1991 (3): 58-72.

[20] 王一农, 尤仲杰, 曾国权. 拟蜒单齿螺 Monodonta neritoides 的实验生态与环境分布[J]. 浙江水产学院学报, 1997 (2): 13-19.

[21] 王一农, 曾国权. 单齿螺 Monodonta labio 的实验生态与环境分布[J]. 海洋科学, 1994 (3): 14-16.

[22] 王一农, 曾国权, 魏月芬. 锈凹螺 Chlorostoma rusticum 的实验生态与环境分布[J]. 浙江水产学院学报, 1995 (2): 111-117.

[23] 王一农, 魏月芬. 舟山沿海马蹄螺科的生态调查[J]. 浙江水产学院学报, 1994 (1): 38-44.

[24] 尤仲杰, 龚启祥, 王伟, 等. 浙江沿海角蝾螺生态习性的研究[C]//中国海洋湖沼学会贝类学分会. 中国动物学会、中国海洋湖沼学会贝类学分会第二次代表会暨第三次学术讨论会论文集. 北京: 科学出版社, 1986.

[25] 张玺, 齐钟彦, 李洁民. 中国北部海产经济软体动物[M]. 北京: 科学出版社, 1995.

[26] 张玺, 齐钟彦. 贝类学纲要[M]. 北京: 科学出版社, 1961.

[27] 张玺, 齐钟彦. 中国经济动物志 海产软体动物[M]. 北京: 科学出版社, 1962.

[28] 张玺. 中国动物图谱 软体动物 第一册[M]. 北京: 科学出版社, 1964.

[29] 齐钟彦, 林光宇, 张福绥, 等. 中国动物图谱. 软体动物(第三册)[M]. 北京: 科学出版社, 1986.

[30] 齐钟彦, 马绣同, 刘月英, 等. 中国动物图谱. 软体动物(第四册)[M]. 北京: 科学出版社, 1985.

[31] 赵汝翼, 程济民, 赵大东. 大连海产软体动物志[M]. 北京: 海洋出版社, 1982.

[32] 朱四喜, 周唯, 章飞军. 舟山群岛不同底质潮间带夏季大型底栖动物的群落结构特征[J]

海洋学研究, 2010（3）: 23-33.

[33] 尤仲杰, 林光宇. 中国近海多彩海牛属（后鳃类）的研究[J]. 浙江海洋学院学报（自然科学版）, 2009（3）: 270-280.

[34] 中国科学院中国动物志编辑委员会. 中国动物志 无脊椎动物 第二十九卷 软体动物门 腹足纲 原始腹足纲 马蹄螺总科[M]. 北京: 科学出版社, 2002.

[35] 中国科学院中国动物志编辑委员会. 中国动物志 无脊椎动物 第二十卷 软体动物门 双壳纲 原鳃亚纲 异韧带亚纲[M]. 北京: 科学出版社, 2002.

[36] 中国科学院中国动物志编辑委员会. 中国动物志 无脊椎动物 第七卷 软体动物门 腹足纲 中腹足目 宝贝总科[M]. 北京: 科学出版社, 2002.

[37] 中国科学院中国动物志编辑委员会. 中国动物志 无脊椎动物 第三十四卷 软体动物门 腹足纲 鹑螺总科[M]. 北京: 科学出版社, 2002.

[38] 中国科学院中国动物志编辑委员会. 中国动物志 无脊椎动物 第十一卷 软体动物门 腹足纲 后鳃亚纲 头楯目[M]. 北京: 科学出版社, 2002.

[39] 中国科学院中国动物志编辑委员会. 中国动物志 无脊椎动物 第四卷 软体动物门 头足纲[M]. 北京: 科学出版社, 2002.

[40] 中国科学院中国动物志编辑委员会. 中国动物志 无脊椎动物 第四十八卷 软体动物门 双壳纲 满月蛤总科 心蛤总科 厚壳蛤总科 鸟蛤总科[M]. 北京: 科学出版社, 2002.

[41] 齐钟彦, 马绣同, 王祯瑞. 黄渤海的软体动物[M]. 北京: 中国农业出版社, 1989.

[42] 齐钟彦, 马绣同, 王祯瑞. 中国经济软体动物[M]. 北京: 中国农业出版社, 1998.

[43] 徐凤山, 张素萍. 中国海产双壳类图志[M]. 北京: 科学出版社, 2008.

[44] 刘瑞玉. 中国海洋生物名录[M] 北京: 科学出版社, 2008.

[45] 杨德渐, 孙世春. 海洋无脊椎动物学[M]. 青岛: 青岛海洋大学出版社, 1999.

[46] FERREIRA-ARRIETA A, GARCÍA-ESQUIVEL Z, GONZÁLEZ-GÓMEZ M A, et al. Growth, survival, and feeding rates for the geoduck *Panopea globosa* during larval development[J]. Journal of Shellfish Research, 2015（1）: 55-61.

[47] HADFIELD M G, KAY E A, GILLETTE M U, et al. The vermetidae (Mollusca: Gastropoda) of the Hawaiian Islands[J]. Marine Biology, 1972（1）: 81-98.

拉丁学名索引

A

Abralia multihamata Sasaki, 1929　270

Acanthochitona rubrolineata (Lischke, 1873)　31

Acanthochitona scutigera (Reeve, 1847)　31

Acanthosepion esculentum (Hoyle, 1885)　273

Acila mirabilis (A. Adams & Reeve, 1850)　260

Acrilla minor (G. B. Sowerby II, 1873)　144

Amathina tricarinata (Linnaeus, 1767)　94

Amphioctopus fangsiao (d'Orbigny, 1839—1841)　282

Amphioctopus marginatus (Taki, 1964)　283

Amphioctopus ovulum (Sasaki, 1917)　284

Amygdalum watsoni (E. A. Smith, 1885)　237

Anadara broughtonii (Schrenck, 1867)　228

Anadara kagoshimensis (Tokunaga, 1906)　229

Anomia chinensis R. A. Philippi, 1849　258

Aplysia argus Rüppell & Leuckart, 1830　171

Aplysia kurodai Baba, 1937　172

Aplysia oculifera A. Adams & Reeve, 1850　173

Aplysia parvula Mörch, 1863　174

Arcuatula senhousia (W. H. Benson, 1842)　238

Argonauta argo Linnaeus, 1758　280

Argonauta hians [Lightfoot], 1786　281

Armina babai (S. Tchang, 1934)　148

Armina bilamella G. Y. Lin, 1981　149

Armina sinensis G. Y. Lin, 1981　150

Aspidopholas yoshimurai Kuroda & Teramachi, 1930　210

Atrina pectinata (Linnaeus, 1767)　254

B

Babylonia areolata (Link, 1807)　96

Babylonia lutosa (Lamarck, 1822)　97

Barbatia amygdalumtostum (Röding, 1798)　229

Barbatia virescens (Reeve, 1844)　230

Barnea davidi (Deshayes, 1874)　211

Barnea fragilis (G. B. Sowerby II, 1849)　212

Batillaria cumingii (Crosse, 1862)　139

Batillaria zonalis (Bruguière, 1792)　140

Bostrycapulus aculeatus (Gmelin, 1791)　58

Brunneifusus ternatanus (Gmelin, 1791)　101

Bufonaria granosa (K. Martin, 1884)　79

Bufonaria rana (Linnaeus, 1758)　80

Bullacta caurina (W. H. Benson, 1842)　177

Bullina nobilis Habe, 1950　176

Bursatella leachii Blainville, 1817　175

C

Calliostoma koma (Shikama & Habe, 1965) 41

Cancilla isabella (Swainson, 1831) 121

Cantharus cecillei (R. A. Philippi, 1844) 114

Cardita kyushuensis (Okutani, 1963) 188

Cavolinia inflexa (Lesueur, 1813) 183

Cellana toreuma (Reeve, 1854) 55

Ceratostoma rorifluum (Reeve, 1849) 123

Cerithideopsis largillierti (R. A. Philippi, 1848) 141

Chicoreus asianus Kuroda, 1942 124

Chlamys farreri (K. H. Jones & Preston, 1904) 255

Chromodoris africana Eliot, 1904 151

Chromodoris orientalis Rudman, 1983 152

Conasprella orbignyi (Audouin, 1831) 117

Creseis acicula (Rang, 1828) 185

Cultellus attenuatus Dunker, 1862 195

Cuspivolva bellica (C. N. Cate, 1973) 61

Cyclina sinensis (Gmelin, 1791) 219

D

Dendrodoris fumata (Rüppell & Leuckart, 1830) 155

Dendrodoris krusensternii (Gray, 1850) 156

Dendrodoris nigra (W. Stimpson, 1855) 157

Dentalium octangulatum Donovan, 1804 38

Diacavolinia longirostris (Blainville, 1821) 184

Didimacar tenebrica (Reeve, 1844) 234

Distorsio reticularis (Linnaeus, 1758) 83

Doratosepion andreanum (Steenstrup, 1875) 274

Dosinia japonica (Reeve, 1850) 220

Duplicaria duplicata (Linnaeus, 1758) 137

E

Echinolittorina radiata (Souleyet, 1852) 68

Ellobium chinense (L. Pfeiffer, 1854) 166

Episiphon kiaochowwanense (S. Tchang & C. -Y. Tsi, 1950) 39

Epitonium auritum (G. B. Sowerby II, 1844) 145

Epitonium latifasciatum (G. B. Sowerby II, 1874) 146

Ergaea walshi (Reeve, 1859) 59

Estellacar olivacea (Reeve, 1844) 235

Euprymna berryi Sasaki, 1929 276

Euspira gilva (R. A. Philippi, 1851) 72

F

Ficus variegata Röding, 1798 67

Funa jeffreysii (E. A. Smith, 1875) 118

Fusinus colus (Linnaeus, 1758) 100

G

Glossaulax reiniana (Dunker, 1877) 73

Goniobranchus aureopurpureus (Collingwood, 1881) 153

Goniobranchus tinctorius (Rüppell & Leuckart, 1830) 154

Gyrineum natator (Röding, 1798) 84

H

Haliotis discus Reeve, 1846 51
Haliotis diversicolor Reeve, 1846 52
Haloa japonica (Pilsbry, 1895) 178
Hemifusus tuba (Gmelin, 1781) 102
Hespererato scabriuscula (Gray, 1832) 91
Heterololigo bleekeri (W. Keferstein, 1866) 262
Hiatella arctica (Linnaeus, 1767) 194
Homoiodoris japonica Bergh, 1882 158

I

Indothais gradata (Jonas, 1846) 125
Iridona iridescens (W. H. Benson, 1842) 202
Irus irus (Linnaeus, 1758) 220
Isara chinensis (Gray, 1834) 122
Ischnochiton comptus (A. Gould, 1859) 33

J

Janthina globosa Swainson, 1822 147
Jitlada culter (Hanley, 1844) 203

K

Kaloplocamus ramosus (Cantraine, 1835) 161
Kanekotrochus infuscatus (A. Gould, 1861) 43

L

Lamarcka avellana (Lamarck, 1819) 231
Lamprohaminoea cymbalum (Quoy & Gaimard, 1833) 179
Laternula boschasina (Reeve, 1860) 190
Latona semisulcata semigranosa (Dunker, 1877) 199
Leiosolenus lischkei M. Huber, 2010 239
Lepidozona coreanica (Reeve, 1847) 34
Leukoma jedoensis (Lischke, 1874) 221
Limacina trochiformis (d'Orbigny, 1835) 186
Limaria hakodatensis (Tokunaga, 1906) 236
Liolophura japonica (Lischke, 1873) 32
Littoraria melanostoma (Gray, 1839) 69
Littoraria scabra (Linnaeus, 1758) 70
Littorina brevicula (R. A. Philippi, 1844) 69
Loliolus beka (Sasaki, 1929) 263
Loliolus japonica (Hoyle, 1885) 264
Loliolus sumatrensis (d'Orbigny, 1835) 265
Loliolus uyii (Wakiya & Ishikawa, 1921) 266
Lophiotoma leucotropis (A. Adams & Reeve, 1850) 119
Lunella granulata (Gmelin, 1791) 49
Lusepiola birostrata (Sasaki, 1918) 277

M

Macridiscus aequilatera (G. B. Sowerby I, 1825) 222
Mactra antiquata Spengler, 1802 215
Mactra chinensis R. A. Philippi, 1846 216
Mactra quadrangularis Reeve, 1854 216
Mactrinula dolabrata (Reeve, 1854) 217
Magallana gigas (Thunberg, 1793) 249

Magallana rivularis（Gould, 1861） 250

Mammilla mammata（Röding, 1798） 73

Melo melo（［Lightfoot］, 1786） 138

Meretrix lamarckii Deshayes, 1853 223

Meretrix meretrix（Linnaeus, 1758） 224

Merica asperella（Lamarck, 1822） 134

Mesocibota bistrigata（Dunker, 1866） 232

Mitrella albuginosa（Reeve, 1859） 99

Modiolus comptus（G. B. Sowerby III, 1915） 240

Modiolus modulaides（Röding, 1798） 241

Moerella hilaris（Hanley, 1844） 204

Moerella nishimurai Kuroda & Habe, 1958 204

Monodonta labio（Linnaeus, 1758） 44

Monodonta neritoides（R. A. Philippi, 1849） 45

Monoplex parthenopeus（Salis Marschlins, 1793） 85

Mopalia retifera Thiele, 1909 35

Murex aduncospinosus G. B. Sowerby II, 1841 126

Murex trapa Röding, 1798 127

Mytilisepta virgata（Wiegmann, 1837） 242

Mytilus galloprovincialis Lamarck, 1819 243

Mytilus unguiculatus Valenciennes, 1858 244

N

Nassarius castus（Gould, 1850） 103

Nassarius conoidalis（Deshayes, 1833） 104

Nassarius festivus（Powys, 1835） 105

Nassarius foveolatus（Dunker, 1847） 106

Nassarius fraterculus（Dunker, 1860） 107

Nassarius fuscolineatus（E. A. Smith, 1875） 108

Nassarius sinarum（R. A. Philippi, 1851） 109

Nassarius succinctus（A. Adams, 1852） 110

Nassarius sufflatus（A. Gould, 1860） 111

Nassarius variciferus（A. Adams, 1852） 112

Natica spadicea（Gmelin, 1791） 74

Neotrapezium liratum（Reeve, 1843） 218

Nerita albicilla Linnaeus, 1758 56

Nerita yoldii Récluz, 1841 57

Neritopsis radula（Linnaeus, 1758） 57

Neverita didyma（Röding, 1798） 75

Nipponacmea schrenckii（Lischke, 1868） 53

Nipponocrassatella nana（A. Adams & Reeve, 1850） 189

Nitidotellina lischkei M. Huber, Langleit & Kreipl, 2015 205

Nitidotellina valtonis（Hanley, 1844） 206

Nodilittorina pyramidalis（Quoy & Gaimard, 1833） 71

Notobryon wardi Odhner, 1936 162

O

Octopus variabilis（Sasaki, 1929） 285

Octopus vulgaris Cuvier, 1797 286

Okenia barnardi Baba, 1937 160

Oliva mustelina Lamarck, 1811 133

Onustus exutus（Reeve, 1842） 78

Optediceros breviculum（L. Pfeiffer, 1855） 89

Ostrea denselamellosa Lischke, 1869   251

P

Pandora sinica F. -S. Xu, 1992   191

Paratectonatica tigrina (Röding, 1798)   76

Patelloida pygmaea (Dunker, 1860)   54

Pecten albicans (Schröter, 1802)   256

Pelecyora nana (Reeve, 1850)   225

Perna viridis (Linnaeus, 1758)   245

Peronia verruculata (Cuvier, 1830)   167

Petaloconchus renisectus P. P. Carpenter, 1857   92

Phalium flammiferum (Röding, 1798)   81

Phenacovolva brevirostris (Schumacher, 1817)   62

Phenacovolva rosea (A. Adams, 1855)   63

Philine orientalis A. Adams, 1855   180

Pictodentalium vernedei (G. B. Sowerby II, 1860)   38

Pirenella cingulata (Gmelin, 1791)   142

Placiphorella stimpsoni (A. Gould, 1859)   36

Placuna placenta (Linnaeus, 1758)   257

Pleurobranchaea maculata (Quoy & Gaimard, 1832)   163

Potamocorbula amurensis (Schrenk, 1862)   207

Potamocorbula laevis (Hinds, 1843)   208

Potamocorbula ustulata (Reeve, 1844)   209

Pseudomphala latericea (H. Adams & A. Adams, 1864)   90

Purpuradusta gracilis (Gaskoin, 1849)   60

R

Rapana bezoar (Linnaeus, 1767)   128

Rapana venosa (Valenciennes, 1846)   129

Reishia clavigera (Küster, 1860)   130

Reishia luteostoma (Holten, 1802)   131

Ringicula doliaris Gould, 1860   165

Ruditapes philippinarum (A. Adams & Reeve, 1850)   226

S

Saccostrea cuccullata (Born, 1778)   251

Saccostrea echinata (Quoy & Gaimard, 1835)   252

Saccostrea glomerata (A. Gould, 1850)   253

Sakuraeolis enosimensis (Baba, 1930)   159

Sandalia triticea (Lamarck, 1810)   64

Scaeochlamys squamata (Gmelin, 1791)   256

Scalptia scalariformis (Lamarck, 1822)   135

Semicassis bisulcata (Schubert & J. A. Wagner, 1829)   82

Semiretusa borneensis (A. Adams, 1850)   181

Sepiadarium kochi Steenstrup, 1818   278

Sepiella inermis (Van Hasselt, 1835)   275

Sepioteuthis lessoniana d'Orbigny, 1826   267

Siliqua minima (Gmelin, 1791)   196

Sinum javanicum (Gray, 1834)   77

Siphonalia spadicea (Reeve, 1846)   98

Siphonaria japonica (Donovan, 1824)   168

Siphonaria sirius Pilsbry, 1894   169

Solecurtus divaricatus (Lischke, 1869)   201

Solen grandis Dunker, 1862   197

Solen strictus Gould, 1861	198
Striarca symmetrica (Reeve, 1844)	235
Sydaphera spengleriana (Deshayes, 1830)	135

T

Talonostrea talonata Li & Qi, 1994	253
Tegillarca granosa (Linnaeus, 1758)	232
Tegula argyrostoma (Gmelin, 1791)	46
Tegula rustica (Gmelin, 1791)	47
Tenagodus cumingii Mörch, 1861	143
Terebra triseriata Gray, 1834	136
Teredo navalis Linnaeus, 1758	214
Tetrarca boucardi (Jousseaume, 1894)	233
Theora lata (Hinds, 1843)	200
Thracia concinna Reeve, 1859	192
Thylacodes adamsii (Mörch, 1859)	93
Todarodes pacificus (Steenstrup, 1880)	271
Tonna dolium (Linnaeus, 1758)	86
Tonna galea (Linnaeus, 1758)	87
Tonna sulcosa (Born, 1778)	88
Trichomya hirsuta (Lamarck, 1819)	246
Trigonothracia jinxingae F. -S. Xu, 1980	193
Tristichotrochus unicus (Dunker, 1860)	42
Tritia reticulata (Linnaeus, 1758)	113
Turbo cornutus [Lightfoot], 1786	50
Turricula javana (Linnaeus, 1767)	115
Turricula nelliae (E. A. Smith, 1877)	116

U

Umbonium thomasi (Crosse, 1863)	48
Unedogemmula deshayesii (Doumet, 1840)	120
Uroteuthis chinensis (Gray, 1849)	268
Uroteuthis edulis (Hoyle, 1885)	269

V

Venus cassinaeformis (Yokoyama, 1926)	227
Vignadula atrata (Lischke, 1871)	247
Vokesimurex rectirostris (G. B. Sowerby II, 1841)	132
Volva habei Oyama, 1961	65
Volva volva (Linnaeus, 1758)	66

Y

Yoldia similis Kuroda & Habe, 1961	259

Z

Zirfaea crispata (Linnaeus, 1758)	213

中文名索引

A

矮厚壳蛤	189
矮拟帽贝	54

B

巴氏脊突海牛	160
白斑马蹄鳃	159
白带三角口螺	135
白帘蛤	227
白龙骨乐飞螺	119
柏氏四盘耳乌贼	276
斑鹑螺	86
斑玉螺	76
半褶织纹螺	109
背苔鳃	162
扁平管帽螺	59
扁玉螺	75
变肋角贝	38
波部钝梭螺	65
波纹沟海笋	213
薄云母蛤	259
布氏蚶	233

C

彩虹明樱蛤	202
长纺锤螺	100
长海蜗牛	147
长枪乌贼	262
长蛸	285
长吻龟螺	184
长竹蛏	198
朝鲜鳞带石鳖	34
齿舌拟蜑螺	57
齿纹蜑螺	57
船蛆	214
船蛸	280
刺靴螺	58
粗糙衲螺	134
粗糙拟滨螺	70
脆壳全海笋	212

D

大沽全海笋	211
大角贝	38
大杏蛤	237
大竹蛏	197
带鹑螺	87
带偏顶蛤	240
单齿螺	44
单一丽口螺	42
淡黄笔螺	121
等边浅蛤	222
东方多彩海牛	152
东方缝栖蛤	194

东方壳蛞蝓	180
东海胀心蛤	188
短滨螺	69
短喙骗梭螺	62
短拟沼螺	89
短蛸	282
短石蛏	239
对称拟蚶	235
盾形毛肤石鳖	31
钝梭螺	66
多刺牡蛎	252
多钩钩乌贼	270
多枝卷发海牛	161

E

耳口露齿螺	165
耳梯螺	145
二瓣片鳃	149

F

方斑东风螺	96
方格织纹螺	104
纺锤织纹螺	108
绯拟沼螺	90
菲律宾蛤仔	226
翡翠股贻贝	245
斧光蛤蜊	217
斧文蛤	223
覆瓦小蛇螺	93

G

橄榄蚶	235
沟鹑螺	88
沟纹鬘螺	81
钩棘骨螺	126
古氏壳螺	143
古氏滩栖螺	139
瓜螺	138
管角螺	102
光滑河篮蛤	208
光衣笠螺	78
广大扁玉螺	73

H

海月	257
函馆雪锉蛤	236
褐管蛾螺	98
褐蚶	234
褐玉螺	74
黑斑海兔	172
黑边海兔	174
黑齿嵌线螺	85
黑口拟滨螺	69
黑龙江河篮蛤	207
黑荞麦蛤	247
黑线织纹螺	107
黑枝鳃海牛	157
红带织纹螺	110
红螺	128
红明樱蛤	203
红条毛肤石鳖	31

红枝鳃海牛	155	锦葵船蛸	281
虹光亮樱蛤	206	近江牡蛎	250
后耳乌贼	278		
厚壳贻贝	244	**K**	
花斑锉石鳖	33	空杯丽葡萄螺	179
华贵红纹螺	176	口马丽口螺	41
黄口荔枝螺	131	宽带梯螺	146
黄紫舌尾海牛	153	宽弯龟螺	183
火枪乌贼	263	魁蚶	228
		扩张织纹螺	111
J			
吉村马特海笋	210	**L**	
棘赤蛙螺	79	莱氏拟乌贼	267
甲虫螺	114	蓝斑背肛海兔	175
假奈拟塔螺	116	蓝无壳侧鳃	163
嫁䗩	55	理蛤	200
尖笔帽螺	185	丽鳞奇异扇贝	256
尖高旋螺	144	丽小笔螺	99
尖锥拟蟹守螺	141	粒花冠小月螺	49
剑尖枪乌贼	269	粒蝌蚪螺	84
江户布目蛤	221	蛎敌荔枝螺	125
江户明樱蛤	204	伶鼬榧螺	133
胶州湾顶管角贝	39	卵蛸	284
焦河篮蛤	209		
角偏顶蛤	241	**M**	
角蝾螺	50	马蹄蝾螺	186
节织纹螺	113	脉红螺	129
杰氏卷管螺	118	猫爪牡蛎	253
金刚螺	135	毛蚶	229
金乌贼	273	毛贻贝	246
金星蝶铰蛤	193	茅草螺	43
紧捲蛇螺	92	玫瑰履螺	64

玫瑰骗梭螺	63
密鳞牡蛎	251

N

泥东风螺	97
泥蚶	232
泥螺	177
拟蜒单齿螺	45

P

婆罗囊螺	181
剖刀鸭嘴蛤	190

Q

奇异指纹蛤	260
浅缝骨螺	127
嵌条扇贝	256
翘鳞蛤	220
青蛤	219
青蚶	230

R

日本花棘石鳖	32
日本镜蛤	220
日本菊花螺	168
日本枪乌贼	264
日本石磺海牛	158
日本月华螺	178
乳玉螺	73
润泽角口螺	123

S

三角凸卵蛤	225
三肋愚螺	94
三列笋螺	136
僧帽囊牡蛎	251
石磺	167
史氏背尖贝	53
史氏宽板石鳖	36
双层螺	137
双沟鬘螺	82
双喙耳乌贼	277
双纹须蚶	232
四角蛤蜊	216
苏岛枪乌贼	265
梭形芋螺	117

T

塔结节滨螺	71
太平洋牡蛎	249
太平洋褶柔鱼	271
条纹隔贻贝	242
条纹蛸	283
凸壳肌蛤	238
团聚牡蛎	253
托氏蜎螺	48

W

网纹海兔	171
网纹扭螺	83
网纹舌尾海牛	154
网纹鬃毛石鳖	35
微点舌片鳃	148

微黄镰玉螺	72	疣荔枝螺	130
文蛤	224	渔舟蜑螺	56
纹斑棱蛤	218		
无针乌贼	275	**Z**	
伍氏枪乌贼	266	杂色鲍	52
武装尖棱螺	61	杂色琵琶螺	67
		针乌贼	274
X		真蛸	286
西村明樱蛤	204	榛蚶	231
西施舌	215	直吻骨螺	132
习见赤蛙螺	80	栉江珧	254
细焦掌贝	60	栉孔扇贝	255
细角螺	101	中国笔螺	122
细肋蕾嘌	120	中国不等蛤	258
细肋织纹螺	103	中国耳螺	166
细巧色雷西蛤	192	中国蛤蜊	216
小刀蛏	195	中国枪乌贼	268
小荚蛏	196	中华帮斗蛤	191
小结节滨螺	68	中华片鳃	150
小亮樱蛤	205	皱纹盘鲍	51
秀长织纹螺	106	珠带塔蟹守螺	142
秀丽织纹螺	105	蛛形菊花螺	169
锈凹螺	47	爪哇窦螺	77
		爪哇拟塔螺	115
Y		紫藤斧蛤	199
芽枝鳃海牛	156	紫贻贝	243
亚洲棘螺	124	棕蚶	229
眼斑海兔	173	总角截蛏	201
伊力多彩海牛	151	纵带滩栖螺	140
银口凹螺	46	纵肋织纹螺	112
硬结原爱神螺	91		